Zehnder, Weller
Streuobstbau

Markus Zehnder, Friedrich Weller

Streuobstbau

Obstwiesen als nachhaltige Kulturlandschaft mit hoher Biodiversität

4., aktualisierte Auflage

137 Farbfotos

11 Schwarzweißzeichnungen

7 Tabellen

Inhaltsverzeichnis

Vorwort

Tradition bedeutet nicht,
Asche zu verwahren,
sondern eine Flamme am
Brennen zu halten.
JEAN JAURÈS (KUHN 1986)

Die Streuobstwiesen prägen mitteleuropäische Kulturlandschaften.

Streuobstwiesen sind traditionelle Formen des heimischen Obstbaus. Sie ermöglichten es einst vielen Menschen, das oftmals karge Nahrungsangebot mit selbst erzeugten Nahrungsmitteln zu ergänzen, bildeten aber auch die Basis für den erwerbsmäßig betriebenen Marktobstbau. Dieser hat seine Produktion in den letzten Jahrzehnten weitgehend auf die rationeller zu bewirtschaftenden modernen Niederstamm-Dichtpflanzungen umgestellt. Aber auch im Selbstversorger-Obstbau wurde die Pflege der hochstämmigen Bäume weithin vernachlässigt, seitdem es die verschiedensten Früchte und Getränke zu allen Jahreszeiten und aus allen Erdteilen für vergleichsweise wenig Geld zu kaufen gibt. Erst mit der Erkenntnis, dass die Streuobstwiesen aus landschaftsästhetischer und ökologischer Sicht besonders wertvoll, in ihrer Vielfalt unersetzlich, aber in ihrem Fortbestand bedroht sind, ist das Interesse am Erhalt dieses reizvollen Elements mitteleuropäischer Kulturlandschaften wieder gestiegen. Doch blieb vielen gut gemeinten Initiativen ein nachhaltiger Erfolg versagt, oft einfach deshalb, weil die nötigen Fachkenntnisse inzwischen verloren gegangen sind.

Eine solche Entwicklung kann Menschen, die seit ihrer frühen Kindheit mit Streuobstwiesen aufgewachsen sind und deren vielfältigen Wert zu schätzen gelernt haben, nicht unberührt lassen. Deshalb haben die Autoren – zunächst unabhängig voneinander – bereits vor Jahrzehnten damit begonnen, sich neben ihrer Arbeit für den modernen Intensivobstbau auch mit den Belangen des Streuobstbaus näher zu befassen und ihr Wissen in Vorträgen, Publikationen, Kursen und Beratungen weiterzugeben. Daraus entstand schließlich der Wunsch, die gewonnenen Erfahrungen in einem gemeinsamen Buch einem größeren Leserkreis zugänglich zu machen.

Mit diesem Buch wollen wir die Aufmerksamkeit der Leserinnen und Leser auf die in höchstem Maße gefährdeten Streuobstwiesen lenken, in Wort und Bild mit deren historischen, kulturellen und ökologischen Aspekten vertraut machen, zu ihrer Erhaltung und Neuanlage ermutigen und die dazu nötigen praktischen Anleitungen für die Pflege der Obstbäume und Wiesen sowie die Verwertung der Früchte bieten. Neben den über Jahrzehnte gewonnenen eigenen Erfahrungen konnten wir uns auf ein breites Literaturstudium stützen. Um die Lesbarkeit und den praktischen Gebrauch des Buches nicht zu erschweren, haben wir jedoch auf detaillierte Literaturangaben verzichtet und am Ende nur die Titel einiger Standard- und Sammelwerke zusammengestellt.

Streuobstwiesen sind gerade in einer von hektischer Betriebsamkeit geprägten Zeit wichtige Erholungsbereiche für den Menschen, in denen er wieder Kraft und Ruhe finden kann. Deshalb werden auch einige attraktive Urlaubsziele in verschiedenen Streuobstlandschaften Mitteleuropas vorgestellt. Sie stehen beispielhaft für viele ähnliche Gebiete, die mit Leib, Geist und Seele gleichermaßen entdeckt werden können.

Seit Erscheinen der ersten Auflage hat die öffentliche Wahrnehmung der Streuobstwiesen deutlich zugenommen. Dies liegt einerseits an der Tatsa-

Streuobstlandschaften bieten Erholung und Naturgenuss.

che, dass sowohl Pflegemängel als auch Absterbeerscheinungen inzwischen auch von Menschen, die sich nicht alltäglich mit Streuobstwiesen beschäftigen, wahrgenommen werden und ein dringender Handlungsbedarf offensichtlich wird. Andererseits ist aber auch auf politischer Ebene erkannt worden, dass deren Erhalt als wichtiger Bestandteil der heimischen Kulturlandschaft im öffentlichen Interesse steht. Förderprogramme zur Baumpflege und Preise für wegweisende Initiativen zur Erhaltung von Streuobstwiesen belegen dies eindrücklich. Von innovativen Betrieben oder Gruppierungen wird der Trend zu regionalen Produkten aufgenommen. Es werden pfiffige Produkte – ob in fester oder flüssiger Form – entwickelt und mithilfe moderner Medien auf den Markt gebracht.

Mit dem Rückgang der Artenvielfalt und den Folgen des Klimawandels sind Streuobstwiesen erneut in den Fokus gerückt. In die textliche Überarbeitung zur vierten Auflage sind diese Aspekte eingeflossen und mit weitergehenden Informationen zum Boden und den Standortseinflüssen ergänzt worden.

Unser Dank gilt allen, die uns bei der Überarbeitung zur vierten Auflage unterstützt haben. Besonderer Dank gilt dem Verlag Eugen Ulmer und hier insbesondere Frau Birgit Schüller aus dem Lektorat für die Unterstützung und Ausstattung des Buches. Allen Bildautoren danken wir für die Bereitstellung ihrer Bilder.

Von vielen engagierten Menschen haben wir wertvolle Anregungen erhalten. Hierfür bedanken wir uns ganz herzlich. Ein besonderer Dank gilt den Frauen an unserer Seite für die Unterstützung und das entgegengebrachte Verständnis.

Hechingen und Ravensburg, im Juni 2021
Markus Zehnder und Friedrich Weller

Verstreute Obstbäume auf Wiesen

Die Bezeichnung „Streuobstwiese“

Großkronige Obstbäume gehören in vielen Teilen Mitteleuropas zum vertrauten Bild gewachsener Kulturlandschaften, denen sie einen besonderen Reiz verleihen. Sei es, dass sie als grüner Kranz die Ortschaften umgeben, als Alleen Straßen und Wege säumen, als markante Einzelbäume in der Feldflur stehen oder in Form ausgedehnter „Obstbaumwälder“ ganze Talhänge bedecken – immer stellen sie ein die verschiedenen Landschaften wesentlich prägendes Element dar. Da sie mehr oder weniger locker über die Landschaft „gestreut“ erscheinen, entstand für diese traditionellen Formen zur Unterscheidung von den geschlossenen, einheitlichen Blöcken moderner Niederstamm-Dichtpflanzungen der Sammelbegriff „Obstbau in Streulage“ oder „Streuanbau“, aus dem sich die in den letzten Jahrzehnten üblich gewordene Bezeichnung „Streuobstbau“ entwickelte. Sie schließt heute in der Regel auch großflächige Hochstammbestände mit einheitlichen, aber weiträumigen Baumabständen ein.

Der einzelne Baum ist in Streuobstwiesen als Individuum erkennbar.

Entscheidend ist, dass beim optischen Eindruck auch im großflächigen Bestand der Einzelbaum in Form und Farbe als Individuum erkennbar bleibt, während er bei den modernen Dichtpflanzungen zum Bestandteil der Reihe oder des Blocks wird, die dann optisch als geschlossene Einheit empfunden werden. Die genannten Hochstammbestände stehen in ihrer landschaftsprägenden Wirkung dem übrigen Streuobstbau viel näher als den Niederstamm-Dichtpflanzungen. Auch werden sie mit fortschreitendem Alter, bedingt durch teilweise Ausfälle und Nachpflanzungen, den lückigen und uneinheitlichen Beständen immer ähnlicher, die ihrerseits zu einem guten Teil auch erst auf diese Weise entstanden sind. Dagegen wird aus einer Niederstamm-Dichtpflanzung auch in späteren Jahren kein Streuobstbestand. Abgesehen von der anderen Stammhöhe und Baumform haben solche Anlagen in der Regel eine wesentlich kürzere Umtriebszeit, da sie schon vor Erreichen des Altersstadiums gerodet und durch neue Pflanzungen ersetzt werden.

Hochstamm: Der Begriff „Hochstamm“ wird in diesem Buch als Gegenstück zum ebenfalls verbreiteten Begriff „Niederstamm“ verwendet. Er umfasst damit alle höheren Stammformen (Halb- und Hochstämme), wie sie für Streuobstwiesen kennzeichnend sind, beschränkt sich also nicht auf Hochstämme, die nach den gültigen FLL-Gütebestimmungen eine Mindeststammhöhe von 1,80 m aufweisen.

Streuobstbau kann mit den verschiedensten Unterkulturen kombiniert sein. In den weitaus meisten Fällen ist dies heutzutage irgendeine Form von Dauergrünland. Für diese Kombination hat sich in den letzten Jahrzehnten als Erweiterung des schon länger geläufigen Begriffs „Obstwiesen“ die Bezeichnung „Streuobstwiesen“ eingebürgert. Dies hat mitunter zu einer Verwechslung mit dem Wort „Streuwiesen“ geführt, das jedoch für eine ganz andere Form der Grünlandnutzung steht. Es leitet sich von dem

Rechts: „Streu“obstwiesen verdanken ihren Namen den locker über die Landschaft „gestreuten“ Hochstamm-Obstbäumen.

Im Unterschied zu den traditionellen Streuobstwiesen erscheinen moderne Niederstamm-Dichtpflanzungen als geschlossener Block.

als Viehfutter kaum geeigneten Mähgut ab, das man von Feucht- und Nasswiesen als „Einstreu" in die Ställe holte. Eine solche Verwendung fand das von den mäßig trockenen bis allenfalls mäßig feuchten Wiesen unter Obstbäumen stammende Mähgut höchstens dann, wenn es infolge schlechter Witterung oder verspäteter Mahd für die Viehfütterung unbrauchbar geworden war. Bei den Streuobstwiesen handelt es sich somit in aller Regel ursprünglich um Futterwiesen und nicht um Streuwiesen.

Das Charakteristische einer Streuobstwiese ist somit die Kombination weiträumig stehender, großkroniger Obstbäume (die nach Art, Sorte, Alter, Größe und Gesundheitszustand sehr verschieden sein können) mit Dauergrünland. Dabei wird im alltäglichen Sprachgebrauch meist nicht zwischen Mähwiesen, Weiden, Rasen oder Grünlandbrachen unterschieden, zumal die Übergänge gleitend sind. Dass diese Bestände heute ganz überwiegend extensiv bewirtschaftet und damit wenig oder gar nicht gedüngt und gespritzt werden, steht außer Frage, ist jedoch im Begriff „Streuobstwiese" nicht generell enthalten. Vielmehr gab und gibt es auch heute noch intensiv bewirtschaftete Bestände, die nicht nur regelmäßig geschnitten, sondern auch – organisch oder mineralisch – gedüngt und gegen tierische und pflanzliche Schädlinge mit synthetischen Pflanzenschutzmitteln behandelt werden. In viehstarken Gegenden war eine Stickstoff-Überdüngung hofnaher Streuobstwiesen schon zu einer Zeit, als es diesen Begriff noch gar nicht gab, durchaus keine Seltenheit.

Der Obstbau hat im Lauf des 20. Jahrhunderts viele Änderungen erfahren.

Streuobstwiesen mit einer Doppelnutzung von Obst und Gras waren bis in die 50er-Jahre des 20. Jahrhunderts auch im vorrangig auf Rentabilität bedachten Erwerbsobstbau weithin üblich. Mit dem Aufkommen moderner Produktionsverfahren, der Verteuerung menschlicher Arbeitskraft und unter dem Preisdruck billiger Obstimporte erwiesen sich die traditionellen Strukturen jedoch zunehmend als unwirtschaftlich. Ab Mitte der 50er-Jahre des vergangenen Jahrhunderts fanden deshalb umfangreiche Rodungen statt, insbesondere dort, wo Gelände-, Klima- und Bodenverhältnisse eine Umstellung auf wirtschaftlichere Niederstammkulturen zuließen. Wo diese Voraussetzungen nicht gegeben waren, haben sich Streuobstwiesen am ehesten erhalten. Doch ist ihre Existenz auch hier bedroht, weil die Besitzer meist nur ein geringes Interesse an der Fortführung sowohl der obstbaulichen Nutzung als auch der Futtergewinnung haben. Die Bestände sind deshalb größtenteils überaltert und schlecht gepflegt bis hin zur völligen Auflassung und Verbuschung.

Der dramatische Rückgang und Verfall der Streuobstwiesen hat in den letzten Jahrzehnten zahlreiche Menschen veranlasst, sich gegen diese Entwicklung zu wenden. Dabei steht weniger die Produktion von Obst im Vordergrund der Überlegungen als vielmehr andere Funktionen, welche die Streuobstwiesen im Lauf ihrer Entwicklung zusätzlich in den Bereichen der Landeskultur, des Umwelt- und Naturschutzes sowie der Volksfürsorge übernommen haben – Funktionen, die der moderne Intensivobstbau oder auch andere Intensivkulturen gar nicht oder doch nur in weit geringerem Maße erfüllen können. Diese Funktionen und die Möglichkeiten zu ihrer Erhaltung sollen nachfolgend aufgezeigt werden. Dabei lassen sich wirtschaftliche Aspekte nicht ausklammern. Als Ausgangsbasis möge ein Rückblick auf die Entwicklungsgeschichte der Streuobstwiesen und die dabei wirksamen Kräfte dienen.

Extensiver Streuobstbau und intensivere Nutzung der Fläche schließen sich nicht aus.

Obstanbau zur Hebung des allgemeinen Wohlstandes

Geschichtliche Entwicklung des Obstbaus

Angesichts der knorrigen Baumveteranen kann der Betrachter alter Streuobstwiesen leicht den Eindruck gewinnen, eine besonders ursprüngliche Form von Kulturlandschaft vor sich zu haben. Er könnte versucht sein, in Erinnerung an die Geschichte vom Paradies in unseren Streuobstwiesen das Urbild für Kulturlandschaften schlechthin zu sehen. Dies trifft jedoch zumindest für Mitteleuropa nicht zu.

Hier hatten sich nach der letzten Eiszeit bekanntlich mehr oder weniger dichte Wälder entwickelt und diese mussten von den Menschen der Jungsteinzeit zur Schaffung einer Kulturlandschaft erst gerodet werden. Diese Kulturlandschaft war dann aber nicht vom Obstbau, sondern vom Ackerbau geprägt, und bis zur Entwicklung der uns heute so ursprünglich erscheinenden Streuobstwiesen sollten noch Jahrtausende vergehen.

Vom Wildobst „übermäßiger Herbheit“ zur Kulturform

Zwar finden sich schon in jungsteinzeitlichen Siedlungsresten (teilweise seit ca. 4500 v. Chr.) zahlreiche Beweise für eine Nutzung von Apfel, Birne, Süßkirsche, Pflaume und Walnuss, doch dürften ihre Früchte – wenn nicht ausschließlich, so doch größtenteils – von spontan in den Wäldern gewachsenen Bäumen gesammelt worden sein. Ob daneben auch schon Bäume bewusst in Hausnähe gepflanzt wurden, ist zweifelhaft. Aber auch in diesen Fällen müsste es sich um Wildformen gehandelt haben, denn Kulturformen lassen sich in Mitteleuropa erst seit der römischen Kaiserzeit (etwa ab Christi Geburt) nachweisen. Eine bescheidene Zuchtauswahl mag es zwar schon vorher gegeben haben, doch musste sich diese auf Abkömmlinge der heimischen Wildarten stützen. Für diese Art „wilden“ Obstes hatten die Römer allerdings kaum mehr als Verachtung übrig. So schreibt beispielsweise der Naturkundler Plinius: „Es gibt in Germanien wildes Obst von wenig angenehmem Geschmack und dazu schärferem Geruch. Ganz besonders wegen seiner übermäßigen Herbheit tadelt man es, und seine Wirkung ist so groß, dass sie die Schärfe eines Schwertes abstumpft.“ (zitiert nach Hepperle 1994).

Es mag durchaus sein, dass sich Erbanlagen dieses ursprünglichen mitteleuropäischen Obstes in einigen unserer sauren Mostapfel- und Mostbirnensorten erhalten haben, doch spricht vieles dafür, dass die Wurzeln unserer heutigen Tafelobstsorten in den Sortenkreisen zu suchen sind, die vom Balkan her und über Frankreich nach Mittel- und Westeuropa gebracht wurden.

Die Griechen und Römer fördern den Obstbau

Auch die Römer hatten den Obstbau nicht „erfunden“, denn schon lange vor der Existenz Roms wurde Obstbau in Ägypten, Indien und Persien betrieben. Wie so viele Kulturgüter gelangte auch der Obstbau über Griechenland nach Rom. Von dort verbreiteten die Römer nicht nur die Kulturformen, sondern auch das Wissen um ihre Vermehrung einschließlich der

Kunst des Veredelns in die von ihnen besetzten Gebiete. Doch war es bis zu den uns vertrauten landschaftsprägenden Streuobstwiesen immer noch ein weiter Weg, denn die Römer betrieben den Anbau der von ihnen importierten Obstarten vorwiegend in Gärten in der Nähe ihrer Villen, und auch davon ging nach der Räumung Mitteleuropas zweifellos vieles wieder verloren.

Die folgenden, von Völkerwanderungen geprägten, unruhigen Jahrhunderte waren für den Obstbau sicher nicht besonders förderlich. Trotzdem ist davon auszugehen, dass sich römisches Erbe erhalten hat. Dafür sprechen u. a. sprachliche Besonderheiten: Auffallend viele, noch heute gebräuchliche deutsche Bezeichnungen für mit dem Obstbau zusammenhängende Tätigkeiten oder Geräte gehen auf lateinische Wurzeln zurück, so beim Veredeln „pfropfen“ (von propagare = fortpflanzen, ausdehnen, verlängern) oder die gebietsweise gebrauchten Synonyme „emden“ (von impten = impfen) oder „pelzen“ (von pellis = Haut, Rinde des Baums, hinter die das Edelreis eingesetzt wird). Selbst der Name des schwäbischen Nationalgetränks, des Mosts, ist lateinischen Ursprungs (mustum), wie auch Verschiedenes, was zum Mosten gehört – Torkel (von torculum), Kübel (von cupella), Kufe (von cupa), Fass (von vas), desgleichen die Namen der meisten Obstarten, so Kirsche (von cerasus), Birne (von pirus), Nuss (von nux).

Baumfrevel wird bestraft

Gesetze regeln schon früh den Obstbau.

Dass es in den auf die römische Besatzungszeit folgenden Jahrhunderten tatsächlich Obstbau in Mitteleuropa gegeben hat, geht aus den Gesetzen verschiedener germanischer Stämme hervor, in denen Obstdiebstahl und Baumfrevel entsprechende Beachtung finden und in denen ausdrücklich von Obstgärten die Rede ist, die man zu schätzen und zu schützen wusste, so in der Lex Salica vom Beginn des 6. Jahrhunderts, bei Westgoten (480 n. Chr.), Baiern (630–638 n. Chr.) und Langobarden (643 n. Chr.). Die darin vorgesehenen Strafen waren für damalige Verhältnisse enorm. Das gilt namentlich für das baierische Gesetz, welches schon das bloße Betreten eines fremden Gartens in diebischer Absicht mit 3 Schillingen ahndete. Und wer so boshaft war, einen fremden Obstgarten mit zwölf oder mehr Bäumen zu verderben, erlegte 40 Schillinge. Überdies musste der Frevler ebenso viele Bäume wie vorher von der nämlichen Sorte nachpflanzen und zudem für jeden Baum einen Schilling jährlich entrichten, bis die Bäume Früchte trugen. Diese Maßnahmen sollten neben der Strafe zweifellos auch einen erzieherischen Einfluss haben und die Wertschätzung veredelter Obstbäume im Bewusstsein der Öffentlichkeit steigern. Im Übrigen waren solche gesetzlichen Verordnungen nichts Neues. Bereits die Kulturvölker des Altertums wandten sich in ihren Gesetzen gegen den Baumfrevel, nicht selten mit noch weitaus schwereren Strafen. Am weitesten ging der Athener Drakon (620 v. Chr.), der den Obstdieb wie einen Tempelräuber oder Mörder bestrafte, nämlich mit dem Tode. Und dieses echt „drakonische“ Gesetz wurde auch von dem milderen Solon (594 v. Chr.) beibehalten.

Geistliche und weltliche Herrscher verbreiten den Obstbau

In der Karolingerzeit mehren sich die Zeugnisse für die Existenz von Obstgärten in Mitteleuropa. Am bekanntesten ist die unter Karl dem Grossen zwischen 792 und 800 n. Chr. verfasste „Verordnung über die Krongüter“

(„Capitulare de villis imperialibus"). Darin erhielten die Güterverwalter genaue Anweisungen, was auf den Höfen in den Gärten gepflanzt werden solle.

Auszug aus der Verordnung über die Krongüter: „In Betreff der Bäume befehlen wir, dass vorhanden seien: Apfelbäume in verschiedenen Sorten, Birnbäume i. v. S., Speierlinge, Mispeln, Kastanien, Pfirsiche i. v. S., Quitten, Haselnüsse, Mandeln, Maulbeeren, Lorbeeren, Kiefern, Feigen(!), Nussbäume, Kirschenbäume i. v. S.
Die Namen der Äpfel sind Gozmaringa (Gozmaringer), Geroldinga (Geroldinger), Crevedella (Crevedeller), Spiranca (Speieräpfel), süße Sorten und mehr saure, alle aber über den Winter dauernd und ebenso solche zum sofortigen Genuss geeignet; frühreife Sorten; auf trockenen Plätzen aufzubewahren die 3. und 4. Sorte, die süßeren und herberen und die Spätlinge." (zitiert nach GUSSMANN 1896).

Bei den drei Namen 'Gozmaringer', 'Geroldinger' und 'Crevedeller' handelt es sich um die ältesten bis heute bekannten deutschen Sortennamen. Die Sorten selbst kennt man nicht mehr, doch ist nicht völlig auszuschließen, dass sie noch irgendwo unter anderem Namen oder auch namenlos überdauert oder doch wenigstens Teile ihres Erbguts in andere Sorten weitergegeben haben. Dass KARL besonderen Wert auf die Versorgung mit dauerhaftem Winterobst legte, geht aus seiner Anweisung klar hervor. Doch ließ er aus Äpfeln und Birnen wie seine Vorfahren auch Obstwein bereiten. Selbst an der königlichen Tafel wurde „Cidre" getrunken! Um einen Überblick über den tatsächlichen Obstbaumbestand zu bekommen, ließ sich KARL von seinen Verwaltern jedes Jahr ein besonderes Verzeichnis der auf den einzelnen Höfen vorhandenen veredelten Obstbäume vorlegen. Daneben gibt es aus der karolingischen Zeit verschiedene urkundliche Hinweise auf bestehende Obstbaumanlagen, oft im Zusammenhang mit Schenkungen.

Weitere Hinweise ergeben sich aus den zahlreichen nach Obstbäumen benannten Orten, von denen manche schon im Frühmittelalter beurkundet sind, beispielsweise Affalterbach am Inn, das im Jahr 756 „villa Affoltrapah" hieß (affol = Apfel), oder Apflau im Bodenseekreis (769 „villa Apfelhowa"). Auch bei vielen anderen, wenngleich nicht allen, solchen Ortsnamen ist auf einen sehr alten Obstbau zu schließen, so bei Apfelbach, Apfelstetten, Affaltrach, Effeltrich, Eppelheim, Birenbach, Birndorf, Nussdorf u. a.

Obstbauförderung durch kirchliche Orden und Klöster

Ein besonderes Verdienst um die Ausbreitung und Förderung des Obstbaus kommt den kirchlichen Orden und Klöstern zu. Schon von den um 610 n. Chr. aus Irland an den Bodensee gekommenen Mönchen COLUMBAN und GALLUS wird berichtet, dass sie dort nicht nur das Evangelium von Jesus Christus, sondern auch Ackerbau und Obstbau verbreiteten. Später gab es kaum ein Kloster, das nicht über einen eigenen Obstgarten verfügte. Im Kloster St. Gallen hat sich der Pflanzplan des „Baumgartens" aus den Jahren 816 bis 830 erhalten. Wenig später, um das Jahr 849, gründete der Mönch WALAHFRIED STRABO im Kloster auf der Insel Reichenau einen botanischen Garten, in dem der Obstbau eine der wichtigsten Stellen einnahm. Etwa um die gleiche Zeit schilderte der Klosterbruder WANDALBERT von Prüm in seinem Gedicht über das Landleben das Pflanzen, Schneiden und Pfropfen von Obstbäumen, desgleichen die Vorratshaltung von Obst in besonderen Gelassen sowie das Dörren und die Bereitung von Obstwein. In einem von Abt Wilhelm von Hirsau aufgestellten Verzeichnis der in diesem Benediktinerkloster angepflanzten Obstarten finden sich Äpfel, Birnen, Quitten, Pfirsiche, Mispeln, große und kleine Nüsse, Trauben, Zwetschgen, Pflaumen, Kirschen, Kastanien sowie verschiedene Arten von schwarzen und roten Beeren, aber auch Feigen und Zitronen, welche in diesem Schwarzwaldtal wohl kaum ohne besondere Schutzmaßnahmen überdauern konnten. Als Zeugin nicht vergessen wollen wir die Heilige Hildegard, die berühmte Benediktiner-Äbtissin von Bingen, deren zwischen 1150 und 1160 verfasstes Buch von dem inneren Wesen der verschiedenen Naturen der Geschöpfe u. a. auch eine umfassende Naturkunde enthält, darin das dritte Buch „Über die Bäume“ mit sämtlichen damals in Germanien kultivierten Obstarten und -sorten.

Auch für andere Benediktinerklöster, beispielsweise Zwiefalten, spielte der Obstbau eine wichtige Rolle. Besonders rührig bei der Ausbreitung des Obstbaus in Mitteleuropa waren jedoch die kolonisatorisch wirkenden Zisterzienser. Die Zisterzienserklöster Salem und Maulbronn gaben wertvolle Impulse für den Obstbau am Bodensee und im Kraichgau. Doch beschränkten sich die Aktivitäten dieses Ordens keineswegs nur auf Südwestdeutschland. Beispielsweise förderten etwa ab 1140 die Zisterzienserklöster Walkenried am Südharz und Pforte bei Naumburg/Saale den Obstbau in der „Goldenen Aue“ bzw. im Saale-Unstrut-Tal, und das 1219 geweihte Zisterzienserinnenkloster Trebnitz bei Breslau leistete „Entwicklungshilfe“ für die Obstversorgung im mittleren Schlesien. In Stade war es ein Prämonstratenserkloster, für das 1312 ein „pomarium“ urkundlich erwähnt wird und dessen Mönche die Bauern im Alten Land bei Hamburg zum Obstbau anleiteten.

Klöster werden zu Keimzellen des Obst- und Gartenbaus.

Den Mönchen kam zugute, dass zwischen ihren Klöstern innerhalb der Orden gute Beziehungen bestanden, die einen Austausch von Kenntnissen und Sorten auch über weite Entfernungen und Landesgrenzen hinweg ermöglichten. So führten beispielsweise Walkenrieder Mönche Obstgehölze von französischen Klöstern ein. Bei vielen alten Sorten lassen die Namen auf klösterliche Herkunft schließen: 'Klosterapfel', 'Klosterbirne', 'Probstbirne', 'Papstbirne', 'Pfaffenapfel', 'Pfaffenbirne', 'Mönchsapfel', 'Kapellenbirne', 'Paternosterapfel', 'Karthäuser Reinette', 'Karthäuser Birne', 'Karmeliterbirne'. Selbst der erst im 16. Jahrhundert gegründete Kapuzinerorden tritt noch als Namensgeber auf: 'Kapuzinerapfel', 'Kapuzinerbirne'. Und schließlich sind wohl auch die früher häufigen Sorten, welche Heiligennamen tragen, hierher zu rechnen. Eine andere Gruppe von Sortennamen legt die Vermutung nahe, dass sie von heimkehrenden Kreuzfahrern aus dem Vorderen Orient ins Land gebracht wurden: Die 'Cyprische Eierpflaume' und verschiedene cyprische Birnen, türkische Zwetschgen, Kirschen, Birnen und Äpfel sowie 'Jerusalemsapfel', 'Jerusalemskirsche' und 'Jerusalemspflaume'.

Kaiser und Könige für den Obstbau

Neben den Klöstern waren es – wie schon früher – auch weltliche Herrscher, die den Obstbau förderten. Hervorzuheben ist in diesem Zusammenhang Kaiser Friedrich I. Barbarossa, der, wie einst Karl der Grosse, den kaiserlichen Meierhöfen besondere Aufmerksamkeit zuwandte und sie zu wahren Musterschulen machte. Vielerorts ließ er Obst- und Weingärten anlegen, ein Beispiel, dem später auch Kaiser Friedrich II. folgte, welcher oft mitten in den heftigsten Streitigkeiten aus weiter Ferne schriftliche Verordnungen über den Anbau seiner Güter in die staufischen Stammlande sandte. Um den Obstbau zu fördern, gewährte BARBAROSSA für alle Obstgärten Freiheit vom Zehnten und erneuerte den gesetzlichen Schutz der Obstbäume: Im Landfrieden von 1177 wird das Baumverderben mit der Acht geahndet. Ferner musste der, welcher einen Baum umhieb, den zwölfjährigen Ertrag der Früchte geben, wenn der Baum ein „Belzer", d. h. ein veredelter Obstbaum, war. Dieses Gesetz wurde 1209 von OTTO IV. bestätigt. Die gleiche Strafbestimmung findet sich auch im Schwabenspiegel, dem 1274/75 in Augsburg von einem unbekannten Geistlichen verfassten Kaiserlichen Land- und Lehnrecht. Im Reichstagsabschied von Nürnberg bestimmte BARBAROSSA 1187 „dass, wer Weinstöcke oder Obstbäume umhaut, der Ächtung und Exkommunikation verfalle, wie die Mordbrenner".

Geistliche und Weltliche sammeln Erfahrungen im Obstbau

Mit dem Untergang der Staufer zerfiel die einheitliche Regierung, doch traten nun die sich kräftig entwickelnden Städte und die in ihrer Macht erstarkenden Landesfürsten an ihre Stelle. Dass sich auch die Klöster weiterhin dem Obstbau widmeten, beweist u. a. „Das ‚Büchlein über das Pflanzen von Bäumen' des Tegernseer Abtes Konrad Ayrinschmalz vom Jahr 1479", in welchem er u. a. auch Hinweise auf die richtige Standortswahl, das Setzen, Düngen, Pfropfen, Schneiden und Beseitigen von Krankheiten gibt (HESS und RAMISCH 1989). Dabei stellt er neben die bislang übliche Berufung auf frühere Autoritäten ganz bewusst seine eigene Erfahrung und betont deren Wert. Vor den Mauern der Städte entstanden vielerorts ausgedehnte Obstgärten, wie aus zeitgenössischen bildlichen Darstellungen unschwer zu entnehmen ist, so für Augsburg 1521 oder Braunschweig 1547. Die Ursache lag oft darin, dass man für innerstädtische Gartenflächen, welche der zunehmenden Bebauung weichen mussten, eingezäuntes Ersatzland vor den Stadttoren in Anspruch nahm. Auch kamen stadteigene Obstpflanzungen auf. So berichtet die Chronik des kleinen Ackerbaustädtchens Brehna bei Halle/Saale von Kirschbäumen, deren Erträge und Aufwendungen im Jahr 1577 über die Stadtkasse abgerechnet wurden.

Zwischen 1495 und 1504 schrieb LADISLAUS SUNTHEIM, Hofkaplan Kaiser MAXIMILIANS I. in Wien, über seine Heimat, die oberschwäbische Reichsstadt Ravensburg, u. a.: „Es sind auch viel schöne Baumgärten in der Stadt und ist gerings um die Stadt lustig zu spazieren gehn. – Vor unser Frauen Thor, genannt am Andermannsberg, da sind viel Baumgärten – Man bringt so viel Kirssen, Weygsel, Ammerell, Oepfel und Piern in die Stadt, dass es ein Wunder ist." (zitiert nach GUSSMANN 1896). Wegen ihrer schönen Gärten wird im 15. Jahrhundert auch die freie Reichsstadt Heilbronn gerühmt. Desgleichen war Ulm berühmt ob seiner Gartenanlagen, und im 16. Jahrhundert wird von großen Nürnberger Obstgärten berichtet, um nur einige Beispiele zu nennen. In Augsburg fand der Obstbau in jener Zeit solche Beachtung und Würdigung, dass der „Baumbelzer" als freier Künstler galt (1514). Auch Stuttgart war schon zu Ende des 15. Jahrhunderts eine richtige Gartenstadt. Von da an gehörte es zu den Vergnügungen der Stuttgarter, einen Garten zu haben, „ein Gütle, wo sie mithilfe eines Gumpbrunnens Rosen und Salat pflanzen, Sommers ihre Träublein, ihre Apriko und Geisshirtle ernten, im Herbst die Äpfel für den Haustrunk schütteln und die Erdbirnen (Kartoffeln) einheimsen konnten." (zitiert nach GUSSMANN 1896).

„Baumpelzer" veredeln Obstbäume in den Gärten.

Von den adligen Landesherren sei der KURFÜRST AUGUST VON SACHSEN erwähnt, der 1550 das „Augusti Saxoniae electoris künstlich Obstgartenbüchlein" veröffentlichte und zugleich für die Schaffung von Baumschulen sorgte sowie mit einem „Ehestands-Baumgesetz" die Ausbreitung des Obstbaus vorantrieb. Die brandenburgischen Markgrafen hatten bereits im 13. Jahrhundert holländische und niederrheinische Kolonisten in ihr bevölkerungsarmes Land geholt. Auf sie sollen Obstländereien und Weinberge in der Umgebung von Potsdam zurückgehen. Zur Zeit des KURFÜRSTEN JOHANN GEORG (1571–1598) bestand im Bereich der Potsdamer Burg ein Anzuchtgarten für Obstbäume. In Württemberg war vor allem HERZOG CHRISTOPH (1550–1568) ein unermüdlicher Förderer des heimischen Obst- und Gartenbaus. Er erneuerte nicht nur die schon von seinen Vorgängern erlassenen Landesordnungen mit ihren Strafbestimmungen für Obstdiebstahl und Baumfrevel, sondern erlaubte andererseits seinen Untertanen ausdrücklich, sich Pflanzware aus den Wäldern zu holen. In der Forstordnung von 1567 „ist unsere Meynung: Wo ein Unterthan ein jungen wilden Obstbaum in den Wäldern außzugraben begert, da soll ihm solches zu sein eigen brauch und nicht zu verkauffen zugelassen werden ohne alle gebung des Gelts. Es mag auch ein jeder ein jungen wilden Baum jmpfen" (= veredeln). Doch hat sich CHRISTOPH mit papiernen Gesetzen allein nicht begnügt, sondern ging seinen Untertanen auch mit gutem Beispiel voran. So ließ er Obstbäume aus Frankreich, Italien und den Niederlanden in dem von ihm wesentlich vergrößerten Lustgarten zu Stuttgart und in weiteren Schlossgärten des Landes anpflanzen. Diese Gärten wurden von CHRISTOPHS Nachfolgern weiter gepflegt und vergrößert. Eine besondere Bedeutung erlangte der Garten in Bad Boll, den HERZOG FRIEDRICH I. VON WÜRTTEMBERG (1593–1608) durch seinen Leibarzt JOHANN BAUHINUS zwischen den Heilquellen und dem Flecken Boll mit 550 Obstbäumen anlegen ließ.

Obstbäume verbreiten sich von den Gärten in die Landschaft

Wir können aus dieser Schilderung entnehmen, dass sich der Obstbau zu jener Zeit im Vorland der Schwäbischen Alb bereits etwas weiter in die freie Landschaft ausgedehnt hatte. Gleiches gilt von den klimatisch begünstigten Randbereichen anderer Mittelgebirge sowie entlang der Talsysteme von Rhein, Neckar und Main. Jedoch wurden diese Landschaften wesentlich mehr vom Weinbau als vom Obstbau geprägt, wie aus vielen zeitgenössischen Darstellungen zu ersehen ist. Im 15. und 16. Jahrhundert erfolgten auch die ersten Schritte vom Liebhaber- und Selbstversorger-Obstbau zu einem Wirtschafts- und Verwertungsobstbau. Es wurden u. a. Sorten kultiviert, die für bestimmte Verwertungsarten besonders geeignet erschienen. Daraus wurden im 16. Jahrhundert bereits viel Dörrobst, verschiedene Arten von Obstmus und Most hergestellt. Etwa ab 1550 kam zusätzlich die Obstbrandbereitung hinzu.

Die insgesamt erfreuliche Entwicklung des Obstbaus blieb allerdings von Rückschlägen nicht verschont. Solche traten als Folge von Schadfrösten, Hagelschlägen, Krankheiten, Schädlingskalamitäten und kriegerischen Ereignissen auf. So wird aus der Zeit HERZOG CHRISTOPHS von einem katastrophalen Hagelwetter berichtet, das im ganzen Herzogtum Württemberg gerade auch an den Obstbäumen fürchterliche Verheerungen anrichtete.

In „Ein new Badbuch und historische Beschreibung von der wunderbaren Krafft und Würkung des Wunderbrunnen und Heilsamen Bads zu Boll" schildert BAUHINUS nicht nur den Garten in Bad Boll, sondern auch den Obstbau der umliegenden Dörfer: „Das Land zwischen Owen und Teck hat viel Weinberge und Obstgärten auf der Ebene, da man nach Kirchheim zugehet. Dettingen (u. T.) hat herrliche und lustige Obstgärten. Zell hat viel fruchtbare Obstbäume. Das Dorf Plienspach ist ein lustiger Ort und hat's viel fruchtbare Bäume daselbst." (zitiert nach GUSSMANN 1896).

Zeichnung von Leonhart Fuchs (1501–1566) aus dem „Wiener Codex“, die einen Apfelbaum mit sechs verschiedenen Sorten zeigt (Österreichische Nationalbibliothek).

Kriege führen zur Vernichtung von Obstbäumen

In Kriegszeiten gewährten die gesetzlichen Verordnungen gegen Baumfrevel nur wenig Schutz. Vielmehr gehörte die Vernichtung der Obstbaumbestände des Gegners zum Katalog kriegerischer Maßnahmen. Weil die Obstbäume als besonders wertvoller Besitz galten, wurden sie vernichtet, um dem Feind möglichst großen Schaden zuzufügen. Die Strategie der verbrannten Erde hatte regelrecht System. So hieben beispielsweise 1378 die vereinten Streitkräfte der Reichsstädte Ulm, Reutlingen und Esslingen bei der Belagerung der württembergischen Residenzstadt Stuttgart die schönen Obstbäume bei der Stadt und auf den Fildern erbarmungslos um und schnitten auch die Weinreben ab. Die schlimmsten Verheerungen brachte der Dreißigjährige Krieg mit sich, in dessen Verlauf beispielsweise zu Überlingen am Bodensee von durchziehenden Truppen etliche tausend Bäume niedergelegt wurden. Auch aus dem folgenden Jahrhundert finden sich wiederholt Nachrichten über Verwüstungen von Obstanlagen durch gegnerische Truppen, so 1716 etwa aus Knittlingen, Mitte des Jahrhunderts aus dem Fürstbistum Würzburg und 1795 aus Durlach bei Karlsruhe. Im Dreißigjährigen Krieg kam zu den unmittelbaren Schäden noch hinzu, dass viele Pflanzungen wegen mangelnder Pflege als Folge der furchtbaren Dezimierung der Bevölkerung verkamen. Danach wurden große Anstrengungen zum Neuaufbau des Obst- und Weinbaus unternommen, die dann im 18. und 19. Jahrhundert trotz zeitweiliger empfindlicher Einbußen, insbesondere durch verheerende Winterfrostschäden (beispielsweise im 18. Jahrhundert in den Jahren 1709, 1731/32, 1740, 1784, 1788/89), zu einer starken Ausdehnung der Obstbaumbestände auch in die freie Landschaft führten.

Aus den Gärten in die Landschaft

Hinter dieser Entwicklung stand ein starker Wille der Obrigkeit. Vielfach wurden die Gesetze gegen Baumfrevel erneuert, allerdings dem Zug der Zeit entsprechend mit moderateren Formen der Sühne: Eine neue Verordnung des Jahres 1766 setzte beispielsweise im Bistum Speyer für die mutwillige Beschädigung von Obstbäumen und Weinstöcken an die Stelle des Handabhackens das weniger martialische Stellen an den Pranger, das Auspeitschen mit Ruten oder die Landesverweisung. Derselbe Schritt wurde 1781 auch in den bayerischen Landen vollzogen. In der Markgrafschaft

Entlang von Straßen und Wegen dehnte sich der Obstbau in die freie Landschaft aus. Reste solcher Obstbaumalleen finden sich heute am ehesten noch entlang von Nebenstraßen.

Baden stand Mitte des 18. Jahrhunderts auf absichtliche Beschädigung von Obstbäumen noch die Androhung von bis zu zehn Jahren Zuchthaus; 1808 konnte die Sühne für derartige Vergehen auch in Geldleistungen und in der Zahlung von Schadenersatz bestehen.

Wichtiger als diese Verordnungen war die Tatsache, dass nun auch zunehmend Gebote erlassen wurden, welche von den Untertanen eine aktive Mitwirkung bei der Ausbreitung des Obstbaus forderten. Gelegenheit dazu bot sich vor allem bei der Verleihung von Bürgerrechten, die an die Erfüllung bestimmter Bürgerpflichten gebunden wurden. Vorläufer solcher Gesetze hatte es schon in früheren Jahrhunderten gegeben, so das bereits erwähnte „Ehestands-Baumgesetz" des Kurfürsten August von Sachsen oder das Pflanzgebot, nach dem jeder Bewerber um das Bürgerrecht einen Obstbaum an die Straße setzen musste. Dadurch hatte man beispielsweise im südbadischen Dorf Britzingen 1604 die Einfassung sämtlicher Wege des Ortes mit Obstbäumen erreicht. Nun wurde in einer Vielzahl regierungsamtlicher Verordnungen bindend vorgeschrieben, wie viele Obstbäume jeder ansässige oder zuziehende Bürger und jeder heiratswillige Bürgersohn auf die Allmendflächen oder entlang von Landstraßen und Wegen zu pflanzen hatte. Diese Bäume mussten vom jeweiligen Pflanzer auch gepflegt und nach dem Absterben durch neue ersetzt werden. Wer seinem Pflegeauftrag nicht nachkam, musste mit ähnlich schweren Strafen wie ein Baumfrevler rechnen.

Hoheitliche Verordnungen unterstützten die Planung von Obstbäumen.

Einige konkrete Beispiele seien an dieser Stelle genannt: Bereits 1663 wurde im Herzogtum Württemberg verordnet, dass die Landstraßen beiderseits mit Obstbäumen eingefasst werden sollten. Außerdem hatten Neubürger und junge Eheleute jeweils einen bis drei Obstbäume zu pflanzen. 1686 erließ Kurfürst Friedrich Wilhelm von Brandenburg ein ähnlich lautendes „Patent wegen Pflanzung allerhand fruchtbarer Obst- und anderer Bäume". Nicht selten wurden die Verordnungen durch fachkundige Unterweisungen der Untertanen und die Gründung von Baumschulen zur Bereitstellung geeigneter Pflanzware begleitet. Bereits um 1727 hatte Landgraf Karl von Hessen die damals größte Baumschule Deutschlands bei Kassel anlegen lassen.

1770 war es dem Markgrafen Carl Friedrich von Baden-Durlach ein besonderes Anliegen, „dass an jedem Orte einige junge Burgere nebst Schulmeistern, Schulprovisoren und Schulpräparanden in dem Baumpflanzen, Warten, Schneiden und Pfropfen wohl unterrichtet" würden. Ein Jahr zuvor schon hatte er vier „Landgärtner" in verschiedenen Regionen seiner Herrschaft angestellt – „zu mehrerer Emporbringung der Holz- und Baumpflanzung, hauptsächlich die Baumschulen allgemeiner zu machen". Zur gleichen Zeit wies Fürst Leopold Friedrich Franz von Anhalt-Dessau die Bevölkerung an „die Bäume von Raupen-Nestern zu gehöriger Zeit zu säubern", da „durch Raupenfraß fast jährlich die Baumfrüchte verloren gingen". Die Macht des Beispiels, Prämien, Verordnungen, Bestrafungen und die Zuteilung von Veredlungsreisern und Obstbäumen haben in diesem Land gleichermaßen zur Ausdehnung des Obstbaus geführt (zitiert nach Lott 2001).

Friedrich der Große befiehlt Baumpflanzungen

Dagegen entwickelte sich das Obstbauprogramm in den Königlich-Preußischen Staaten weniger erfolgreich. Hier musste König FRIEDRICH DER GROSSE, der seit seiner Thronbesteigung 1740 mehrfach die Pflanzung und Pflege von Obstbäumen befohlen hatte, einsehen, dass es „selten einer Regierung gelingt, eine Kulturmaßregel durchzusetzen, wenn das Volk nicht zugleich dafür zu stimmen ist“. Nach dem Siebenjährigen Krieg (1756–1763) wurden die Vorschriften zur Anlage von Baumschulen und zur Obstbaumpflanzung wiederholt. Die „Einsassen“ jedes Dorfes hatten sich an den Jungbaumanzuchten unter Aufsicht von Fachleuten zu beteiligen. Diese Aktionen scheinen aber nicht immer reibungslos gelaufen zu sein. Wie anders wären sonst Strafandrohungen des Königs zu verstehen: „Bei verspürter fernerer Renitenz der Beamten sind diese aus dem Amt zu setzen. Wer aber dafür sorgt, dass diese Dinge gut von statten gehen, soll besonders distinguiret werden.“ (zitiert nach LOTT 2001).

Alljährlich verlangte der König tabellarische Aufstellungen über die neu gepflanzten Obstbäume. Trotz der Verheerungen und Rückschläge durch den Siebenjährigen Krieg wurden beachtliche Zunahmen registriert; Beispiel: Nachpflanzungen in der Kurmark 1754: 38 024 Bäume; 1767: 126 628 Bäume. Nachweise forderte der König aber auch über die jeweils abgängigen Obstbäume. Als deren Zahl ihm 1767 in der Kurmark zu groß erschien, rügte er das in einer Kabinettsorder: „Da es lediglich in der fehlenden Sorgfalt liegt, wenn so viel Stämme nicht fortkommen, so müssen die Landräthe die Leute zu mehrerer Accuratesse und besserer Pflege der Bäume animieren.“ (zitiert nach LUCKE et al. 1992).

Aus Schlesien wurde 1765 berichtet, dass „ohneracht aller Befehle und weitläufigen Instruktionen hierbei leider noch sehr wenig geschehen sei, und entweder um ein Blendwerk zu machen (namentlich wenn der Provinzialminister die Gegenden bereiste) bloße Prügel oder Ruthen in die Erde gesteckt, oder auch wohl an vielen Orten bemüht worden, unter dem Vorgeben, daß die Bäume wieder ausgegangen wären“. Weiterhin wurde in Schlesien protokolliert, dass „die Anpflanzungen nicht immanquablement

Balingen am Fuß der Schwäbischen Alb im Jahr 1844 mit weiträumigen Obstwiesen (Stadtarchiv Balingen).

effektuirt, sondern sehr nachlässig traktirt, die Bäume in einigen Gegenden nur verloren hingesteckt worden, dass deren Fortgang als ein miracle considerirt, und die Absicht bei solchem procédé niemals erreicht werden könnte" (zitiert nach LUCKE et al. 1992).

Generalreskripte für den Obstanbau

In Württemberg hatte die Förderung des Obstbaus durch die Landesherren eine lange Tradition. In so genannten „Generalreskripten" legten sie immer wieder erneut Gebote und Verbote fest. Dabei trat HERZOG CARL EUGEN (1737–1793) besonders hervor, in dessen Zeit drei dieser Generalreskripte erlassen wurden. Zusätzlich ließ er beim Lustschloss Solitude in der Nähe von Stuttgart eine Baumschule einrichten, mit deren Leitung und Erweiterung er 1775 den Hauptmann JOHANN CASPAR SCHILLER, den Vater des Dichters FRIEDRICH SCHILLER, betraute, offensichtlich mit Erfolg, denn kurz vor SCHILLERS Tod (1796) hatte die Baumschule einen Bestand von 100 000 Pflanzen erreicht, die alljährlich im Herzogtum Absatz fanden. Daneben trat SCHILLER auch als Verfasser einschlägiger Schriften hervor. Sein Hauptwerk „Die Baumzucht im Großen" wurde zu Lebzeiten SCHILLERS nur teilweise gedruckt. Erst 1993 erfolgte seine vollständige Veröffentlichung mit allen überlieferten Illustrationen seiner Tochter CHRISTOPHINE.

Links des Rheins erwies sich der letzte Trierer Kurfürst, CLEMENS WENZESLAUS, Prinz von Polen und Herzog von Sachsen (1768–1794), als besonderer Förderer des Obstbaus. Er ließ sogar die Pfarrer in ihren Sonntagspredigten Anweisungen zur Feldbestellung, Baumpflege und Obsternte einflechten. Nach der Besetzung des Gebiets durch die Franzosen 1794/95 hatten NAPOLEON und der von ihm für das „Departement Rhin et Moselle" eingesetzte Präfekt LEZAY-MARNESIA die Idee, hier „eine zweite Normandie" mit den charakteristischen Obsthochstämmen zu schaffen. Tatsächlich wurden in den Jahren 1806 bis 1809 im Bezirk Koblenz 164 090, im Bezirk Simmern sogar 176 847 und im Bezirk Bonn 137 993 Obstbäume gepflanzt – eine Aufbauleistung, die nach dem Abzug der Franzosen auch von

Vielseitige Obstverwertung im 19. Jahrhundert (Stadtarchiv Reutlingen).

Baumwarte mit dem Oberamtsbaumwart (an der Leiter) bereiten einen Baum zur Umveredlung vor.

der preußischen Verwaltung anerkannt wurde, die im Januar 1818 erklärte: „Auf der linken Rheinseite haben bereits die vielfachen Verfügungen des ehemaligen Präfekten Lezay-Marnesia seit 1807 den Grund zur Veredelung dieses Zweiges der Kultur gelegt, und wir haben mit Vergnügen erkannt, dass die segensreichen Folgen davon nicht verlorengegangen, sondern die Obstbaumzucht an vielen Orten einen raschen Aufschwung erhalten und sich zu einer im Verhältnis des vorigen Zustandes sehr bedeutenden Vollkommenheit erhoben hat.“ (zitiert nach Lucke et al. 1992).

Die heutigen Streuobstwiesen entstehen

Die durch die obrigkeitlichen Anstöße eingeleitete Entwicklung des Obstbaus förderte auch das Wissen um den Obstbau. Während des gesamten Mittelalters und bis weit in die Neuzeit hinein hatte Obstbau vorwiegend als Gartenkultur gegolten, die in der Nähe der Siedlungen betrieben wurde. Doch nun dehnten sich die Hochstammpflanzungen auch mehr und mehr in die freie Landschaft aus, zunächst bevorzugt entlang der Straßen und Wege sowie auf dem gemeinsam genutzten Gemeindegut, der Allmende. Damit begannen sich jene Strukturen zu entwickeln, die den Streuobstlandschaften bis heute ihren anmutigen Reiz verleihen. Man muss sich allerdings vor Augen halten, dass für diese Entwicklung nicht in erster Linie landschaftsästhetische Gesichtspunkte, sondern wirtschaftliche Überlegungen ausschlaggebend waren. Obstbau galt als Möglichkeit zur Hebung des allgemeinen Wohlstandes. Dies kommt u. a. auch in den erwähnten Generalreskripten klar zum Ausdruck. Die gleiche Einschätzung begegnet uns auch in dem früher weit verbreiteten Slogan: „Auf jeden Raum pflanz einen Baum und pflege sein, er trägt dir's ein". Abgesehen davon, dass dieser Spruch natürlich auch damals schon nur in den Gebieten Gültigkeit hatte, in denen Boden und Klima geeignete Standortsbedingungen boten, bleibt doch festzuhalten, dass die ob ihrer Schönheit viel gerühmten Streuobstlandschaften ihre Entstehung in erster Linie wirtschaftlichen Beweggründen verdanken. Dies belegt auch die Tatsache, dass sich die zunächst vielfach widerstrebenden Bauern erst, nachdem sie vom wirtschaftlichen Erfolg überzeugt waren, in größerem Stil dem Obstbau zuwandten und diesen dann über Allmenden und Straßenränder hinaus auch auf landbaulich wertvolle private und öffentliche Grundstücke, einschließlich der Äcker, ausdehnten.

Eine im Jahr 1900 veranstaltete Obstbaumzählung ergab für das damalige Deutsche Reich eine Gesamtzahl von 168 388 853 ertragfähigen Obstbäumen; das bedeutete je 100 ha landwirtschaftlicher Fläche durchschnittlich 480 ertragfähige Bäume. Deutlich über diesem Durchschnitt lagen folgende Länder bzw. Provinzen: Württemberg, Baden, Elsass, Königreich Sachsen, Hessen, Sachsen-Altenburg, Anhalt, Schwarzburg-Sondershausen, Schaumburg-Lippe, Unterfranken, Pfalz, Provinz Sachsen, Rheinprovinz; am geringsten war die Obstbaumdichte in den Regionen mit ungünstigem Wärmeklima, vor allem in Ostpreußen, Schleswig-Holstein, Pommern, Mecklenburg-Strelitz, im bayerischen Regierungsbezirk Schwaben und in der Oberpfalz. Aber selbst in Ostpreußen, dem obstärmsten aller damaligen deutschen Reichsgebiete, trugen blühende und fruchtende Obstbäume in Hausgärten und an Straßen zum Reiz des Landes bei.

Pfarrer, Ärzte und Lehrer beschreiben Obstsorten und begründen die Pomologie.

Die Entwicklung wurde begleitet von einem wachsenden Interesse gebildeter Bürger am Obstbau. Vor allem Pfarrer, Ärzte, Apotheker und Lehrer beschäftigten sich mit dem Sammeln, Sichten und Beschreiben möglichst vieler Obstsorten. Das 19. Jahrhundert gilt als Blütezeit der Pomologie. Einer der führenden Pomologen, der niedersächsische Superintendent Georg Conrad Oberdieck, rühmte sich, 300 verschiedene Sorten auf einem einzigen Apfelbaum veredelt zu haben und insgesamt über 4000 Obstsorten zu besitzen. Obwohl dies mit dem bäuerlichen Obstbau wenig zu tun hatte, bestand doch auch hier inzwischen eine große Sortenvielfalt, weil die Bauern ungeachtet der bekannten Veredlungstechniken doch auch unveredelte, zufällig aufgelaufene Sämlinge wachsen ließen. Das führte zu einer Fülle von Lokalsorten, von denen nur ein kleiner Teil in die pomologischen Verzeichnisse Eingang fand.

Von besonderer Bedeutung für die obstbauliche Praxis wurden die 1837 erstmals in Hohenheim bei Stuttgart, bald darauf auch in den anderen Obstbaugebieten durchgeführten Baumwartekurse. Die ausgebildeten Baumwarte legten den Grundstein für die heutigen Streuobstwiesen. Ein wichtiges Mittel, um den Obstbau breiteren Bevölkerungskreisen nahe zu bringen, stellten die lokalen und regionalen Obstbauvereine dar, die sich schließlich in landesweiten Verbänden zusammenschlossen, beispielsweise 1880 im Württembergischen Obstbauverein.

Obstbäume contra Weinstöcke

Eine besonders starke Massierung von Obstbäumen erfolgte im Bereich ehemaliger Weinberge. Vereinzelte Obstbäume hatten vielfach auch früher schon zwischen den Reben gestanden. So alt wie diese Mischkultur von Reb- und Obstbau selbst ist aber auch die Diskussion um die Schädlichkeit von Baumpflanzungen in Rebanlagen sowie die Versuche, daraus entstehende ökonomische Einbußen abzufangen und Konflikte zu schlichten. Im Dezember des Jahres 1359 musste sich ein Überlinger Bürger gegenüber dem Kloster Wald verpflichten, in seinem Weingarten, der an eine Reban-

Viele der heutigen Streuobsthänge waren in früheren Jahrhunderten weinbaulich genutzt wie hier am Hirschauer Berg bei Tübingen 1683 (aus A. Kieser 1680–1687).

Der gleiche Hang 300 Jahre später: Auf vielen Parzellen sind Streuobstwiesen an die Stelle des Weinbaus getreten.

lage des Klosters stieß, keine Bäume wachsen zu lassen, welche dem klösterlichen Weinberg schädlich werden konnten. Über die Frage von Baumpflanzungen in Weinbergen entspann sich ein jahrhundertelanger Disput, und Konflikte zwischen Landesherren und Behörden einerseits und Untertanen andererseits um diesen Gegenstand waren Legion. Denn ab einem gewissen Punkt waren landesherrliche Interessen direkt tangiert: Bäume in Rebanlagen konnten durch Schattenwurf und womöglich durch Einwirkung ihrer Wurzeln den Ertrag an Wein mindern, verbesserten nicht eben dessen Güte und wirkten sich mithin direkt auf Qualität und Quantität des herrschaftlichen Zehnten aus. Folgerichtig sprechen obrigkeitliche Weisungen in verschiedenen südwestdeutschen Territorien immer wieder davon, wenigstens überzählige Obstbäume aus den Rebanlagen zu entfernen, und es wurde „bey nahmhaffter geld straf gänzlich verbotten", zu viele, ja überhaupt Obstbäume in die Weinberge zu pflanzen.

Diese Doppelnutzung der Weinberge und teilweise Äcker war gerade in Südwestdeutschland die konsequente Folge des Bemühens der Landleute, sich ökonomisch in zwei Richtungen zugleich abzusichern. Rebanlagen sollten nicht nur Wein, sondern auch Obst liefern und damit einen Puffer gegen wirtschaftliche Einbrüche, gewissermaßen eine doppelte Absicherung bieten: geriet in einem Jahr der Wein nicht, so verfügte man im günstigen Fall immerhin noch über das Obst, und in Jahren, da das Obst nicht gedieh, bot die Weinlese den nötigen Ertrag.

Realteilung fördert die Vielfalt

Letztlich also war diese Mischkultur und Doppelnutzung in der Beengtheit der agrarischen Verhältnisse Südwestdeutschlands begründet. Nicht zuletzt dessen Realteilungssystem hatte zu einem immer weiteren Zersplittern der Fluren und damit zu der Notwendigkeit geführt, auf zusehends schrumpfenden Flächen noch ausreichende Erträge zu erwirtschaften. Umgekehrt enthob die Verfügungsgewalt über ein ausgedehntes Areal dieser Notdurft. Wo Großgrundbesitz dominierte, wiesen die Fluren generell eine geringere Obstbaumdichte und den Hang zu Monokulturen auf, während sich in Regionen mit vorherrschenden Kleinbetrieben ein dichterer Obstbau jeweils in Mischkultur fand.

Unter Ökonomen und Ackerbauexperten regte sich teilweise heftige Kritik an dieser Doppelnutzung der Weinberge und Äcker. „Solche Leute wollen nur Alles haben", heißt es im 19. Jahrhundert über die Bauern, die solche Mischkulturen betrieben. „Ihr Weinberg soll Gemüßgarten, Futteracker und Baumstück seyn, und ist gerade dadurch gar nichts." (Adam 1997).

Reblaus vernichtet Weinstöcke

Vorstehende Überlegungen bewogen auch die ansonsten sehr obstbaufreundliche württembergische Regierung, das Einpflanzen von Obstbäumen in Weinberge strengstens zu verbieten (23.10.1718, 20.09.1726). Eine starke Verschiebung trat jedoch ein, nachdem die Mehrzahl der mitteleuropäischen Weinberge aus verschiedenen Gründen (zu kühles Klima, zu hohe Frostgefährdung, starker Befall durch pilzliche und tierische Schädlinge, ab 1874 insbesondere die Reblaus) aufgegeben worden war. Ein Neuaufbau auf reblausresistenten Unterlagen erfolgte im Wesentlichen nur noch in den klimatisch besten Lagen, während die übrigen Weinberge brach fielen, zu Schafweiden umgewandelt oder eben mit Obstbäumen bepflanzt wurden. Für Letzteres bestand ein erheblicher Bedarf, denn die gestiegene Nachfrage nach Mostobst konnte vor allem in Württemberg, ungeachtet der bislang erfolgten Obstpflanzungen, bei weitem nicht befriedigt werden. Aus dieser Situation hatte sich auf dem Stuttgarter Nordbahnhof der größte Mostobstmarkt Deutschlands entwickelt, auf dem im Herbst 1897 2714 und im Spätjahr 1898 2857 Waggonladungen ankamen. Davon stammten die allerwenigsten aus Württemberg selbst, die weitaus meisten dagegen aus der Schweiz und aus Österreich, kleinere Partien aus Bayern, Böhmen, Sachsen und Schlesien.

Die Kleinverkaufspreise für dieses Mostobst bewegten sich zwischen 3,10 und 5,50 Mark je 50 kg ab Waggon. Zur gleichen Zeit betrug der Stundenlohn eines Facharbeiters 25 bis 35 Pfennige. Unter solchen Bedingungen waren die Grundstücksbesitzer gern bereit, mehr Mostobstbäume zu pflanzen – auch und gerade in aufgelassenen Weinbergen, wo sich nun die Baumbestände zu regelrechten „Obstbaumwäldern" verdichteten, während aus den weiterhin als Weinberge genutzten Lagen die Bäume mehr und mehr verschwanden.

Der Feld- und Selbstversorgerobstbau

In der Regel führte die Umstellung nicht direkt zu den uns heute geläufigen Streuobstwiesen, sondern zunächst zu Baumäckern mit wechselnden Unterkulturen. Die Kombination von Obst- und Getreidebau auf den gleichen Grundstücken war durchaus nicht ungewöhnlich. Erst später trat an die Stelle des durch die Bäume und oft auch durch die Hanglage erschwerten „Bauens" des Landes die einfacher zu handhabende Grünlandnutzung.

Die früher weit verbreiteten Baumäcker (hier mit blühendem Rapsfeld) sind heute selten geworden.

Für diese Entwicklung, die zwischen 1910 und 1930 verstärkt einsetzte, waren neben den Arbeitserleichterungen wiederum Rationalitätsgesichtspunkte entscheidend, weil sich die Wirtschaftlichkeit der auf der Grünlandnutzung aufbauenden Milchviehhaltung günstig entwickelt hatte. Dazu leistete die Verbesserung des Molkerei- und Transportwesens sowie der Kühleinrichtungen einen entscheidenden Beitrag. Sie ermöglichte die Lieferung auch leicht verderblicher Milchprodukte über größere Entfernungen zu den Zentren des Verbrauchs. Die günstige Gestaltung des Milchpreises veranlasste viele Kleinbauern, die eine oder andere Kuh zusätzlich in den Stall zu stellen und zur Verbreiterung der Futtergrundlage Acker- in Grünland umzuwandeln.

Hochstämme prägen die Feldflur

Nun erst hatten die Streuobstwiesen, deren ackerbauliche Vorgeschichte auch heute noch vielfach an ehemaligen Wölbäckerformen und Ackerterrassen ablesbar ist, ihre größte Ausdehnung erreicht und waren zur vorherrschenden Form des Obstbaus schlechthin geworden. Daneben gab es aber auch noch viele Bestände mit acker- oder gartenbaulicher Unterkultur. Charakteristisch für nahezu alle war der Hochstamm. Allerdings waren auch niederstämmige Baum- oder Buschformen schon seit langem bekannt. Zum einen zeigten manche Wildobstarten ohne entsprechende Erziehung eher einen strauch- als einen baumförmigen Wuchs, zum anderen hatte man in den Gärten der zahlreichen fürstlichen Residenzen schon seit Jahrhunderten niederwüchsige Baumformen auf schwach wachsenden Unterlagen in vielerlei Spielarten kultiviert. Von dort hatten sie allmählich auch Eingang in die Hausgärten und in die nun im Bereich größerer Städte entstandenen Kleingartenkolonien gefunden. In der Feldflur jedoch herrschte der Hochstamm vor, denn nur unter hochstämmigen Bäumen konnte eine ganzflächige Unterkultur betrieben werden, und diese war nicht nur für die Selbstversorger, sondern auch für die Erwerbsobstbauern selbstverständlich, sei es nun Futtergras, Getreide, Hackfrucht, Gemüse oder Beerenobst. Um den Ernteaufwand zu verrringern, kam in vielen Regionen auch der Halbstamm zum Einsatz. Vor allem dort, wo Zwetschgen oder Süßkirschen vorherrschen, wird der Halbstamm bis heute häufig bevorzugt. An dieser Form hielten die überwiegend kleinbäuerlichen Betriebe Südwestdeutschlands besonders lange fest. Während einige Spezialbetriebe die Ablösung des Hochstammes durch niedrige Baumformen im Rheinland schon ab 1900, im Magdeburger, Berliner und Dresdener Raum nach dem Ersten Weltkrieg einleiteten, sind entsprechende Ansätze in Südwestdeutschland erst in den 30er-Jahren festzustellen.

Auch während der Kriege im 20. Jahrhundert ging der Baumbestand jeweils deutlich zurück, im Unterschied zu früher weniger durch gezielte Verwüstungen, sondern infolge fehlender Pflege und Nachpflanzung sowie vermehrter Baumfällungen zur Deckung des Brennholzbedarfs, wenn Kohlen nicht ausreichend erhältlich waren. Eine besondere Situation ergab sich bei den Walnussbäumen, deren Holz zur Fertigung von Gewehrschäften und -kolben benötigt wurde. Manchen erschien das Umhauen von Nussbäumen für diesen Zweck geradezu als patriotische Tat. Im Jahr 1917 stilisierte man den Nussbaum gar anstelle der Eiche zum Wahrzeichen deutscher Kraft: „Mit dem Gewehrkolben aus Nußbaumholz zieht der Krieger dem Feind entgegen, mit ihm siegt er und fällt er!" (Adam 1997).

Im Keller lagert der hausgemachte Most.

Obstbäume zur Selbstversorgung

In den Nachkriegsjahren wurden die kriegsbedingten Verluste an Obstbäumen durch Neupflanzungen rasch wieder ausgeglichen. Dafür wurden selbst nach dem Zweiten Weltkrieg noch überwiegend Hochstämme verwendet. Eine wesentliche Triebfeder war das Verlangen der Bevölkerung nach einer Selbstversorgung mit Obst. Besonders in den Realteilungsgebieten erlebte der Hochstammobstbau auf den kleinen Parzellen in Verbindung mit Grasunternutzung, aber auch Kartoffeln, Gemüse und Beeren, vorübergehend sogar eine Renaissance. Der Besitz eines solchen „Obstgütles" oder „Stückles" war in jenen Jahren für viele Menschen ein besonders erstrebenswertes Ziel. Häufig hatten diese „Gütle" oder „Stückle" lediglich eine Größe von 10 bis 20 Ar, was etwa 10 bis 20 Obstbäumen entsprach.

Mit der Verbesserung der wirtschaftlichen Situation ging das Interesse am Selbstversorger-Obstbau jedoch wieder deutlich zurück. Gleichzeitig wurde die Bundesrepublik Deutschland als Markt für ausländisches Importobst interessant. Gegen diese Konkurrenz konnte sich der einheimische Erwerbsobstbau nur behaupten, wenn er die marktgängigen Sorten in ansprechender Qualität kostengünstig produzierte. Für die Senkung der Produktionskosten spielte der Ersatz der ständig teurer werdenden menschlichen Arbeitskräfte durch mechanische Verfahren eine entscheidende Rolle. Solchen Verfahren waren die schwer zu bewirtschaftenden Hochstammbestände in Streulage nur wenig zugänglich, weshalb der Erwerbsobstbau ab Mitte der 50er-Jahre des vergangenen Jahrhunderts konsequent auf einheitliche, mit modernen Maschinen rationell zu bewirtschaftende Niederstamm-Dichtpflanzungen umstellte. Zu diesem Zweck wurde sowohl die Neupflanzung moderner Intensivanlagen als auch die Rodung unwirtschaftlicher Altbestände von den Ländern und der Europäischen Wirtschaftsgemeinschaft (EWG) finanziell und organisatorisch gefördert. Doch auch außerhalb gezielter Rodungsaktionen vollzog sich ein starker Rückgang des Streuobstbaus, am augenfälligsten im Verlauf so genannter „Entrümpelungsaktionen" und von Flurbereinigungsverfahren sowie als Folge der gestiegenen Bautätigkeit an den Ortsrändern.

Entrümpelung und Neupflanzung

Wie in der Vergangenheit ökonomische Gesichtspunkte zur Ausbreitung des Streuobstbaus geführt hatten, so waren es nun erneut wirtschaftliche Überlegungen, die in Anpassung an die veränderten produktionstechnischen und marktwirtschaftlichen Verhältnisse seine drastische Reduzierung bewirkten. Doch erfolgte keine totale Umstellung des gesamten Obstbaus. Vielmehr hat sich im Unterschied zu früher eine viel stärkere Differenzierung herausgebildet zwischen dem heute von Niederstamm-Dichtpflanzungen geprägten intensiv wirtschaftenden Erwerbsobstbau, bei dem der Obstbau häufig den Hauptbetriebszweig und damit die Existenzgrundlage der Familie darstellt, und dem vielfach an alten Baum- und Anbauformen festhaltenden Nebenerwerbs- und Selbstversorger-Obstbau. Aber auch hier wurde in die Neupflanzung von Hochstämmen kaum noch investiert, sodass sich die Baumschulen ab Ende der 50er-Jahre des vergangenen Jahrhunderts gezwungen sahen, große Mengen nicht mehr absetzbarer Jungbäume zu vernichten.

Parallel zur erwerbsobstbaulichen Praxis entwickelte sich auch die Obstbauwissenschaft. Forschung und Lehre befassten sich fast ausschließlich nur noch mit niederen Baumformen auf schwach wachsenden Unterlagen. In den einschlägigen Lehrbüchern kommen Hochstamm und Streuanbau – wenn überhaupt – fast nur noch als Negativbeispiele, bestenfalls als „romantischer Obstbau“ vor.

Streuobstbau gewinnt Aufmerksamkeit

Doch im Laufe der Jahre mehrten sich die Stimmen, die sich für einen Erhalt der Streuobstwiesen aussprachen. Dabei standen aber jetzt statt der Obstproduktion landschaftsästhetische und ökologische Gesichtspunkte im Vordergrund. Entsprechend kamen die Initiativen vorrangig aus Kreisen des Natur- und Umweltschutzes. Sie fanden ihren Niederschlag ab 1980 in einer Vielzahl von Publikationen, größtenteils in der so genannten „grauen Literatur“, die nicht über den Buchhandel zu beziehen ist. Staatliche und kommunale Stellen, Naturschutzverbände, Obst- und Gartenbauvereine sowie örtliche Initiativen wetteiferten untereinander bei der Herausgabe von Broschüren, mit Artikeln in Zeitschriften und in der Tagespresse, mit Vortragsveranstaltungen, Fachtagungen und praktischen Unterweisungen zur Rettung der Streuobstwiesen, begleitet von den verschiedensten Fördermaßnahmen. Die Folge war nicht nur eine Verlangsamung der Rodungen alter Baumbestände, sondern auch eine Welle von Neupflanzungen, deren Bedarf die Baumschulen zunächst gar nicht befriedigen konnten. Insgesamt sank zwar die Zahl der Hochstammbäume weiter, doch erhöhte sich der Anteil junger Bäume deutlich, was für den weiteren Bestand der Streuobstwiesen wichtig ist, nachdem in den Jahren zuvor praktisch eine ganze Baumgeneration ausgefallen war.

Genaue Angaben über das Ausmaß des Rückgangs von Streuobstbeständen im gesamten mitteleuropäischen Raum sind schwierig, da entsprechende Aussagen fast ausschließlich auf Schätzungen beruhen und diese sich auf unterschiedliche Verwaltungs- und Zeiträume beziehen. Doch kann davon ausgegangen werden, dass die Zahl der Obsthochstämme in Mitteleuropa während des letzten halben Jahrhunderts auf weniger als die Hälfte geschrumpft ist.

Mangelnde Wirtschaftlichkeit und ausbleibende Pflege führen zum Rückgang des Streuobstbaus.

Erwerbsobstbau contra Streuobstbau

Starke Rodungen erfolgten namentlich dort, wo Relief-, Klima- und Bodenverhältnisse eine Erfolg versprechende Umstellung auf moderne Niederstamm-Dichtpflanzungen ermöglichten, wie im Alten Land bei Hamburg, im Bodenseegebiet oder im Südtiroler Etschtal. Im gesamten Bodenseegebiet wurden beispielsweise von ehemals 2 Millionen Hochstamm-Obstbäumen rund 1,5 Millionen, also 75 % gerodet. In ähnlichem Ausmaß wurden Streuobstbestände auch dort zurückgedrängt, wo die Standortsverhältnisse eine intensive Acker- oder Grünlandnutzung zuließen.

Dagegen blieben Streuobstwiesen auf Standorten, die solche Alternativen nicht boten, in fast unverändertem Umfang erhalten. Solche „relativen Vorrangflächen für den Streuobstbau“ werden also weniger durch die natürliche Eignung von Boden und Klima für den Obstbau als vielmehr durch deren Nichteignung für die übrigen landwirtschaftlichen Kulturen bestimmt. Sie finden sich besonders in Landschaften mit ausgedehnten Hanglagen, wie sie für die mitteleuropäischen Mittelgebirge charakteristisch sind. Deren Hänge werden – sofern sie nicht bewaldet oder von Reben bestanden sind – auch heute noch weithin von Streuobstwiesen mit ihren weiträumigen, nach Alter, Art und Sorte vielfältig wechselnden Hochstammbeständen geprägt, die diesen Landschaften ihren parkartigen Charakter verleihen. Dementsprechend sind Streuobstwiesen im Süden Deutschlands sowie in den angrenzenden Gebieten Frankreichs, Luxemburgs, Österreichs und der Schweiz viel weiter verbreitet als im Norddeutschen Tiefland, wobei jedoch je nach den Standortsverhältnissen große landschaftliche Unterschiede bestehen.

Unrentable Erlöse für das Mostobst waren seit Jahrzehnten der maßgebliche Grund für das mangelnde Interesse am Streuobstbau. Durch die von örtlichen Mostereien und Vereinen aus dem Weinbau übernommene Technik des Abfüllens von Säften in Bag-in-Box (sterile Beutel, die in einem Karton aufbewahrt werden) sowie die Entwicklung verschiedenartigster innovativer Produkte aus Streuobst und deren moderne Vermarktung erhalten heute viele kleingewerbliche Betriebe eine neue wirtschaftliche Perspektive.

Streuobstbau heute

Die Bestandsformen des Streuobstbaus reichen von punktförmig eingestreuten Einzelbäumen oder Baumgruppen über linienförmige Baumreihen und Alleen bis zu flächenhaften Beständen, die entweder nur einzelne Parzellen oder größere Gemarkungsteile, mitunter ganze Landschaften, bedecken. Die flächenhaften Bestände sind sowohl als geschlossene „Streuobstwälder“ als auch in lückigen, unregelmäßigen Formen anzutreffen. Letztere sind entweder primär durch uneinheitliche Pflanzung entstanden oder sekundär aus ursprünglich geschlossenen Beständen durch den Ausfall abgängiger Bäume und fehlende Nachpflanzung hervorgegangen.

Prozentual sind die punkt- und linienförmigen Bestandsformen durch die Rodungen im Zusammenhang mit der Intensivierung der Landwirtschaft und dem Ausbau des Straßen- und Wegenetzes am stärksten betroffen worden. In die flächenhaften Bestände wurde insbesondere dort eingegriffen, wo die Standortsverhältnisse eine Umwandlung in Intensivobstanlagen oder andere landbauliche Intensivnutzungen ermöglichten oder wo Neubaugebiete erschlossen wurden. Durch bauliche Erschließungen sind vor allem die ortsnahen Grüngürtel betroffen, welche vielfach durchbrochen oder sogar völlig beseitigt wurden. Wo die Standortsverhältnisse eine Intensivierung der Nutzung nicht zuließen und Bauvorhaben nicht anstanden, blieben die flächenhaften Bestände dagegen weitgehend erhalten, wegen des mangelnden wirtschaftlichen Interesses allerdings – von einigen obstbaulichen Schwerpunktgebieten abgesehen – meist in einem schlechten Pflegezustand. An Steilhängen vollzieht sich teilweise eine Umwandlung in Wald.

Vielfalt kennzeichnet den Streuobstbau

Ein wesentliches Charakteristikum der Streuobstbestände ist ihre Arten- und Sortenvielfalt. Im Unterschied zu modernen Intensivobstanlagen finden sich innerhalb eines Streuobstbestandes meist nicht nur verschiedene Sorten einer Obstart, sondern auch verschiedene Obstarten, insbesondere im Bereich des reinen Liebhaber- und Selbstversorgerobstbaus. Dabei ist nach wie vor der Apfel am stärksten vertreten, wobei Tafelsorten mit hohem Pflegebedarf im Unterschied zu den Verhältnissen in Intensivobstanlagen ganz in den Hintergrund treten. Ähnliches gilt auch für die Birne, deren Gesamtbaumzahl fast überall sehr deutlich unter der des Apfels liegt, die aber oft in Form einiger weniger alter Mostbirnenbäume bereits einen stark landschaftsprägenden Einfluss ausübt. Nur in einigen wenigen Gebieten rangiert die Birne nach der Baumzahl vor dem Apfel, so beispielsweise im österreichischen Mostviertel. Völlig unbedeutend ist dagegen als dritte Kernobstart die Quitte, die insgesamt nur in geringer Anzahl und dann meist innerhalb von Gärten angebaut wird.

Beim Steinobst entfallen die meisten Bäume auf Pflaumen und Zwetschgen, die im Durchschnitt über der Zahl der Birnbäume liegen, aber meist weniger als die Hälfte der Apfelbäume ausmachen. In einigen Zentren des

Erschließung eines Neubaugebietes in einer Streuobstwiese.

Entwicklungsstufen einer Kulturlandschaft: An die Stelle des einstigen Weinbergs, von dem nur noch kleine Reste vorhanden sind, traten Streuobstwiesen, die ihrerseits an den weniger steilen Hangpartien modernen Niederstamm-Dichtpflanzungen weichen mussten (Vordergrund).

Zwetschgenanbaus jedoch tritt diese Obstart an die erste Stelle, beispielsweise in Mittelbaden, am Keuperstufenrand des Schönbuchs südlich von Stuttgart, in Teilen Frankens, im Saarpfalz-Kreis oder auch südlich von Paderborn. Deutlich niedriger ist die Zahl der Süßkirschenbäume, wobei große regionale Unterschiede bestehen: Wegen ihrer starken Spätfrostempfindlichkeit tritt die Süßkirsche besonders in den frostgefährdeten Gebieten sehr zurück, hat aber andererseits in wenig gefährdeten Lagen, vor allem in abflussgünstigen Hanglagen der Mittelgebirgsränder, Schwerpunkte. Dort übertrifft sie in bestimmten Gebieten sogar die Zahl der Apfelbäume und wird zum dominierenden landschaftsprägenden Faktor. Dagegen ist die landschaftsprägende Wirkung der Sauerkirschen wegen ihrer kleinen Baumzahl und -größe meist nur gering. Ähnliches gilt auch für Pfirsiche, Aprikosen, Mirabellen und Renekloden, wenngleich sich gebietsweise und zu bestimmten Zeiten einige Artenschwerpunkte entwickelt haben, beispielsweise die Mirabellenbestände in Teilen Lothringens.

Walnussbäume finden sich vor allem in den wärmeren Gebieten Mitteleuropas, meist als Einzelbäume oder in kleinen Gruppen, auf dem freien

Feld oder als markante Hofbäume, seltener in größeren Pflanzungen wie etwa im Mittelmeerraum oder auf dem Balkan. Eine Besonderheit der warmen Gebiete, speziell an den Rändern des Oberrheingrabens, ist die Edel-Kastanie, die heute allerdings häufiger im Wald als auf Streuobstwiesen vorkommt und ihre Hauptverbreitung südlich der Alpen hat. Zuchtformen der Haselnuss werden vorwiegend in Gärten angebaut, während es sich bei den in Hecken und Gebüschen verbreiteten Exemplaren in der Regel um die aus den heimischen Wäldern stammende Wildform handelt.

Wildobst ergänzt die Kultursorten

In solchen Hecken und Feldgehölzen finden sich auch andere Wildobstarten, von denen die Vogel-Kirsche als häufigste Baumform genannt sei. Hinzukommen verschiedene Sträucher, deren Früchte gelegentlich geerntet werden, wie Wildrosen, Schlehen, Schwarzer Holunder, Sanddorn und Kornelkirsche. Als zwei in Streuobstwiesen nur noch sehr selten vorkommende Arten seien schließlich der eine stattliche Größe erreichende Speierling oder Sperberbaum und die eher strauchförmige Mispel genannt. Beide sind auf die wärmeren Gebiete beschränkt. In den für anspruchsvollen Obstbau wenig geeigneten rauen, feuchten Mittelgebirgslagen hat die Edeleberesche eine gewisse Verbreitung gefunden.

Im Unterschied zum Intensivobstbau überwiegen im Streuobstbau Bäume mittleren bis hohen Alters. Diese Überalterung ist zweifellos eine Folge des mangelnden Interesses der Bewirtschafter. Doch fällt auf, dass der Anteil der nur wenige Jahre alten Jungbäume in den letzten Jahren wieder zugenommen hat, was auf ein gestiegenes Interesse an Neupflan-

Streuobstwiesen verwandeln sich im Frühjahr in ein wahres Blütenmeer.

zungen nach Jahren der Stagnation schließen lässt. Ob es sich dabei nur um eine vorübergehende Erscheinung oder um eine längerfristige Tendenz handelt, ist derzeit noch nicht ersichtlich. Sicher ist jedoch, dass ohne eine solche Trendwende die Streuobstbestände in wenigen Jahrzehnten auch ohne forcierte Rodungsaktion allein durch ersatzlose, altersbedingte Abgänge weiterhin erheblich dezimiert würden.

Wo die Bewirtschaftung aufhört, kehrt der Wald zurück, sei es durch gezielte Aufforstung einzelner Parzellen oder spontanen Aufwuchs von Waldbäumen.

Neben der Überalterung der Streuobstbestände lässt auch der weit verbreitete schlechte Pflegezustand auf das vielfach geringe Interesse an deren Bewirtschaftung schließen. Zwar gibt es durchaus Baumbestände, die einen Vergleich mit intensiv bewirtschafteten Niederstamm-Anlagen nicht zu scheuen brauchen, doch überwiegen mäßig bis schlecht gepflegte Bestände. Deutlichstes Zeichen dafür ist der Zustand der Baumkronen, die infolge des fehlenden Erhaltungsschnittes vielfach zu dicht und überbaut sind und zu wenig junges Fruchtholz aufweisen. Ein weiteres gut sichtbares Kriterium ist der Zustand des Unterwuchses, der bei mangelnder Pflege überständig wird. Unterbleibt die Mahd ganz, setzt sogar rasch eine Verbuschung und damit ein allmählicher Übergang zum Wald ein. Solche Sukzessionsstadien finden sich vor allem in schwer zu bearbeitenden Hanglagen.

Obstbäume in der Landschaft

Kulturlandschaft Streuobstwiese

Wie der Blick auf die Entwicklung der Streuobstwiesen gezeigt hat, wurde sie in erster Linie von den jeweiligen wirtschaftlichen Bedingungen gesteuert. Diese Erkenntnis gilt es auch zukünftig unbedingt zu beachten. Doch kann und darf dies nicht das alleinige Kriterium sein. Denn die historische Betrachtung lässt auch erkennen, dass das Verhältnis des Menschen zu Obstbäumen und deren Früchten durch die ganze Kulturgeschichte hindurch nicht nur ein rein materielles war. Das belegen beispielsweise die bereits geschilderten harten Strafen für Baumfrevel. Sie sind als Sühne allein für den entstandenen materiellen Schaden kaum zu begreifen.

Der Obstbau ist die Poesie der Landwirtschaft.
KORBINIAN AIGNER (VOTTELER 1993)

Wenn Baumfrevler im Altertum Tempelschändern gleichgestellt wurden, so liegt die Vermutung nahe, dass durch den Frevel auch mythisch-religiöse Symbole entweiht wurden. Und in der Tat lassen viele Geschichten enge Beziehungen zwischen Mythos und Obstbäumen erkennen. Die ältesten Zeugnisse stammen aus dem als Wiege des Landbaus bekannten Vorderen Orient. So bekundet beispielsweise ein früher babylonischer Text: „Ich pflanzte einen reinen Obstgarten für die Göttin, um ihr regelmäßig Früchte darbringen zu können." Ein Siegel aus der Zeit vor 2000 v. Chr. zeigt eine Darstellung, die Ähnlichkeit mit der Geschichte von Adam und Eva aufzuweisen scheint, und unterstreicht die Heiligkeit der Obstbäume. Offenbar verband sich mit geheiligten Baumgärten im Umkreis von Tempeln eine besondere Bedeutung. Im alten Persien pflegten die Könige bei feierlichen Anlässen an geweihten Stellen mit eigener Hand Obstbäume zu pflanzen.

Der Apfel in der Mythologie

In der biblischen Schöpfungsgeschichte spielen Obstbäume bekanntlich eine ganz besondere Rolle. Über das Paradies lesen wir in Genesis 2: „Und Gott der Herr pflanzte einen Garten in Eden gegen Morgen und setzte den Menschen hinein, den er gemacht hatte. Und Gott der Herr ließ aufwachsen allerlei Bäume, lustig anzusehen und gut zu essen ...". Aus diesem Garten wurden bereits die ersten Menschen vertrieben, weil sie Gottes Gebot übertreten und nicht nur von den übrigen, sondern auch vom Baum der Erkenntnis des Guten und Bösen gegessen hatten. Und dennoch ist durch die Jahrtausende die Sehnsucht der Menschen geblieben nach dem Paradies als einem endzeitlichen Glückszustand, der in der Offenbarung des Johannes so umschrieben wird: „Wer überwindet, dem will ich zu essen geben von dem Baum des Lebens, der im Paradies Gottes ist." Solche Sätze zeigen, welche enorme, zumindest symbolhafte Bedeutung die Bibel den Frucht tragenden Bäumen für den Menschen und seine Beziehung zu Gott beimisst. Sie verraten jedoch nichts über die Art dieser Bäume und ihrer Früchte. Nach gängiger Lesart soll es ein Apfel gewesen sein, den Eva dem Adam reichte. Doch im frühen Christentum galt die Feige als Symbol der Verlockung und des Sündenfalls. Aber vielleicht schon im 3. Jahrhundert, sicher belegt ab dem 5. Jahrhundert n. Chr., tritt im Abendland an ihre

„Und Gott der Herr pflanzte einen Garten in Eden gegen Morgen und setzte den Menschen hinein, den er gemacht hatte. Und Gott der Herr ließ aufwachsen allerlei Bäume, lustig anzusehen und gut zu essen ...".
(Genesis 2)

Adam und Eva mit dem Apfel als Symbol des Sündenfalls.

Stelle der Apfel. Ob dabei die sprachliche Verwandtschaft des lateinischen Wortes *malum* = Apfel mit *malum* = Übel an dem Prozess beteiligt war, muss dahingestellt bleiben. Jedenfalls stellt die christliche Ikonographie seit dem Mittelalter stets den Apfel als Symbol des Sündenfalls in der Hand Evas, Adams oder im Maul der Schlange dar. Als Sinnbild der Erlösung wird er jedoch auch zum Attribut Marias, der „neuen Eva". In ihrer Hand kann der Apfel Zeichen der Gottesminne sein. Im Spätmittelalter hält der auf dem Schoß der Mutter sitzende Christusknabe oft einen Apfel. Bereits in früheren Kulturen galt der Apfel als Symbol der Liebe, der Fruchtbarkeit und der ewigen Jugend. Er war daher Attribut von Liebes- und Fruchtbarkeitsgottheiten, z. B. der griechischen Demeter und Aphrodite, der römischen Venus sowie der germanischen Nehellenia, Idun und Freja. Die Römer hatten mit Pomona sogar eine spezielle Göttin der Obstbäume und Baumfrüchte. Bei den Kelten gehörte der Apfelbaum zu den sieben heiligen Bäumen. In der Form des goldenen Reichsapfels wurde der Apfel auch zum Symbol für Herrschaft und Macht, mit dem die christlichen Herrscher durch das aufgesetzte Kreuz auch die Verbindung von weltlicher und geistlicher Regentschaft veranschaulichten. Neben den genannten lebensfreundlichen Vorstellungen begegnen wir dem Apfel in den Mythologien aber auch in unheilvoller Bedeutung entsprechend den Zusammenhängen zwischen Liebe und Tod, Fruchtbarkeit, Vergehen und Auferstehen.

Der Apfel galt als Symbol der Liebe, der Fruchtbarkeit und der ewigen Jugend.

Neben dem Apfel spielten auch andere Obstarten in den Mythologien eine wichtige Rolle. So war die Birne bei den Griechen Hera, der Frau des Zeus, geweiht, und die Quitten, die „Goldenen Äpfel der Hesperiden", galten als Symbol der Liebe und Fruchtbarkeit, das man Neuvermählten schenkte. Der Kirschbaum war bei den Griechen der Göttin Artemis und bei den Germanen der Mondgöttin geweiht. Auch um den Zwetschgenbaum ranken sich viele Legenden und Bräuche. Ein Dokument aus dem Jahre 1000 v. Chr. aus China beschreibt ein Ritual mit dem Pfirsich. Er galt dort als Speise der Götter und als Quelle des Lebens. Griechen und Römer betrachteten die Walnüsse als Speise der Götter, weshalb der Walnussbaum den Hauptgöttern Zeus bzw. Jupiter geweiht war. In der germanischen Mythologie waren es die Götter Fro und Donar. Die Hasel schließlich stellte für Germanen und Kelten ein Symbol der Fruchtbarkeit und der erotischen Kraft dar. Bei den Kelten gehörte sie wie der Apfel zu den sieben heiligen Bäumen.

Obstbäume als „beseelte Wesen"

Mit dieser – zugegebenermaßen bruchstückhaften – Aufzählung von Beispielen müssen wir es hier bewenden lassen. Sie sollte jedoch ausreichen, um das tiefe Eingebundensein der Obstbäume in die Mythologien der frühen Kulturvölker zu verdeutlichen. Und diese Verbindung hat auch das Denken und Fühlen späterer Generationen nachhaltig beeinflusst. Für Hildegard von Bingen und Paracelsus waren Bäume beseelte Wesen. Dass man mit ihnen reden kann, hat sich mancherorts im Brauchtum des Volkes bis heute erhalten, so beim „Obstbaum-Auferwecken" im Oberbayerisch-Salzburger Raum: Am Vorabend vor dem altchristlichen Fest Epiphanias (Dreikönigsfest) bäckt die Mutter Schmalznudeln und gibt sie den Kindern. Diese gehen in den nächtlichen Obstgarten, umarmen die Bäume und sagen folgenden Spruch auf: „Baum ich mag (dich), und du trag: Morgen ist Dreikönigtag. Schenk uns Äpfel, Zwetschgen, Birn, dass sich gleich die Äst abbiegn!". In Vorfreude auf die künftige Fruchtfülle beißen sie gleichzeitig in das Schmalzgebäck und bekräftigen so ihren Wunsch. Manchmal wird dann ein Feuer im Obstgarten entzündet, um das Aufwecken der Obstbäume auch durch Licht zusätzlich rituell zu unterstützen. Bis in jüngere Zeit bediente man sich des Apfels als Liebesorakel. So ist aus verschiedenen Landschaften der Brauch überliefert, am Andreasabend, an Weihnachten, Silvester oder Neujahr einen Apfel so zu schälen, dass die Schale nicht abreißt, und diese dann über die Schulter nach hinten zu werfen. Aus den Verschlingungen, in denen sie zu Boden fiel, deutete man die Anfangsbuchstaben dessen, der da kommen sollte. Und aus rheinischen Landen ist folgendes Liebesorakel überliefert: „Will jemand seinen künftigen Mann (oder Frau) sehen, so bettelt man sich am Thomastage (21. Dezember) einen Apfel, geht nach Hause, legt sich völlig nackt ins Bett; dann beißt man dreimal in den Apfel, greift mit beiden Händen das Kopfstück der Bettstelle und spricht: Thomas ich bitte Dich, Bettla ich greife Dich, Thomas sage mir, wie wann (genau), Thomas, was bekomme ich für einen Mann (Frau)?" (zitiert nach Döring 2001). Und der heute noch geübte Brauch, am 4. Dezember, dem Barbaratag, Kirschzweige zu schneiden und in eine Vase zu stellen, gilt als Rest eines alten Fruchtbarkeits- und Wahrsagerituals.

Obst als heil- und nahrungsbringende Frucht

In vielfältiger Weise haben Obstbäume und ihre Früchte Eingang in die Volksmedizin gefunden. Dabei beschränkte man sich nicht nur auf die auch von der modernen Medizin und Ernährungswissenschaft anerkannte Wirkung beim Verzehr von Obst oder dem Trinken von Säften sowie Tees aus Früchten, Blättern oder Rinden. Neben diesen auf den Inhaltsstoffen beruhenden gesundheitsfördernden Wirkungen – „An apple a day keeps the doctor away" – maß man auch mythischen Bezügen große Bedeutung bei. Dazu zählt beispielsweise die Vorstellung, dass der Verzehr eines Apfels in heiligen Zeiten vor drohendem Unheil schützt: Wer am Gründonnerstag, Karfreitag, an Ostern, Pfingsten oder Weihnachten frühmorgens einen Apfel nüchtern isst, der bleibt das ganze Jahr vor Krankheiten geschützt, besonders vor Fieber und Zahnweh. Und die heilende Wirkung soll nicht nur von der genossenen Frucht, sondern auch vom ganzen Baum ausgehen. Deshalb geht der an Fieber, Schwindsucht, Gicht, Zahnweh oder Ähnlichem Leidende zu einem Apfelbaum und spricht: „Apfelbaum, ich tue dir klagen / die Schwindsucht tut mich plagen / der erste Vogel, der über dich fliegen tut / benehme mich der Schwindsucht gut" (zitiert nach Döring 2001).

Der aufgeklärte, moderne Mensch mag über solch mythische Vorstellungen milde lächeln. Aber auch er spürt häufig etwas von dem Zauber, der von einem alten Obstbaum oder einer vielgestaltigen Streuobstwiese ausgeht. Wir wollen hier jedoch nicht der Frage nachgehen, ob sich darin ein uraltes genetisches Erbe regt, das die Menschen seit ihrer frühen Entwicklung in den afrikanischen Baumsavannen, die als Wiege der Menschheit gelten, begleitet. Doch wie dem auch sei: Tatsache ist, dass sich viele Menschen in einer von lockeren Baumbeständen geprägten Landschaft besonders wohl fühlen, mehr als in einer baumlosen Ebene, aber auch mehr als im dichten Wald, der früheren Generationen als unheimlich und Gefahr drohend erschien.

Es soll unbestritten bleiben, dass die Hauptursache für das Entstehen der allermeisten unserer Streuobstwiesen die Aussicht auf einen entsprechenden Obstertrag war. Darüber hinaus waren sich aber die Förderer des Obstbaus in früheren Epochen sehr wohl bewusst, dass Obstbäume neben der reinen Obstproduktion eine Reihe weiterer Funktionen ausüben und damit

Maria Caspar-Filser (1908): „Obsternte bei Balingen" (Landratsamt Zollernalbkreis).

Betrachtungen über Landwirtschaftliche Dinge im Herzogtum Württemberg: Stellvertretend für viele, die in Obstbäumen mehr als nur den Fruchtertrag sahen, sei hier JOHANN CASPAR SCHILLER zitiert, den wir bereits als Schöpfer der herzoglichen Baumschule auf der Solitude kennen gelernt haben. Er schrieb 1767/68 in seinen „Betrachtungen über landwirtschaftliche Dinge im Herzogtum Wirtemberg": „Die Baumzucht verschafft denjenigen, die sich damit bemühen, einen angenehmen Teil ihrer Nahrung. Sie gereichet zur Zierde eines Landes, zur Reinigung der Luft, zum Schutz und Schatten und hat überhaupt in vielen anderen Dingen ihren trefflichen Nutzen, zur Nothdurft, Lust und Bequemlichkeit des Lebens für Menschen und Thiere."

im Vergleich zu anderen landbaulichen Kulturen eine Sonderstellung einnehmen.

Die umfassende, auch landschaftsästhetische, ökologische und psychische Wirkungen einbeziehende Betrachtungsweise von JOHANN CASPAR SCHILLER (siehe Kasten) wirkt aus heutiger landespflegerischer Sicht ausgesprochen modern. Sie war zugunsten einer einseitig produktionsorientierten Sicht in den Hintergrund getreten – zu sehr, wie sich inzwischen gezeigt hat. Erst in jüngster Zeit erfahren die „Nebenwirkungen" des Streuobstbaus wieder verstärkte Aufmerksamkeit, wobei nun von mancher Seite die Bedürfnisse der Produktion zu wenig beachtet werden. Was Not tut, ist jedoch eine ausgewogene Beachtung der verschiedensten Funktionen, wobei nicht streng zwischen so genannten „wirtschaftlichen" und „außerwirtschaftlichen" Funktionen unterschieden werden sollte, da die Grenzen fließend sind. So kann z. B. die außerwirtschaftliche Funktion – Gestaltung des Landschaftsbildes – für einen Kur- und Erholungsort sehr wohl auch wirtschaftliche Bedeutung erlangen.

Obstbäume zieren die Landschaft

Es gibt wohl kaum eine andere heimische Kulturart, bei der schon eine einzelne Pflanze eine so bestimmende Landschaftsmarke setzt wie ein ausgewachsener Hochstamm-Obstbaum. Aber auch dort, wo viele solcher Bäume zu einem „Obstwald" vereinigt sind, bilden sie keine amorphe Masse, sondern eine Vielfalt von Individuen, die das Landschaftsbild beleben. Im Unterschied zu den flächig erscheinenden landbaulichen Kulturen geht von Bäumen eine dreidimensionale Wirkung aus. In ihren wechselnden Gruppierungen vermitteln sie räumliche Tiefe, Unverwechselbarkeit und Vielfalt, die durch die im Jahreslauf wechselnden arten- und sortentypischen Farbnuancen noch gesteigert wird. Wobei die Blütezeit und die Zeit der Frucht- und Laubfärbung besondere Höhepunkte darstellen. Doch selbst im winterkahlen Zustand und im Nebel können Bäume der Orientierung dienen sowie Raumbezüge und dadurch ein Gefühl der Geborgenheit vermitteln. Ganz allgemein zählen die von Streuobstwiesen geprägten Landschaften zu den vielfältigsten Bildern mitteleuropäischer Kulturlandschaften.

Obstbäume entlang der Straßen

Als gestaltende Elemente wurden Obstbäume schon im Altertum eingesetzt. So ließ der ältere KYROS, König von Persien (558–529 v. Chr.), die großen Heerstraßen, die aus den einzelnen Teilen des Reiches auf die Hauptstadt führten, mit Obstbäumen säumen und schuf damit das älteste

Großkronige Obstbäume zieren die Landschaft.

bekannte Beispiel einer Straßenpflanzung. Sein Geschichtsschreiber zählt unter seinen Ruhmestaten u. a. auch auf, dass er ganz Kleinasien mit Obstbäumen habe bepflanzen lassen. Und von König Xerxes (485–465 v. Chr.) wird erzählt, er habe sich über den Anblick eines Früchte tragenden Apfelbaumes so gefreut, dass er ihn mit goldenen Zierraten habe schmücken lassen. Aber auch die Träger der agrarischen Reformbewegung im Mitteleuropa des ausgehenden 18. Jahrhunderts waren sich sehr wohl der landschaftsprägenden Eigenschaften der Obstbäume bewusst. Ein Musterbeispiel dafür ist das fortschrittliche Anhalt-Dessau, wo Fürst Leopold Friedrich Franz 1765 den Obstbau nicht nur als Mittel zur Verbesserung der Ökonomie landwirtschaftlicher Betriebe, sondern zugleich zur Verwirklichung seiner programmatisch betriebenen Landesverschönerung einsetzte. Dazu gehörte neben den linienförmigen Alleen entlang der Straßen und Bepflanzungen der Hochwasserschutzwälle auch die Schaffung „anmutiger Haine von Obstbäumen“ inmitten „geregelter Fluren und verschönerter Dörfer“. Es sollte „alles, wohin wir blicken, das Bild der zweckmäßigen Benutzung sein und das ganze Land ein Gemälde von Schönheit und Bequemlichkeit darstellen“. Von dem Erfolg dieser Bestrebungen blieben auch Reisende nicht unbeeindruckt: „Welch einen herrlichen Anblick von Wohlstand und Fülle gibt nicht die ganze Provinz, deren Felder und Gegenden mit Obstbäumen besetzt sind: Man reise einmal durch das Dessauische ... und überzeuge sich davon.“ (zitiert nach Lott 2001).

Obstlandschaften erfreuen das Herz

Auch zahlreiche andere Gegenden Mitteleuropas werden in früheren Reisebeschreibungen ob ihrer durch Obstbäume verliehenen Schönheit gerühmt. Als Kaiser Joseph II. im Jahr 1777 auf der Reise von Wien nach Paris durch das wein- und obstreiche Remstal fuhr, sagte er zum Schorndorfer Oberamtmann: „Ihr Herzog hat ein schönes Land; Ihr Remstal könnte man einen Garten Gottes heißen." Zwanzig Jahre später fallen Johann Wolfgang von Goethe bei seiner Reise durch Württemberg gleich nach Überschreiten der Landesgrenze in Fürfeld die vielen Fruchtbäume angenehm auf, ebenso in Kirchhausen, das sich anmutig zwischen Gärten und Baumanlagen versteckt. Von Heilbronn nach Stuttgart wird er von „einer glücklichen Kultur beinahe trunken". „Von Lauffen aus, durch eine schöne Allee von Obstbäumen fahrend, sahen wir bald den Neckar wieder ... Hinter Bietigheim fuhren wir an mächtigen Kalklagern vorbei durch eine schöne Allee von Fruchtbäumen; man sah ferne und nah Wäldchen durch Alleen verbunden." Von Kornwestheim an „stehen Fruchtbäume an der Chaussee, die Anfangs vertieft liegt." Auf dem Weg von Stuttgart nach Tübingen „ging der Weg auf der Höhe hinter Hohenheim durch eine schöne Allee von Obstbäumen, wo man einer weiten Aussicht nach den Neckarbergen geniesst" (zitiert nach Gussmann 1896). Im Jahr 1830 schreibt der Nationalökonom Karl Heinrich Rau über den Westfuß des Odenwaldes: „Längs der Bergstraße bilden an vielen Stellen die über die Chaussee sich wölbenden Wipfel der schönsten Aepfel-, Birn- und Nussbäume eine Zierde, wie man sie selten findet; um jedes Dorf zieht sich ein Wald von Obstbäumen her." (zitiert nach Adam 1997).

Theodor Schütz: „Mittagsgebet bei der Ernte", 1861 (Staatsgalerie Stuttgart). Das Hauptwerk des zu seiner Zeit berühmten Landschafts- und Genremalers, das die vielfältigen Funktionen eines „Vesperbaumes" eindrucksvoll wiedergibt, ist bis heute ein Lieblingsbild vieler Galeriebesucher geblieben.

Birnbäume prägen die Landschaft

Speziell zum gestalterischen Wert eines mächtigen alten Birnbaumes lesen wir im 1888/96 erschienenen „Handbuch der Obstkultur“ von Nicolas Gaucher: „Wer ihn sieht, der vermag nicht mehr zu behaupten, dass der Obstbaum kein Zierbaum sei, im Gegenteil, er wird von der Überzeugung durchdrungen, dass, wenn richtig angebracht und zweckmäßig gepflegt, kein anderer Baum unsere Gartenanlage so sehr schmückt wie der Obstbaum und namentlich wie der Birnbaum. Die von dem Landschaftsgärtner oft ausgesprochene Abneigung, den Obstbaum in parkartig angelegten Gärten aufzunehmen, weil er nicht malerisch genug wirke, sehe ich als unbegründet an; ich verfahre im umgekehrten Sinne, und die mithilfe des Obstbaumes und Obststrauches geschaffenen Szenerien sind den anderen nicht nur ebenbürtig, sondern sie übertreffen sogar die Wirkung der Wald- und Zierbäume. Wenn es hauptsächlich eine schöne Wirkung gibt, welche man durch die Anwendung der Obstbäume hervorzurufen beabsichtigt, so ist es in diesem Fall, anstatt der Form, Größe und Qualität der Früchte, die Belaubung, das Wachstum und der Habitus des Baumes, welche in erster Linie berücksichtigt zu werden erfordern.“ (zitiert nach Lucke et al. 1992).

Obstbäume liefern nicht nur Erträge, sondern prägen auch das Orts- und Landschaftsbild.

Für den Direktor der damaligen Obst- und Gartenbauschule in Stuttgart war es also durchaus selbstverständlich, dass in bestimmten Situationen nicht der zu erwartende Obstertrag, sondern ästhetische Merkmale bei der Wahl von Obstsorten für die Anpflanzung ausschlaggebend sein konnten. Dazu zählen Form und Farbe der Blüten, der Früchte und des Laubes, insbesondere die Herbstfärbung, aber auch die Wuchsform des Baumes, das unterschiedliche Maßwerk der Äste und Zweige sowie die Beschaffenheit

Birnbaum 'Gelbmöstler' im leuchtenden Herbstkleid.

seiner Borke, wodurch die winterkahlen Obstbäume auch nach dem Laubfall noch eine ästhetische Bereicherung der Orts- und Landschaftsbilder darstellen. Wer mit solchen markanten Baumgestalten aufgewachsen ist, den begleiten sie auch später in der Erinnerung durch das ganze Leben, was ein einzelner Niederstamm inmitten einer modernen Dichtpflanzung nie schafft.

Landschaftsprägender Streuobstbau
In der zweiten Hälfte des 20. Jahrhunderts ist die landschaftsprägende Bedeutung der Obsthochstämme weiten Bevölkerungskreisen erst mit dem Einsetzen der großen Rodungen richtig zum Bewusstsein gekommen. Die ersatzlose Beseitigung der Bäume und die dadurch teilweise bewirkte „Ausräumung" der Landschaft zur monotonen „Kultursteppe" empfanden viele als Verarmung ihres Lebensraumes. Aber auch der Ersatz einstiger Hochstammbestände durch moderne Niederstamm-Dichtpflanzungen wurde und wird vielfach als „Verödung" der Landschaft beklagt. Hierzu muss allerdings gesagt werden, dass auch eine intensiv bewirtschaftete Dichtpflanzung durchaus als schön empfunden werden kann, insbesondere zu Zeiten der Blüte oder des Reifens der Früchte – sie wirkt innerhalb des Landschaftsbildes zweifellos schöner als etwa ein Betonklotz oder ein Asphaltband, ganz zu schweigen von ihrem ökologischen Wert.

Freilich – die bunte Vielfalt der nach Alter, Arten und Sorten sehr unterschiedlich zusammengesetzten alten Bestände können solche modernen Erwerbspflanzungen nicht aufweisen. Doch wird man deshalb von einem Erwerbsobstbauer, der mit seiner Familie vom Ertrag seiner Anlagen leben muss, nicht verlangen, zu den alten, längst unwirtschaftlich gewordenen Anbauformen zurückzukehren. Er braucht heute, um wirtschaftlich bestehen zu können, die auf die mechanische Bewirtschaftung ausgerichteten, einheitlichen Intensivpflanzungen. Das soll auch nicht in Frage gestellt werden, vielmehr muss die Frage lauten: Soll oder kann Obstbau künftig nur noch in dieser Form betrieben werden? Und diese Frage ist eingebettet zu sehen in die noch umfassendere Fragestellung: Soll oder kann Landbewirtschaftung künftig nur noch intensiv betrieben werden? Beide Fragen sind längst mit einem klaren „Nein!" beantwortet. Das ergibt sich einerseits daraus, dass in vielen Landschaften kleinere oder größere Flächen vorkommen, deren natürliche Standortsverhältnisse (steile Hanglagen, kalte Hochlagen, trockene oder nasse Böden) eine intensive Nutzung mit wirtschaftlichem Erfolg gar nicht ermöglichen. Zum anderen setzt sich immer mehr die Erkenntnis durch, dass es auch in hochintensiv genutzten Agrarlandschaften naturnah belassene Landschaftsteile geben muss, wenn vom Aussterben bedrohte Tier- und Pflanzenarten eine Überlebenschance haben sollen.

Streuobstlandschaften werden als „schön" erlebt.

Doch auch der Mensch braucht für sein Wohlbefinden eine Umwelt, die nicht ausschließlich von Technik, Rentabilität und Zweckmäßigkeit bestimmt ist. Wie anders ließen sich sonst beispielsweise unsere oft riesigen Aufwendungen bei der Ausgestaltung unserer Wohnungen erklären? Zum Schutz vor den Unbilden der Witterung würden einfache, kahle Räume völlig ausreichen, und für die Aufbewahrung unserer verschiedenen Gebrauchsgegenstände wären nüchterne, genormte Möbel sehr zweckmäßig und preiswert. Und doch nehmen wir eine Raumgestaltung nach solchen Gesichtspunkten allenfalls am Arbeitsplatz hin – zu Hause aber, in der Wohnung, da wollen wir es „schön" haben und lassen uns das etwas kos-

Im klaren Herbstlicht spielen bunte Farben mit Licht und Schatten.

ten. Und auch von außen soll das Haus „schön" sein und der das Haus umgebende Garten ebenfalls! Wie viel Mühe, Zeit und Geld wird hier immer wieder aufgebracht für Dinge, die mit Rationalität oder Rentabilität nichts oder nur sehr wenig zu tun haben, die aber unser Wohlbefinden, unsere Lebensfreude steigern.

Wir sollten jedoch mit unserem Anspruch auf „Schönheit" nicht an unseren Wohnungstüren und Gartenzäunen Halt machen und auch nicht am Ortsrand. Erinnern wir uns daran, dass Obstbäume seit vielen Generationen sehr wesentlich zur Schönheit von Dorf und Flur beigetragen haben, und sorgen wir dafür, dass dieser Beitrag auch in Zukunft nicht verloren geht! Das bedeutet, dass neben dem intensiven Erwerbsanbau schon aus landespflegerischen Gründen auch der das Orts- und Landschaftsbild in besonderem Maße prägende Garten- und Streuobstbau weiterhin unsere Beachtung verdient.

Streuobstwiesen sind Erholungslandschaften

Wie bereits mehrfach angedeutet – mit der Vielfalt des Landschaftsbildes ist eine erholsame Wirkung auf den Menschen verknüpft. Hinzu kommt, dass sich Menschen mit Bäumen gefühlsmäßig besonders stark verbunden fühlen. „Mit Bäumen kann man wie mit Brüdern reden und tauscht bei ihnen seine Seele um", so ERICH KÄSTNER (LEONHARDT 1966). Durch Streuobstbestände gestaltete Landschaften werden somit als besonders wohltuend empfunden. Sie stellen Erholungsräume dar, die besonders von der Stadtbevölkerung in ihrer Freizeit gern aufgesucht werden. Die Attraktivität der Streuobstlandschaften für die Erholung Suchenden wechselt mit der jahreszeitlichen Entwicklung.

Einen besonderen Höhepunkt stellt zweifellos die Zeit der Obstblüte dar. Namentlich die wärmsten Gebiete entlang des Rheins und seiner Zuflüsse, in denen es schon blüht, während die Bäume im übrigen Land noch kahl sind, werden in diesem Zusammenhang viel gerühmt. Aber auch in den später blühenden Gebieten geht man gern „in die Kirschblüte“ oder ganz allgemein „in die Baumblüte“, so die Berliner nach Werder oder die Hamburger ins Alte Land. Dabei denkt man primär an die optische Wahrnehmung des Blütenmeeres, doch es kommen weitere Sinneseindrücke dazu – der Duft der Blüten, das Summen der Bienen, der Gesang der Vögel. Dass auch in der Zeit der Fruchtreife und Laubfärbung die Streuobstbestände nicht nur ihrer optischen Reize wegen gern aufgesucht werden, muss wohl kaum besonders betont werden. Und selbst im kahlen Winterzustand haben sie ihre Anziehungskraft nicht verloren. Hinzu kommt in der heutigen Zeit der Vorteil der freien Begehbarkeit der Streuobstwiesen. Viele Menschen benötigen für ihr Wohlbefinden eine Umwelt, in der nicht alles normiert ist. Dieses Bedürfnis wird beim Wandern durch offene Streuobstlandschaften viel eher befriedigt als zwischen eingezäunten Intensivanlagen.

Streuobstwiesen bieten Entspannung

Doch nicht nur die sonntägliche Wanderung oder der Spaziergang am Feierabend kann Erholung bringen. Viel intensiver empfindet derjenige die ausgleichende Wirkung, der sich in seiner Freizeit als „Liebhaberobstbauer“ selbst körperlich betätigt und dabei Entspannung vom Stress der Fabrikhalle oder des Büros findet. Freilich darf nicht übersehen werden, dass für viele diese körperliche Tätigkeit auch zur Plage, zum unerwünschten Zwang werden kann, wenn das Ausmaß der notwendigen Arbeiten die verfügbare Zeit und die körperlichen Kräfte übersteigt. Hier ist die Abstimmung des Arbeitspensums auf die Möglichkeiten des Einzelnen wichtig. Doch bietet gerade dafür der nicht vordergründig zum Erwerb betriebene

Die Kirschenblüte verwandelt die Landschaft in ein Blütenmeer.

Im Schatten blühender Obstbäume zu wandern, ist ein besonderes Erlebnis.

Streuobstbau viele Möglichkeiten, sei es durch Veränderung der Flächengröße oder durch Veränderung der Bewirtschaftungsintensität.

Allerdings wird beim Gestalten nicht selten des Guten zu viel getan. Durch den Bau von Wochenendhäusern, Geschirrhütten und Zäunen, durch das Anpflanzen von fremdländischen Sommerblumen, Stauden und Gehölzen sowie durch die Anlage eines kurz gehaltenen artenarmen Zierrasens und weitere „Aushängeschilder" städtischer Vorgartenkultur haben insbesondere in der Umgebung von Ballungsräumen viele Streuobstwiesen ihren Charakter mehr oder weniger gewandelt. Diese Entwicklung ist sehr problematisch: Einerseits bemühen sich die einzelnen Besitzer, für sich und ihre Familie ein kleines Erholungsparadies nach ihrem individuellen Geschmack zu schaffen, andererseits wird das Gebiet als Ganzes in seinem Erholungswert für die Allgemeinheit ähnlich gemindert wie durch eingezäunte Intensivanlagen.

Dass die Zeit der Obstblüte für ein ganzes Volk zu einem Höhepunkt im Jahreslauf werden kann, zeigt uns das Kirschblütenfest in Japan. Der Verein „Schwäbisches Streuobstparadies e. V." hat diese Idee aufgegriffen und feiert das „Schwäbische Hanami". In der größten Streuobstlandschaft Mitteleuropas laden viele Blütenfeste, Wanderungen und Veranstaltungen zum Genießen der Obstblüte ein.

Da auch der moderne Mensch für solche Erlebnisse sehr empfänglich ist, macht sich dies die Werbung unserer Tage zunutze und zeigt ansprechende Bilder von Streuobstwiesen auf Postern, Plakaten sowie in Filmen. So wird nicht nur für den Fremdenverkehr, sondern oft auch für den Absatz von Produkten geworben, die mit dem Obstbau nur sehr entfernt oder gar nichts zu tun haben.

Im Schwäbischen Streuobstparadies (siehe Seite 168) werden Blütenfeste und -wanderungen gemeinsam beworben (www.streuobstparadies.de).

Erholung unter Schatten- und Vesperbäumen

Neben den über Augen, Ohren, Nase und Mund aufnehmbaren Sinneseindrücken liegt eine weitere erholsame Wirkung von Streuobstbäumen in ihrem ausgleichenden Einfluss auf das Klima, insbesondere das Mikroklima im Bestand. Diese „Wohlfahrtswirkung" wird besonders an heißen Sommertagen spürbar, wenn Wanderer und „Gütlesbesitzer" gleichermaßen

Erholung und Entspannung unter blühenden Obstbäumen.

gern den kühlen Schatten der Bäume aufsuchen. Die Wirkung des Baumschattens beruht weniger auf einer Senkung der Lufttemperatur als auf einer Abschirmung der direkten Strahlung und der sich daraus ergebenden geringeren Belastung des Körpers. Gern genutzt wird der Strahlenschutz auch von Weidetieren, die sich an heißen Sommertagen bevorzugt im Schatten der Bäume versammeln. Wenn auch davon auszugehen ist, dass die „saure" Arbeit dem Landmann wenig Muße für „süße" Empfindungen ließ, so ist doch kaum zu bezweifeln, dass ihm der Obstbaum als Schattenspender höchst willkommen war. Ja, diese Eigenschaft dürfte für manche Formen des Streuobstbaus sogar ein entscheidendes Kriterium gewesen sein. So ist beispielsweise die häufig anzutreffende Kombination von Viehkoppel und Streuobst darauf zurückzuführen. Gleiches dürfte für die früher weit verbreiteten Einzelbäume in der freien Feldflur anzunehmen sein. Für die Produktion wäre eine solch weite Streuung nicht erforderlich gewesen. Vielmehr scheint das Bedürfnis nach einem auch in Ortsferne kurzfristig erreichbaren schattigen Rastplatz für Mensch und Tier in der Mittags- und Vesperpause sowie nach einem Regenschutz bei rasch aufziehenden Schauern ausschlaggebend gewesen zu sein. Weil im Zeitalter der Motorisierung ein solches Bedürfnis kaum noch bestand, wurden die „Vesperbäume" nicht nur nicht mehr nachgepflanzt, sondern sogar in großem Umfang gerodet, da die Einzelbäume nur noch als Hindernisse bei der maschinellen Bewirtschaftung der Felder empfunden wurden. Auch die straßenbegleitenden Obstbaumreihen und -alleen hatten durchaus eine Funktion als Sonnen- und Wetterschutz, solange die Straßen noch ausschließlich von Fußgängern und tierbespannten Fuhrwerken benutzt wurden, während der moderne Straßenverkehr in ihnen nur noch Gefahrenquellen sieht.

Durch die Erhöhung der „Oberflächenrauigkeit" einer Landschaft tragen Streuobstbestände außerdem zur Windbremsung bei. Einen wirksamen Windschutz bieten sie vor allem dort, wo sie sich – am besten in Verbindung mit säumenden Hecken – als geschlossener Grüngürtel um die Ortschaften ziehen und diesen eine Atmosphäre der Geborgenheit vermitteln, die durchaus nicht nur auf einem rein optischen Eindruck beruht.

Bizarre Baumschatten in klirrender Kälte.

Andererseits wird durch Streuobstbestände dank ihrer Durchlässigkeit der notwendige Luftaustausch nicht behindert. Da sie selbst die Luft nicht durch Emissionen belasten und außerdem in gewissem Umfang sogar Verunreinigungen aus der Luft herausfiltern können, sind sie sogar als ausgesprochene Frischluftproduzenten und -lieferanten zu betrachten. Diese Funktion kann insbesondere bei Inversionswetterlagen mit behindertem vertikalem Luftaustausch sowie bei Überwärmung der Ortskerne Bedeutung erlangen. Dagegen ist die in diesem Zusammenhang mitunter angesprochene Rolle als Sauerstoffproduzent zu vernachlässigen, da einerseits Sauerstoff in der freien Atmosphäre auch bei austauscharmem Wetter nicht zum begrenzenden Mangelfaktor wird und andererseits der beim Aufbau der in Holz, Laub und Früchten gespeicherten organischen Substanz frei gewordene Sauerstoff bei deren Abbau in gleichen Mengen wieder gebunden wird. In Trockenperioden kann jedoch die Befeuchtung der Luft durch das von den Blättern abgegebene Transpirationswasser von Bedeutung werden, ein Vorgang, der auf tiefgründigen Böden dank der tief reichenden Baumwurzeln auch dann noch funktioniert, wenn die flach wurzelnden Gräser und Kräuter bereits welk sind.

Streuobstwiesen fördern den Bodenschutz

Aus der Sicht des Umweltschutzes verdienen auch die günstigen Auswirkungen des Streuobstbaus auf Boden und Wasser verstärkte Beachtung. Kaum eine andere landbauliche Kulturform wirkt in gleicher Weise der Bodenerosion in Hanglagen entgegen. Streuobstbau mit geschlossenem Grasunterwuchs hat hier ähnliche bodenschützende Eigenschaften wie der Wald. Im Unterschied zu Kulturen mit offenem Boden, also Acker- und Weinbau, spielt die Bodenerosion im Streuobstbau selbst in steilen Hanglagen keine Rolle, es sei denn, der Boden wird für Unterkulturen bearbeitet. Unter der im Normalfall schützenden Grasdecke wird der Boden vor Abschwemmung bewahrt und zusätzlich mit Humus angereichert.

Wegen des nahezu fehlenden Bodenabtrages entfällt auch die oberflächliche Verlagerung von Nährstoffen und deren Eintrag in Gewässer und damit deren Anreicherung. Ebenso ist die Auswaschung von Nährstoffen durch Sickerwasser meist nur gering, da Überdüngungen im Streuobstbau selten vorkommen, insbesondere wenn das Gras nicht gemulcht, sondern genutzt wird. An der Erhöhung der Nitratwerte des Grundwassers hat der Streuobstbau, von Ausnahmen abgesehen, keinen Anteil. Da außerdem der Einsatz von Pflanzenschutzmitteln und Herbiziden im Streuobstbau verschwindend gering ist, erfolgt auch von dieser Seite keine Belastung der Böden und Gewässer.

Erhaltenswerte Sortenschätze

Ein ganz anderer, aber nicht unbedeutender Effekt hat seinen Ursprung in der großen Sortenvielfalt, die den Streuobstbau kennzeichnet. Diese Vielfalt stellt ein Reservoir an vielseitigen Erbanlagen dar, wie wir es in dem auf wenige marktgängige Sorten spezialisierten Intensivobstbau seit langem nicht mehr besitzen. Dieses Genreservoir gilt es für die Zukunft zu sichern, indem insbesondere Sorten, die sich als robust gegen Klima, Krankheiten und Schädlinge erwiesen haben, weitervermehrt werden. Für den intensiven Tafelobstbau sind diese Sorten zwar meist ohne direktes Interesse; ihre Resistenzeigenschaften können jedoch in der Obstzüchtung Bedeutung erlangen, wenn es gelingt, sie mit den geschmacklichen Qualitäten der heutigen Tafelsorten zu kombinieren und dadurch die Aufwendungen für den Pflanzenschutz zu senken. Unabhängig davon ist die Vermehrung solcher robuster Sorten für alle extensiven Formen des Obstbaus von besonderer Wichtigkeit, da nur sie eine weitere obstbauliche Nutzung der schwer zu bewirtschaftenden Hanglagen ermöglichen oder sich als landschaftsprägende Einzelbäume ohne Pflegemaßnahmen in der Feldflur behaupten können.

Die Apfelblüte mit rosa gefärbten Blütenblättern.

Die Sicherung des Genreservoirs kann allerdings auch ohne Beibehaltung der überalterten Bestände durch ein konsequentes Sammeln und Vermehren der Sorten in Genbanken und Sortenmuttergärten auf relativ kleiner Fläche erreicht werden. Hierfür wurde 2007 am Julius-Kühn-Institut die Deutsche Genbank Obst gegründet. Sie koordiniert die vielfältigen Aktivitäten zur Sortenerhaltung beim Obst und arbeitet mit vielen öffentlichen Einrichtungen, aber auch nichtstaatlichen Organisationen wie dem Pomologen-Verein zusammen.

Ähnliches lässt sich jedoch hinsichtlich der Bedeutung der Streuobstwiesen als Lebensraum für Tier- und Pflanzenarten keinesfalls sagen. Diese Funktion können Streuobstwiesen nur dann wirklich erfüllen, wenn sie nicht nur punktuell, sondern auf größeren Flächen und in einer vielfältigen Vernetzung mit gleichen oder ähnlichen Strukturen vorkommen. Für viele Arten, deren ursprüngliche Lebensräume zerstört oder stark verändert wurden, stellen Streuobstwiesen heute Ersatz- und (teilweise letzte!) Rückzugsbiotope dar – und gerade dieser Funktion kommt in der heutigen Zeit eine besondere Bedeutung zu.

Vielfältiger Lebensraum

Biologische Vielfalt in Streuobstwiesen

Streuobstwiesen gehören zu den vielfältigsten Lebensräumen Mitteleuropas.

Streuobstwiesen gehören zu den artenreichsten Lebensräumen (Biotopen) Mitteleuropas. Zwei Gründe gibt es im Wesentlichen für diese Entwicklung.

Zum einen bilden die Bestände mit ihrer durch freistehende, ausladende Bäume und einen artenreichen Unterwuchs charakterisierten „savannenartigen" Struktur schon vom räumlichen Aufbau ein vielfältiges Mosaik verschiedener Kleinbiotope, wie es weder der geschlossene Wald noch das freie Acker- oder Grünland bieten können.

Zum anderen bedeuten die mit der extensiven Nutzung verbundenen seltenen und meist weniger tiefgreifenden Bewirtschaftungsmaßnahmen eine geringere Störung von Pflanzen und Tieren als im Intensivobstbau oder bei anderen intensiven Nutzungen. Das seltenere Durchfahren mit Geräten, der weniger häufige Schnitt des Grases und die oft völlig fehlende Anwendung von Pflanzenschutzmitteln sowie das Belassen alter Bäume mit abgestorbenen Astpartien ermöglichen einer viel größeren Zahl von Tier- und Pflanzenarten, die keineswegs nur als Schädlinge auftreten, das Überleben.

Vielfalt der Strukturen (Strukturdiversität)

Eine entscheidende Ursache für die Artenvielfalt der Streuobstwiesen liegt in der hohen Vielfalt (Diversität) ihrer Strukturen. Diese besteht sowohl über als auch unter der Erdoberfläche.

Strukturvielfalt oberhalb des Bodens

Die hohe Strukturvielfalt oberhalb des Bodens ist ohne weiteres zu erkennen. Die Kombination von Grasland und verstreut stehenden Bäumen erinnert stark an die tropischen Baumsavannen. Anders als diese verdanken sie ihre Entstehung jedoch nicht den natürlichen Standortsverhältnissen, sondern der Tätigkeit des Menschen, weshalb man sie als sekundäre oder anthropogene Savannen bezeichnen kann. Damit gehören sie einem Strukturtyp an, der beispielsweise für viele mediterrane Landschaften charakteristisch ist – hauptsächlich mit Beständen aus Mandel-, Oliven- und Johannisbrotbäumen sowie den als Dehesas bezeichneten lichten Kork- und Stein-Eichenwäldern. Dieser für seine Artenvielfalt bekannte Strukturtyp war früher auch in Mitteleuropa weit verbreitet, und zwar in Form der durch Waldweide aufgelichteten Hude- oder Hardtwälder. Sie bedeckten einst große Teile der für den Ackerbau weniger günstigen Landschaften, die heute als geschlossene Waldgebiete erscheinen. Zu dieser geschlossenen Bewaldung kam es erst wieder, nachdem die Beweidung eingestellt worden war und an ihre Stelle eine konsequente forstliche Bewirtschaftung trat. Die Umwandlung erfolgte in den gleichen Zeiträumen, in denen sich der Streuobstbau ausdehnte, sodass viele Tierarten aus den verschwindenden Hudewäldern in die sich nun entwickelnden Streuobstbestände als Ersatzbiotop ausweichen konnten.

In großen Astwunden können Höhlenbrüter Nisträume finden.

Ein vergleichbarer Biotopwechsel bietet sich beim derzeitigen Rückgang der Streuobstwiesen jedoch nicht. Die an sich geeigneten Baumbestände von Parks und Friedhöfen sind in der Regel zu sehr isoliert und durchgrünte Neubaugebiete werden bevorzugt von weniger gefährdeten Arten angenommen. Somit dürfte die Sicherung ausreichend großer Populationen gefährdeter „Savannenarten" in Mitteleuropa an die Erhaltung vernetzter Streuobstbestände gebunden sein. Hier gibt es im Boden, im Unterwuchs, an den von Flechten und Moosen überzogenen Stämmen, Ästen und Zweigen, auf den Blättern, Blüten und Früchten oder auch zwischen den Zweigen der weit ausladenden und unterschiedlich gestalteten Baumkronen, im Totholz oder in Baumhöhlen eine Vielzahl passender ökologischer Nischen, die man in den intensiv bewirtschafteten Niederstammanlagen vergeblich sucht.

Baumhöhlen für Höhlenbrüter

Baumhöhlen finden sich am häufigsten in Apfelbäumen, daneben vor allem in Birn- und Nussbäumen. Sie können durch allmähliches Ausfaulen von größeren Wunden und Astbrüchen entstehen oder gezielt von Spechten angelegt werden. Die ohnehin schon hohe Strukturvielfalt der Streuobstwiesen wird oft noch zusätzlich durch verschiedene Begleitstrukturen wie Hecken, Gräben, Böschungen, unbefestigte Wege, Trockenmauern, Reisighaufen, Efeu- und Mistelbewuchs erhöht. Eine zwiespältige Rolle spielen Zäune: Einerseits erhöhen sie zweifellos die Strukturdiversität und können mit der sie vielfach begleitenden mageren, artenreichen Vegetation wertvolle Randbiotope darstellen, andererseits beeinträchtigen sie oft die Land-

Im Rahmen des Life+-Projektes „Vogelschutz in Streuobstwiesen des Mittleren Albvorlandes und des Mittleren Remstales" wurden von 2009 bis 2014 Maßnahmen zum Schutz der bedrohten Vogelarten und zum Erhalt der Streuobstwiesen umgesetzt. Umfangreiche Informationen und Schriften zu Vogelarten und Vogelschutz in Streuobstwiesen können unter www.life-vogelschutz-streuobst.de kostenlos heruntergeladen werden.

schaftsästhetik und engen die Bewegungsfreiheit größerer Tiere ein. Letzteres gilt vor allem für engmaschige Drahtzäune, weitaus weniger dagegen für herkömmliche Weidezäune. Auch Geschirrhütten und Schuppen können wesentlich zur Erhöhung der Strukturdiversität beitragen.

Strukturvielfalt im Boden

Die große Strukturvielfalt der Streuobstwiesen beschränkt sich nicht nur auf den oberirdischen Raum, sondern setzt sich auch im Boden fort, wo sie jedoch den Blicken normalerweise entzogen ist. Erst bei gelegentlichen Aufgrabungen wird neben Unterschieden der Bodenstruktur auch die unterschiedliche Durchwurzelung des Bodens durch Unterwuchs und Bäume sichtbar. Dabei zeigt sich, dass die Wurzelsysteme der Bäume – anders als Stamm und Krone – mehr horizontal als vertikal orientiert sind. Zwar bilden junge Obstbaumsämlinge zunächst eine mehr oder weniger senkrecht in die Tiefe wachsende Pfahlwurzel, doch wird diese schon in der Baumschule zugunsten seitlich am Wurzelhals ansetzender Sekundärwurzeln vernachlässigt. In den Folgejahren entwickeln sich zunehmend flacher streichende Seitenwurzeln zu den eigentlichen Hauptwurzeln. Die seitliche Ausdehnung der von ihnen gebildeten Wurzelkrone übertrifft bei weiträumig stehenden, älteren Streuobstbäumen in aller Regel die der oberirdischen Krone, meist um das Anderthalb- bis Dreifache, teilweise auch mehr. Die Erschließung tieferer Bodenhorizonte und die Verankerung der Bäume erfolgt in erster Linie durch Senkwurzeln, die als Seitenwurzeln der horizontalen Hauptwurzeln in die Tiefe wachsen. In tiefgründigen, fruchtbaren und gut durchlüfteten Böden können diese Wurzeln bis in eine Tiefe von mehreren Metern vordringen. Da sich Streuobstwiesen jedoch meist nicht auf den besten Böden finden, ist der Tiefgang der Wurzeln häufig schon früher beendet, sei es mechanisch durch anstehendes Festgestein oder physiologisch infolge schlechter Durchlüftung in Staunässeböden.

Was man beim Aufgraben normalerweise sieht, sind die langlebigen verholzten Gerüstwurzeln. Sie bestimmen die horizontale und vertikale Ausdehnung der Wurzelkrone, verankern den Baum im Boden und leiten und speichern die aufgenommenen Nährstoffe.

Die Aufnahme selbst erfolgt durch die an den Enden der Verzweigungen sitzenden Saugwurzeln. Sie sind nur wenige Millimeter lang und einige

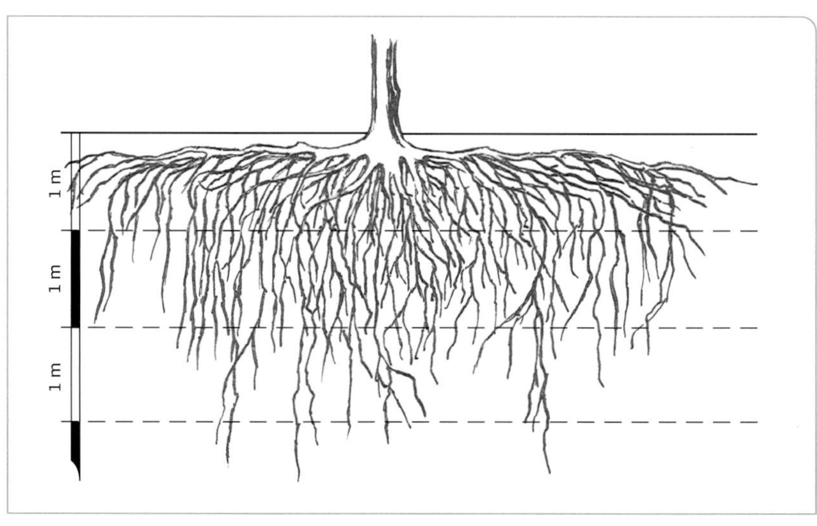

Schematische Darstellung des Wurzelsystems eines mehrjährigen Apfelbaumes in einem tiefgründigen Boden mit gutem Wasser-, Luft- und Nährstoffhaushalt (nach FRIEDRICH 1993).

Tief reichende Gerüstwurzeln eines 30-jährigen 'Boskoop'-Baumes auf Sämlingsunterlage in einem tiefgründigen, gut durchlüfteten Lehmboden.

Flach streichende Gerüstwurzeln eines 50-jährigen 'Boskoop'-Baumes auf Sämlingsunterlage in einem physiologisch flachgründigen Staunässeboden.

Zehntelbruchteile eines Millimeters dick. Im Unterschied zu den Gerüstwurzeln verholzen sie nicht und zeigen auch kein sekundäres Dickenwachstum. Sie sterben vielmehr bald ab und müssen ständig neu gebildet werden. Dieser Vorgang ist keineswegs nur an ungünstige Standortsverhältnisse gebunden, sondern im Lebenszyklus der Bäume festgelegt. Hier bestehen Parallelen zu den oberirdischen Teilen der Bäume: Während die langlebigen Gerüstwurzeln den Ästen und Zweigen der Baumkrone entsprechen, ähneln die kurzlebigen Saugwurzeln in Lebensdauer und Funktion den Blättern. Wie diese müssen sie als Organe der Aufnahme und Assimilation von Nährstoffen immer wieder erneuert werden. Dabei unterliegen sie jedoch keinem so stark an die Jahreszeiten gebundenen Ablauf wie die Blätter. Gleichwohl sind jahreszeitliche Unterschiede in der Zahl der Saugwurzeln festzustellen. Meistens treten die höchsten Zahlen im Frühsommer auf. In diesem Zeitraum wurde für einen dreißigjährigen 'Boskoop'-Baum eine Gesamtzahl von mindestens 25 Millionen Saugwurzeln ermittelt. Zum Spätjahr hin nimmt die Zahl meist ab, doch finden sich auch im Winter noch zahlreiche aktive Saugwurzeln. Die Abnahme im Lauf des Sommers ist am stärksten bei Bäumen mit reichem Fruchtbehang. Die größte Saugwurzeldichte findet sich in aller Regel bereits in den obersten, humosen Bodenhorizonten und nimmt mit der Tiefe ab, doch kann es in bestimmten Böden auch in tieferen Horizonten zu Anreicherungen kommen, die mitunter sogar die Maxima im Oberboden übertreffen. Dies gilt besonders für den Staubereich wechselfeuchter Tonböden, deren tiefere Horizonte dann nur noch schwach durchwurzelt sind. In horizontaler Rich-

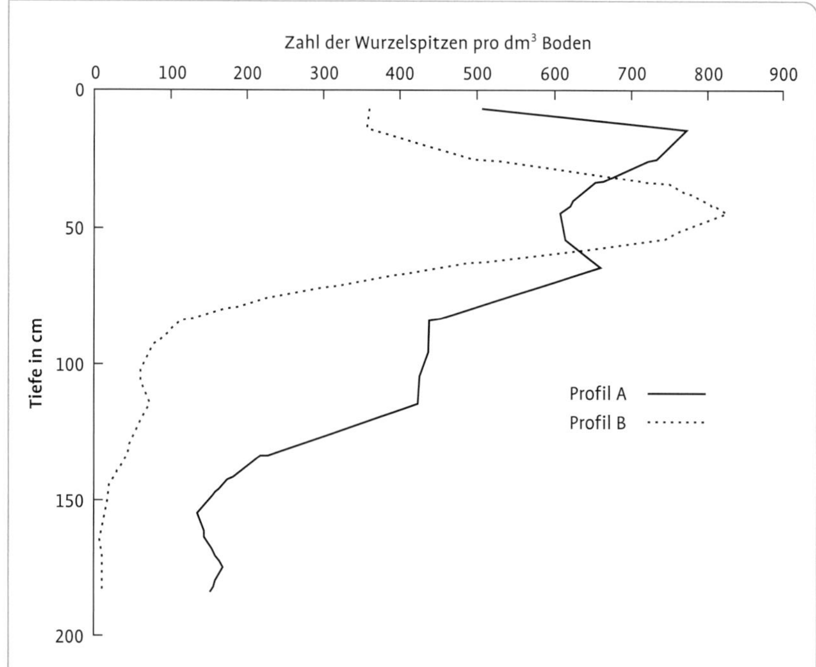

Vertikale Verteilung der Saugwurzeln 30-jähriger Apfelbäume auf Sämlingsunterlage in 2 m Entfernung vom Stamm unter Rasen. Profil A in tiefgründigem, gut durchlüftetem Lehmboden, Profil B in physiologisch flachgründigem, staunassem Tonboden (nach WELLER 1964).

tung nimmt die Saugwurzeldichte meist mit zunehmender Entfernung vom Stamm ab.

Zusätzlich zu den Wurzeln der Bäume tragen die unterirdischen Organe der Pflanzen des Unterwuchses zur hohen Strukturvielfalt der Böden bei, ergänzt durch die Tätigkeit der davon lebenden Bodenorganismen, deren Vielfalt in Streuobstwiesen besonders hoch ist.

Beeinflussung der Standortsfaktoren

Die Strukturvielfalt der Streuobstwiesen äußert sich nicht allein in ihren vielfältigen sichtbaren Gestalten. Sie wirkt darüber hinaus auch in vielfacher Weise auf die Standortsfaktoren, speziell das Mikroklima, ein. Dadurch entsteht ein kleinräumiges Mosaik unterschiedlicher Mikroklimate, das von denen offener Wiesen bis zu solchen geschlossener Wälder reichen kann. Allgemein gelten Streuobstbestände dank ihrer großen „Oberflächenrauigkeit“ als Windbremsen und damit als Windschutz. Im Einzelnen treten jedoch innerhalb einer Streuobstwiese je nach Lage, Bestandsdichte und Belaubungszustand deutliche Unterschiede auf, wobei in weiträumigen Beständen unterhalb belaubter Baumkronen in Bodennähe die Windgeschwindigkeit örtlich sogar zunehmen kann.

Wesentlich deutlicher ist der Einfluss auf die Lichtverhältnisse durch die bloße Beobachtung des Baumschattens zu erkennen. Dieser wandert entsprechend dem Tagesgang der Sonne über einen Teil der Wiesenfläche um den Stamm, wobei seine Länge im Winter wesentlich weiter reicht als im Sommer. Jedoch ist die Beschattung im Sommer infolge der dichten Belaubung viel stärker. Die größten Lichtunterschiede zwischen besonnten und beschatteten Flächen treten an sonnigen Sommertagen auf. Dabei kann die Lichtmenge am Nordfuß des Stammes auf 2 bis 5 % des Freilandlichtes reduziert werden. Eine im Tagesverlauf stark wechselnde Beschattung ergibt sich im Osten und Westen der Bäume, wo sich je nach Sonnenstand am Morgen und am Abend volle Besonnung bzw. volle Beschattung einstellen.

Die kleinräumigen Unterschiede von Licht, Wärme, Feuchtigkeit und Nährstoffangebot sind eine wichtige Voraussetzung für den Artenreichtum. Wo sich das Falllaub anreichert, ist für Regenwürmer ein reicher Tisch gedeckt.

Kurzfristig hohe Lichtmengen können örtlich auch durch Lücken im Kronendach oder durch Bewegungen der Blätter im Wind auftreten. Der Baumschatten verändert die am Boden ankommende Strahlung nicht nur quantitativ, sondern auch qualitativ hinsichtlich ihrer farblichen Zusammensetzung. Beim Durchgang durch das Blätterdach wird der kurzwellige Bereich stärker ausfiltriert als der grüne und dunkelrote, weshalb man von einem Rot-Grün-Schatten spricht. Doch dürften die Unterschiede der Intensität des Schattenlichtes für die Pflanzen unter den Bäumen viel wichtiger sein als die der Qualität.

Obstbäume gleichen Klimaeinflüsse aus

Optisch nicht wahrnehmbar, aber auf der Haut deutlich spürbar ist die abschirmende Wirkung der Bäume auf die Wärmestrahlung. Deshalb begeben sich Menschen und Tiere an sonnigen, heißen Tagen gern in deren kühlen Schatten. Auf die Bedeutung Schatten spendender Vesper-, Allee- und Koppelbäume wurde im Zusammenhang mit den erholsamen Wirkungen der Streuobstbäume bereits hingewiesen. Die als kühlend empfundene Wirkung des Baumschattens beruht in erster Linie auf einer Abschirmung der direkten Strahlung. Hingegen unterscheidet sich die Lufttemperatur im Schattenbereich nur wenig von der über besonnten Flächen, was auf den ständigen Luftaustausch zurückzuführen ist. Anders liegen die Verhältnisse im Boden, wo ein Ausgleich zwischen unterschiedlich erwärmten Bereichen sehr viel langsamer verläuft. So wurden an sonnigen Juninachmittagen in den obersten 20 cm des Bodens zwischen unterschiedlich beschatteten Stellen Differenzen bis zu 9 °C gemessen. Selbst in 100 cm Tiefe betrugen die maximalen Differenzen fast durchweg noch 1 bis 2 °C. An Tagen mit stärkerer Bewölkung waren die Differenzen weniger ausgeprägt, gleichwohl aber deutlich vorhanden. Die geringsten Unterschiede wurden im Winter gemessen, was im Hinblick auf die schwächere Einstrahlung und die geringere Schattenwirkung der unbelaubten Kronen auch zu erwarten war. Trotzdem ergaben sich an sonnigen Tagen Ende Februar in den obersten 20 cm des Bodens Unterschiede von 1 bis 2 °C zwischen Sonnen- und Schattenseite; selbst in 50 cm Tiefe betrug die Differenz noch bis zu 0,5 °C. Ganz allgemein waren die Unterschiede bei großkronigen Bäumen stärker als bei kleinkronigen, was durch die von den größeren Kronen verursachte stärkere und länger dauernde Beschattung leicht zu erklären ist.

Durch die Baumkronen wird nicht nur die Einstrahlung, sondern auch die Ausstrahlung gemindert. Dies macht sich besonders in windarmen Strahlungsnächten durch eine verlangsamte Abkühlung unter den Baumkronen bemerkbar. Die dadurch verursachten Temperaturunterschiede sind zwar geringer als bei vorherrschender Einstrahlung, können aber beispielsweise bei Frostgefahr von Bedeutung werden. Besonders wärmebegünstigt sind diejenigen Bereiche unter der Krone, die bei Nacht zwar durch das Kronendach abgeschirmt, bei Tage aber der vollen Besonnung durch die schräg einfallenden Strahlen ausgesetzt sind. Dabei handelt es sich je nach Höhe und Umfang des unteren Kronenrandes um kleinere oder größere Ausschnitte im Süden der Kronenprojektion.

Weidetiere wissen an heißen Tagen den kühlenden Schatten der Bäume zu schätzen.

Baumkronen schützen vor Erosion

Deutliche räumliche Unterschiede können sich auch bei der Bodenfeuchtigkeit einstellen. Sie ergeben sich zunächst aus der teilweisen Zurückhaltung und Umlenkung des Niederschlagswassers durch die Baumkronen, außerdem durch die unterschiedlich starke Verdunstung der ungleich erwärmten Bodenoberfläche und schließlich durch die Wasserentnahme seitens der Pflanzen, speziell der Bäume. Im Allgemeinen kommt unter den Baumkronen weniger Niederschlagswasser als im Freiland an. Unter belaubten Kronen wurden in Stammnähe mit weniger als 50 % des Freilandniederschlags die geringsten Regenmengen registriert. Dagegen kann die Regenmenge im Bereich der Kronentraufe auf 120 bis 160 % des Freilandniederschlags ansteigen, wobei die höchsten Werte in den vom Baumstamm in Hauptwindrichtung gelegenen Bereichen gefunden wurden. In Stammnähe ist allerdings – besonders im unbelaubten Zustand – mit einem zusätzlichen Wasserangebot durch den Stammablauf zu rechnen, doch ist davon auszugehen, dass das Stammablaufwasser die Verluste durch die Abschirmung nicht ausgleichen kann.

Eine Beeinflussung des Bodenwassergehaltes durch die unterschiedlich starke Beschattung macht sich vor allem in den oberen Bodenhorizonten bemerkbar. Hier ist sie nach niederschlagsarmen sommerlichen Perioden im stark beschatteten Nordosten der Bäume oft deutlich höher als an den intensiver besonnten Stellen in gleicher Entfernung im Südwesten. Bei Messungen im Frühsommer betrugen die maximalen Unterschiede in 5 cm Tiefe zeitweilig bis über 10 Vol.-%, mit zunehmender Tiefe glichen sich die Werte an; ab 50 bis 75 cm Tiefe waren keine eindeutigen Unterschiede zwischen Sonnen- und Schattenseite mehr festzustellen. Nach Niederschlägen waren die Differenzen auch im Oberboden in der Regel geringer, teilweise ergaben sich sogar vorübergehend auf der Südwestseite höhere Werte entsprechend den dort höheren Regenmengen.

Obstbäume haben vielfältige Wirkungen auf Boden und Klima.

Baumwurzeln entziehen Wasser

Dass der Wassergehalt im Oberboden außer durch die direkte Verdunstung und die Transpiration des Unterwuchses auch durch den Wasserentzug der Baumwurzeln stark beeinflusst wird, lässt sich mitunter nach trockenen Sommern sehr gut beobachten, wenn unter Bäumen auf Böden mit einer geringen nutzbaren Wasserkapazität die Grünlandpflanzen welken, während sie in größerer Stammentfernung außerhalb des dichter vom Baum durchwurzelten Bereichs noch frisch sind. Die Verwelkungszone ist auf der Schattenseite der Bäume entsprechend dem geringeren Gesamtwasserverlust des Bodens meist nur wenig ausgeprägt, häufig fehlt sie auch ganz. Ihre größte Ausdehnung erreicht sie in der Regel südwestlich der Stämme, wo sie sich vielfach auch über die Kronentraufe hinaus erstreckt. Dies beweist, dass die Erscheinung nicht allein auf die geringere Regenmenge unter dem Schirm der Baumkrone zurückgeführt werden kann, sondern wesentlich durch die Wasseraufnahme der Baumwurzeln bedingt sein muss. In den tieferen Bodenhorizonten, in denen die direkte Verdunstung sowie die Transpiration des flacher wurzelnden Unterwuchses keine Rolle spielt, hängt die Abnahme des Wassergehaltes im Verlauf des Sommers sogar vorwiegend von der Wasseraufnahme der Baumwurzeln ab. Während in physiologisch flachgründigen Staunässeböden der Wassergehalt des weitgehend wurzelfreien Untergrundes im Allgemeinen während des ganzen Sommers annähernd gleich bleibt, ist in tief durchwurzelbaren

Bei der Schneeschmelze werden kleinräumige Klimaunterschiede oft besonders deutlich.

Böden eine deutliche Abnahme festzustellen. Diese ist in Stammnähe stärker als in weiterem Stammabstand. Dabei zeigt sich eine deutliche Parallelität zur Dichte der Durchwurzelung.

Von weiteren Bodenfaktoren, die innerhalb einer Streuobstwiese stark differieren können, sei neben Bodenreaktion und Lagerungsdichte besonders der Gehalt an pflanzenverfügbaren Nährstoffen genannt. Dieser ist im Oberboden meist wesentlich höher als im Unterboden oder Untergrund. Zu diesen auch in anderen Kulturen typischen vertikalen Differenzierungen kommen in Streuobstwiesen häufig noch horizontale Unterschiede hinzu, weil der Oberboden in Stammnähe oft höhere Gehalte aufweist als in größerer Stammentfernung. Die Anreicherung kann sowohl durch eine zusätzliche Düngung der Baumscheibe als auch durch einen verminderten Entzug bei der Ernte des unter der Baumkrone schwächer entwickelten Unterwuchses eintreten. Beim Stickstoff können zusätzlich zeitliche Unterschiede hinzukommen, da dieser nicht nur von der Menge des mineralisierten Stickstoffs, sondern auch von den die Mineralisation steuernden Faktoren wie Temperatur, Feuchtigkeit und Durchlüftung des Bodens abhängt.

Vielfalt des Lebens (Biodiversität)

Die Vielfalt der Strukturen und das dadurch gebildete kleinräumige Mosaik unterschiedlicher Lebensräume bilden die Grundlage für das Vorkommen einer Vielzahl verschiedenster Tier- und Pflanzenarten. Zusätzlich wird die Biodiversität noch weiter erhöht durch die Vielfalt der Obstsorten. Diese außerordentliche Vielfalt des Lebens kann in den folgenden Abschnitten nur bruchstückhaft dargestellt werden.

Pflanzen

Am auffälligsten zeigt sich die hohe Biodiversität an der Vielzahl der Pflanzenarten, seien es die Gräser und Kräuter der Wiesen und Weiden oder die Algen, Flechten, Pilze und Moose auf den Bäumen selbst.

Pflanzen der Wiesen und Weiden

„Klassische" Streuobstwiesen sind bunte Blumenwiesen. Sie werden von einer Pflanzengesellschaft gebildet, die man als Glatthaferwiese bezeichnet. Diese enthält zwar keine ausgesprochen seltenen Pflanzen, doch sind in ihr zahlreiche bunt blühende Kräuter vereint, die im Intensivgrünland zurücktreten oder vielfach schon ganz verschwunden sind. Insgesamt kommen in den Glatthaferwiesen ungefähr 70 bis 80 Pflanzenarten mehr oder weniger regelmäßig vor, von denen wir im jeweiligen Einzelbestand 25 bis 35, vielleicht auch einmal 40 Arten finden. Solche Bestände zu erhalten ist ein erklärtes Ziel des Naturschutzes. Das setzt jedoch eine Weiterführung bestimmter Formen der Bewirtschaftung voraus, die einst zur Entstehung und Erhaltung der Glatthaferwiesen geführt haben. Angemessen ist eine zwei- bis höchstens dreimalige Mahd pro Jahr. Dies kommt der ursprünglichen Nutzung als Futterwiese am nächsten und sichert deshalb auch am ehesten die Erhaltung des Artenbestandes. Unterbleibt die Mahd, kommt es in den folgenden Jahren über eine Verstaudung und Verbuschung schließlich zur erneuten Bewaldung. Häufigere Mahd bewirkt eine Reduzierung der Artenzahl auf einige wenig schnittempfindliche Pflanzen-, insbesondere Grasarten. Desgleichen kann durch eine überhöhte Stickstoffdüngung auch bei nur zweimaliger Mahd pro Jahr der Artenreichtum stark reduziert werden zugunsten einiger weniger Stickstoffzeiger, von denen häufig die beiden Doldenblütler Wiesen-Kerbel und Bärenklau zur Blütezeit schon früher auf hofnahen, mit Gülle überdüngten Streuobstwiesen aspektbildend auftraten.

Extensive Mahd fördert den Artenreichtum der Wiese.

Besonders gravierend wirkt sich derzeit die Neuorientierung mancher landwirtschaftlicher Betriebe vom Landwirt hin zum Energiewirt aus. Biogasanlagen erfordern eine kontinuierliche Lieferung mit großen Mengen an energiereichem Gras. Hierfür werden auch bisher extensiv bewirtschaftete Flächen aufgedüngt und der Mahdzyklus wird von zwei auf vier bis fünf Schnitte pro Jahr erhöht. Auf vielen Flächen werden dadurch artenreiche Blumenwiesen zu artenarmen Grasflächen.

Beweidung

Angesichts der Schwierigkeiten, die sich beim Mähen von Streuobstwiesen besonders in Hanglagen ergeben, wird heute vielfach versucht, das Kurzhalten des Unterwuchses durch eine Beweidung zu erreichen. Auch dabei ändert sich der Artenbestand, einerseits durch Trittschäden, andererseits durch die selektive Tätigkeit der Weidetiere. Gute Futtergräser und -kräuter werden ständig kurz gehalten, während sich andere Pflanzen, insbesondere stachelige, harte oder unangenehm schmeckende, üppig entwickeln. Als Folge dieser „selektiven Unterbeweidung“ entstehen oft in wenigen Jahren je nach den Standortsverhältnissen Herde von Brennnesseln, Disteln, Rasen-Schmielen u. a. Diese Flächen ähneln den in früheren Jahrhunderten weit verbreiteten Triftweiden und weisen wie diese eine hohe Struktur- und Artenvielfalt auf. Ein ganz anderes Bild bieten dagegen die mit regelmäßiger Mahd kombinierten Mähweiden. Ihr Artenbestand ist deutlich ärmer und einheitlicher und kommt dem der Vielschnittwiesen nahe. Als dominante bzw. auffällige Arten seien für solche Flächen erwähnt: Deutsches Weidelgras, Wiesen-Rispengras, Wiesen-Knäuelgras, Wiesen-Lieschgras, Wiesen-Kammgras, Weiß-Klee, Wiesen-Löwenzahn, Stumpfblättriger Ampfer, Wiesen-Kerbel, Wiesen-Bärenklau, Ehrenpreis-Arten, Gänseblümchen, Spitz-Wegerich, Großer Wegerich und die Gewöhnliche Wiesen-Schafgarbe.

Artenreiche Glatthaferwiese

Dem gegenüber steht das blumenbunte Bild einer artenreichen Glatthaferwiese, das im Laufe des Jahres ganz unterschiedliche Aspekte zeigt.

In den feuchteren Kohldistel-Glatthaferwiesen mischen sich einige Nässe ertragende Kräuter und Gräser in die normale charakteristische Artenkombination der Glatthaferwiese, z. B. Bach-Nelkenwurz, Kuckucks-Lichtnelke, Großer Wiesenknopf, Rasen-Schmiele, Kohldistel, Mädesüß und Wald-Engelwurz. Am buntesten und artenreichsten sind jedoch die mäßig trockenen Salbei-Glatthaferwiesen. Für sie sind neben dem namengebenden Wiesen-

Die Glatthafterwiese:

Prof. Dr. Heinz Ellenberg zur Glatthaferwiese: „Während die Gräser noch niedrig sind, breitet das Wiesenschaumkraut mit unzähligen Blütentrauben einen blassvioletten Schleier über das satte Grün. In der Zeit zwischen etwa Mitte April und Anfang Mai sind die Glatthaferwiesen gelb betupft, weil der Löwenzahn seine dicken Körbchen zur Sonne öffnet und dann der Scharfe Hahnenfuß zwischen den emporwachsenden Gräsern zu glänzen beginnt. Später streckt der vorher grasähnliche Bocksbart seine großen goldgelben Köpfe zu den hochragenden Grasrispen empor. Wenn im Mai oder Anfang Juni die Margerite ihre weißen Strahlen ausbreitet, Kerbeldolden wie helle Wolken über dem vielgestaltigen Blattwerk schweben und das Hohe Labkraut in vollem Weiß erblüht, beginnt bereits das Knaulgras zu stäuben und der Glatthafer seine vorher schlank geneigten Rispen zu spreizen. Endlich beherrschen Gräser das Bild der Wiese in ihrem eintönigen, stumpf gewordenen Grün, das sie nur mit ihren Blütenspelzen leicht ins Silberne, Goldene oder Violettrote abwandeln.

Plötzlich fällt an einem sonnigen Mai- oder Junimorgen die ganze vielschichtige Pracht den Mähmessern zum Opfer. Von den hohen Obergräsern bleiben kaum beblätterte, fahle Stoppeln übrig. Die Untergräser, Leguminosen und niedrigen Kräuter erholen sich von den Wochen zunehmend dichterer Beschattung, bis sie erneut von den Obergräsern und hohen Kräutern übergipfelt werden. Vor dem zweiten Schnitt kommen Wiesen-Pippau und Bärenklau, stellenweise auch Große Bibernelle und Pastinak zu voller Entfaltung. In manchen Gegenden gesellen sich Wiesen-Glockenblume und Wiesen-Storchschnabel mit ihrem violetten oder reinen Blau hinzu. Bevor aber das Blatt- und Stengelwerk strohig werden kann, sinkt es im Hochsommer erneut dahin, und nur in warmem Klima gelangen die hochwüchsigen Arten ein drittes Mal zur Blüte“ (Ellenberg 1996).

In den Streuobstwiesen des Alpenvorlandes finden sich einige Besonderheiten, darunter der als Frühlingsbote bekannte Märzenbecher.

Im Frühjahr überzieht das Wiesen-Schaumkraut viele Wiesen mit einem hellvioletten Schleier.

Wiesen-Kerbel und Scharfer Hahnenfuß bestimmen den Frühjahrsaspekt einer stark gedüngten Wiese.

Salbei-Glatthaferwiesen sind besonders artenreich.

Salbei folgende Arten kennzeichnend: Aufrechte Trespe, Knolliger Hahnenfuß und Tauben-Skabiose. Darüber hinaus enthält diese Untergesellschaft der Glatthaferwiese eine Fülle auffällig blühender Kräuter und darf mit ihrem bunten Artengemisch und ihren wechselnden Aspekten als eine der schönsten Pflanzengesellschaften Mitteleuropas gelten. Leider ist gerade diese Wiesengesellschaft wegen ihrer geringen Erträge im Schwinden begriffen. Diesem Schwinden versucht man von Seiten des Naturschutzes verständlicherweise entgegenzuwirken, u. a. durch ein „Aushagern“ aufgedüngter Wiesen. Man muss sich dabei aber bewusst sein, dass selbst solche Maßnahmen nur dann zu einer Salbei-Glatthaferwiese führen können, wenn in der Nähe noch genügend der betreffenden Arten vorhanden sind und die standörtlichen Voraussetzungen stimmen, d. h. der Standort mäßig trocken und möglichst auch noch kalkhaltig ist. Solche Verhältnisse finden sich in größerem Umfang beispielsweise in sonnenseitigen Hanglagen niederschlagsarmer südwestdeutscher Hügellandschaften. Da es sich hierbei häufig um tonreiche Böden mit

Wiesen-Storchschnabel kommt vorwiegend auf frischen und nahrhaften Standorten der tieferen Lagen vor.

Bunte Blumenwiesen mit Margerite, Rot-Klee, Kleine Bibernelle, Wiesen-Storchschnabel und Klappertopf finden sich oft zwischen Streuobstbäumen.

einem unausgeglichenen Wasser-Luft-Haushalt handelt, kommt es nicht selten zu einer Vergesellschaftung mit Zeigern für Wechselfeuchtigkeit bzw. Wechseltrockenheit, wie Bach-Nelkenwurz, Kuckucks-Lichtnelke, Rasen-Schmiele, Großer Wiesenknopf, Wiesensilge und Herbstzeitlose.

Da die Streuobstwiesen ihre Hauptverbreitung in den wärmeren Tieflagen haben, handelt es sich häufig um Tieflagen-Glatthaferwiesen, die in Süddeutschland ungefähr bis 500 m ü. NN, an sonnenseitigen Hängen auch höher aufsteigen. Von den Wiesen höherer Lagen unterscheiden sie sich durch das häufigere Auftreten der Wilden Möhre und das Vorkommen des Pastinaks. Auch die nach oben anschließenden Berg-Glatthaferwiesen, die in Süddeutschland ungefähr bis über 800 m ü. NN reichen, treten durchaus noch in Kombination mit Obstbäumen auf. In ihnen kommen bereits einige typische Arten der noch höheren Goldhaferwiesen vor, so der Wiesen-Kümmel, die Rote Lichtnelke und zwei Frauenmantel-Arten. An die Stelle des Wiesen-Storchschnabels tritt zunehmend der Wald-Storchschnabel. Dagegen sind die reinen Goldhaferwiesen (in den nördlichen Mittelgebirgen schon ab 400 m, in Süddeutschland erst ab ungefähr 800 m ü. NN) nur noch örtlich mit Obstbäumen bestanden.

Auswirkungen der Bäume auf das Grünland

Die bisher besprochenen Einflüsse von Standort und Bewirtschaftung bestehen auch auf baumlosem Grünland. Bei den Streuobstwiesen kommen zusätzlich noch spezielle Auswirkungen der Bäume auf die Grünlandvegetation hinzu. Hier ist an erster Stelle die Schattenwirkung zu nennen, die manchen Waldarten das Einwandern in das Grünland ermöglicht. So kann man relativ häufig das Scharbockskraut, das Busch-Windröschen und den Geißfuß finden, außerdem Wald-Zwenke, Goldnessel und Ruprechtskraut, in höheren Lagen auch den Rauhaarigen Kälberkropf. Im niederschlagsreichen Alpenvorland treten dazu als Besonderheiten die Frühjahrsblüher Märzenbecher, Wald-Gelbstern, Hohler Lerchensporn und Bärlauch, an feuchten Stellen teilweise auch das Wechselblättrige Milzkraut auf. Dabei lassen diese Arten eine deutliche Bevorzugung der vom Baumschatten bedeckten Bereiche erkennen. Umgekehrt bevorzugen besonders lichtbedürftige, aber trockenheitsertragende Arten, wie der Wiesen-Salbei, die nicht beschatteten Teilflächen.

Der Baumschatten beeinflusst die Vegetation der Wiese maßgeblich.

Betrachtet man die Vegetation unter den Bäumen genauer, so wird nicht nur der Einfluss des Baumschattens, sondern auch weiterer Faktoren deutlich. Dazu zählen insbesondere die durch Viehlager oder früheres Umgraben verursachten Lücken. In diesen Lücken können sich auch wenig konkurrenzkräftige Arten ansiedeln, die in der dichten Grasnarbe nur geringe Überlebenschancen haben, wie Vogelmiere und Hirtentäschel sowie als Trittpflanzen Einjähriges Rispengras und Großer Wegerich. Eine Rolle spielt auch die oft weniger intensive Nutzung des Aufwuchses rund um die Baumstämme, insbesondere die weniger konsequente Mahd und Düngung. Dies gilt auch für die Baumstreifen sowie die Randstrukturen, beispielsweise unter Zäunen. Hier treten auch in sonst gut gedüngten Wiesen nicht selten Magerkeitszeiger auf, wie Gewöhnliches Ruchgras, Feld-Hainsimse, Rotes Straußgras, Flaum-Hafer, Zittergras, Gewöhnliches Ferkelkraut und Erdbeer-Fingerkraut, auf mäßig trockenen Standorten auch das Rauhaarige Veilchen und die Arznei-Schlüsselblume, während die blassgelbe Große Schlüsselblume schon im zeitigen Frühjahr frische bis feuchte Standorte schmückt.

Insgesamt wurden bei Vegetationsaufnahmen in Streuobstwiesen bis zu 400 Gefäßpflanzenarten erfasst, die hier jedoch nicht im Detail wiedergegeben werden sollen. Wichtiger ist vielleicht der Hinweis, dass zweischürige Mähwiesen artenreicher waren als dreischürige Mähwiesen, Weiden, Mulchwiesen und Sukzessionsflächen.

Pflanzen auf den Bäumen

Zusätzlich zu den Pflanzen des Unterwuchses dienen die Bäume einer Reihe anderer Pflanzen, die an oder auf ihnen wachsen, als Lebensraum. Solche Epiphyten finden sich bevorzugt in alten, wenig gepflegten Baum-

Auf vernachlässigten alten Apfelbäumen hat sich in den letzten Jahren die immergrüne parasitäre Laubholz-Mistel stark ausgebreitet.

Der prächtige Schwefelporling zerstört das Kernholz. Sind die Fruchtkörper sichtbar, ist der Baum nicht mehr zu retten.

beständen. Im Winter fallen im kahlen Geäst schon von weitem die dunklen Blätter des Efeus auf, der zwar im Boden wurzelt, aber als Wurzelkletterer in milden und luftfeuchten Lagen die höchsten Baumwipfel erklimmt. Entgegen einer weit verbreiteten Meinung ist er kein Parasit, ganz anders als die ebenfalls immergrüne Laubholz-Mistel, die sich mit dem Nachlassen der Pflege in den letzten Jahrzehnten auf Apfelbäumen stark verbreitet hat und zu einer ernsten Gefahr für den Erhalt älterer Apfelbäume geworden ist. In mit Humus gefüllten Hohlformen können auch Sämlinge von anderen Höheren Pflanzen Fuß fassen, beispielsweise Schwarzer Holunder, Hänge-Birke und Farne. Die weitaus häufigsten Epiphyten sind jedoch Moose und Flechten, die sich bevorzugt auf der Borke der Bäume, speziell von Birne und Apfel, ansiedeln. Besonders häufig sind sie auf Obstbäumen in luftfeuchten Lagen und in Waldnähe. Das starke Auftreten deutet aber auch auf geringes Dickenwachstum der Borke hin.

Pilze treten sowohl als Parasiten (Schmarotzer) wie auch als Saprophyten (Zersetzer toter organischer Substanz) und Symbionten (wechselseitig fördernde Partner) auf. Zu Ersteren zählen der durch seine Größe und Farbe auffallende Schwefelporling, der bekannte Hallimasch und der an Obstbäumen häufigere Sparrige Schüppling, die alle drei bevorzugt Apfelbäume befallen. Abgestorbene Baumstümpfe werden häufig von dem formenreichen Bunten oder Schmetterlingsporling besiedelt. Neben den Genannten gibt es auf, in oder unter den Bäumen eine stattliche Anzahl weiterer Ständerpilze. Weitaus häufiger sind jedoch Niedere Pilze, die nicht durch große Fruchtkörper auffallen. Darunter finden sich die bedeutendsten Krankheitserreger an Obstgewächsen, wie Apfelschorf, Birnenschorf, Apfelmehltau, Birnengitterrost, Kragenfäule, Obstbaumkrebs, Valsa, Narren- und Taschenkrankheit, Zwetschgenrost, Gnomonia-Blattbräune, Schrotschusskrankheit, Blüten- und Zweigmonilia und verschiedene Fruchtfäulen. Sie sind in Fachbüchern des Obstbaus und des Pflanzenschutzes ausführlich beschrieben. Dagegen ist über die zahlreichen anderen, wirtschaftlich nicht schädigenden Niederen Pilze wesentlich weniger bekannt. Dies gilt auch für die als *Mykorrhiza*-Partner mit den Obstbaumwurzeln in Symbiose lebenden Arten. Selbstverständlich gehören auch zahlreiche Bakterien- und Algenarten zur Lebensgemeinschaft Streuobstwiese, wenn sie auch kaum in der streuobstspezifischen Literatur erwähnt werden. Ausgenommen sind einige Krankheitserreger, darunter der Feuerbrand, der sich in den letzten Jahren zur gefährlichsten Bakterienkrankheit beim Kernobst entwickelt hat. Doch sollte man darüber die wichtige Rolle zahlreicher anderer Arten, insbesondere beim Stoffkreislauf, nicht vergessen.

Sortenvielfalt

Eine wesentliche Bereicherung erfährt die Vielfalt in Streuobstwiesen auch durch die Obstbäume selbst. Es handelt sich zwar nur um einige wenige Obstarten, aber innerhalb ein und derselben Art besteht eine große genetische Vielfalt. Besonders spannend wird es für diejenigen, die sich mit dieser überaus großen Zahl von Obstsorten beschäftigen. Das Einarbeiten in die Sortenkunde kann zu einer bestimmenden Lebensaufgabe werden und bietet nahezu täglich neue Herausforderungen. Sortenkunde bedeutet stets auch eine Auseinandersetzung mit der Geschichte, denn die Wurzeln mancher Sorten reichen weit zurück, in Einzelfällen bis zu den Römern. Zu manchen Sorten sind interessante Geschichten über deren Entstehung oder Verbreitung bekannt.

Vielfältiges Sortenangebot verringert die Gefahr von Krankheitsbefall.

Auch aus ökologischer Sicht ist diese Vielfalt an Arten und Sorten von besonderer Bedeutung. Je vielfältiger eine Pflanzenkultur, desto stabiler ist sie gegen Einflüsse von außen. Monokulturen dagegen sind sehr anfällig und haben eine geringe Widerstandskraft. Schädlinge können sich schnell vermehren und die Kultur bedrohen, wie das Beispiel des Borkenkäfers in Fichtenkulturen zeigt. Streuobstwiesen dagegen sind mit ihren vielen unterschiedlichen Sorten wesentlich variabler. So erstreckt sich beispielsweise die Blütezeit in Streuobstwiesen je nach Lage von Anfang April bis Ende Mai. Nach Schlehen und Wildpflaumen in den Hecken blühen zuerst die Kirschen, gefolgt von den Zwetschgen. Daran schließt sich die Birnenblüte an und erst dann öffnen sich die Apfelblüten. Unter den Äpfeln sind blühende Bäume von Mitte April bis Anfang Juni zu finden. Damit verringert sich die Gefahr von Ernteeinbußen durch Blütenfröste ganz erheblich. Auch Krankheiten treten nie an allen Bäumen gleichermaßen auf. Gleiches gilt für die Reifezeiten. Hier reicht die Spanne von der Kirschenreife ab Mitte Juni bis zu den letzten Apfel- und Birnensorten Ende November. Insekten und Vögel finden so über einen langen Zeitraum Nahrung in Obstwiesen. Deutlich wird die Bedeutung der Sortenvielfalt auch an einem anderen Beispiel: In Streuobstwiesen, die nach dem Zweiten Weltkrieg gepflanzt wurden, sind die Auswirkungen durch Feuerbrandbefall wesentlich größer als in alten Beständen, weil der Anteil an hoch anfälligen Sorten, wie 'Oberösterreicher Weinbirne' oder 'Gelbmöstler', wesentlich größer ist.

Entstehen von Obstsorten

Wildobst gibt es schon sehr lange. In den Gebirgstälern Südostasiens kamen vor 65 bis 70 Millionen Jahren bereits primitive Vorläufer vor. Ausgrabungen in jungsteinzeitlichen Pfahlbauten am Bodensee sowie in den oberösterreichischen und nordschweizerischen Seen brachten erste Belege für Obstgehölze in Mitteleuropa. Dicke Schichten ausgepresster Apfelschalen und Spuren von getrockneten Birnenstücken belegen, dass das Obst schon zu jener Zeit genutzt wurde.

Der entscheidende Schritt vom Wildobst hin zu Obstsorten war die Kunst des Veredelns. Mit dieser Technik können Triebe von Pflanzen auf artgleiche Pflanzen gebracht werden. Die (Edel-)Triebe verbinden sich mit der Unterlage und wachsen zusammen. Da sich Kern- und Steinobst nicht durch Stecklinge oder Steckhölzer (unverholzte bzw. verholzte Triebteile) vermehren lässt, ist dies die einzige Möglichkeit, von einem Baum genetisch gleiche Nachkommen zu bekommen. Die Technik des Veredelns brachten die Römer in unseren Kulturraum. Heute noch bekannte Sortennamen aus dieser Zeit sind 'Matapfel' und 'Sternapi'. Mit den Römern kamen auch andere Obstarten, wie Speierling, Mispel, Maulbeere und Aprikose, in unseren Raum, und der Obstbau wurde zu einer Hochkultur entwickelt. Im Mittelalter waren es die Klöster, welche die Auslese vorantrieben. Sortennamen wie 'Karmeliter Renette', 'Borsdorfer' und 'Klosterapfel' zeugen davon.

Die ersten Beschreibungen von Obstsorten mit Abbildungen liegen uns von Johann Bauhinus vor. Er beschrieb 1598 49 Apfel- und 31 Birnensorten, die in der Umgebung des heutigen Bad Boll bei Göppingen vorkamen. Schon 60 Jahre später erwähnte W. J. Dümler mehr als 400 Sorten und der Pomologe Diel (1756–1839) nannte 1500 Apfelsorten. Die Pomologie als Lehre der Obstsorten hatte zu jener Zeit viele namhafte Vertreter. Johann Ludwig Christ, August Friedrich Adrian Diel und Eduard Lucas versuchten, mit einem natürlichen und einem künstlichen System Ordnung in die Sortenvielfalt zu bekommen. Mit der Intensivierung des Obstbaus im 18. und 19. Jahrhundert erhöhte sich die Zahl der Sorten sehr schnell. Langsam wuchs aber auch die Erkenntnis, dass ein rationeller Obstbau nur möglich ist, wenn dieser Sortenflut Einhalt geboten wird, und es entstan-

Jede Obstsorte hat ihre charakteristische Verwendung.

den bereits ab 1850 Bestrebungen zur Sortenvereinheitlichung. Je stärker sich der Obstbau von der Eigenversorgung hin zum Wirtschaftsbetrieb entwickelte, desto mehr musste das Sortenspektrum eingeengt werden. Die höchste Sortenvielfalt hatten die Obstwiesen daher um die Wende zum 20. Jahrhundert.

Bis zu diesem Zeitpunkt entstanden die Obstsorten als Zufallssämlinge. Bäume mit großen und wohlschmeckenden Früchten wurden vermehrt und mit einem Namen versehen. So stand bis zum Frühjahr 2021 der Mutterbaum der Apfelsorte 'Jakob Fischer' in Rottum bei Biberach als Naturdenkmal am Straßenrand. Sein Besitzer Jakob Fischer hatte ihn im Wald ausgegraben und anschließend vermehrt. Eine gezielte Kreuzung von Sorten durch Kombination einer Vater- und einer Muttersorte begann erst nach 1890. In der Regel wurden besonders beliebte Sorten durch gezielte Kreuzungen weiterentwickelt. Häufig verwendete Sorten waren 'Cox Orange', 'Jonathan' und 'Golden Delicious'. So entstanden die heute gängigen Kultursorten.

Veredlungsstelle an einem alten Birnbaum, erkennbar an unterschiedlichen Rindenstrukturen: 'Knausbirne' (unten), 'Engelbirne' (oben links) und 'Welsche Bratbirne' (oben rechts).

Lokalsorten

Viele Ortschaften hatten noch bis in die 50er-Jahre des vergangenen Jahrhunderts eigene Baumwarte angestellt. Ihre Aufgabe war es, die Bäume auf den Allmenden (den gemeindeeigenen Wiesen) zu pflegen und in eigenen Baumschulen Obstbäume nachzuziehen. Neben den überregional empfohlenen Sorten vermehrten sie auch Sorten, die in der betreffenden Region gefunden wurden und günstige Eigenschaften aufwiesen. Diese Lokalsorten waren an die örtlichen Verhältnisse besonders gut angepasst und hatten häufig fantasievolle Namen, die an den Entdecker erinnerten oder typische Eigenschaften umschrieben, wie 'Mauswedel' (Birne mit einem besonders langen Stiel), 'Schweizerhose' (grüngelb längsgestreifte Birne) und 'Dickstieler'. Andere enthielten Ortschafts- und Flurnamen wie 'Effringer Kurzstiel', 'Ausbacher Roter', 'Körler Edelapfel' oder 'Ziegelwieser'.

Häufig stellt sich auch bei genauer Untersuchung heraus, dass es sich bei einer vermeintlichen Lokalsorte lediglich um die regional gebräuchliche Bezeichnung einer überregional bekannten Sorte handelt. So hat sich erst jüngst ergeben, dass es sich bei der seit mehreren Generationen bekannten Lokalsorte 'Rottenburger Sämling' um die weit verbreitete Sorte 'Schöner aus Wiltshire' handelt. Manche Sorten haben sehr viele, oft sehr unterschiedlich klingende regionale Namen. In Süddeutschland ist eine Wirtschaftsbirne verbreitet, die in vielen Ortschaften unter dem Namen 'Junkersbirne' bekannt ist. Eduard Lucas bezeichnete diese Sorte 1854 als 'Remelesbirn'. Unter 'Remele', aber auch als 'Schwäbische Wasserbirne' ist sie heute noch im Raum Ulm bekannt. Allein in der näheren Umgebung von Balingen sind zwölf verschiedene Synonyme geläufig (z. B. 'Laternenbirne', 'Frauenbirne', 'Dickstieler', 'Guadebirn', 'Frau Oberin-Birne', 'Schmalzbirne', 'Wasbirne' ...), etwa 30 km südlich heißt sie 'Strickerbirne' und in Franken taucht sie als 'Brunzerbirne' oder 'Kurzstielige Wasserbirne' wieder auf, in Oberbayern dagegen als 'Münchner Wasserbirne' – und immer handelt es sich um dieselbe Sorte.

Die große Anzahl an Synonymen zeigt, dass solche Sorten früher einen hohen Bekanntheitsgrad hatten, also „in aller Munde" waren.

Heute greifen verschiedene Initiativen die Idee des LOGL (Landesverband für Obstbau, Garten und Landschaft Baden-Württemberg e. V.) auf

Birnen, deren Fruchtfleisch braun wird, aber fest bleibt, sind zum Dörren geeignet.

und ernennen jährlich eine „Streuobstsorte des Jahres". Damit wird auf bedrohte regionale Sorten aufmerksam gemacht und für deren Erhalt und Neupflanzung geworben.

Sortenspektrum als Spiegel der Zeit

Schon seit eh und je besteht eine enge Verbindung zwischen den angebauten Obstsorten und den Ernährungsgewohnheiten der Menschen. Aber auch der technische Fortschritt wirkt sich entscheidend auf die Sortenauswahl aus.

Die Auswahl der Sorten erfolgte nach den Ernährungsgewohnheiten der jeweiligen Zeit.

Über einen langen Zeitraum waren die Herstellung von vergorenen Getränken und das Dörren von Obst die einzigen Möglichkeiten, den Fruchtertrag haltbar zu machen. In landwirtschaftlichen Haushalten gehörte die Schnitztruhe zur Aufbewahrung von Dörrobst lange Zeit zur Grundausstattung. Gedörrt wurden vor allem Zwetschgen und Birnen, aber auch Äpfel. Im 19. Jahrhundert gab es deshalb auch eine Vielzahl von Dörrbirnensorten. Heute noch bekannte Sorten, wie 'Speckbirne', 'Feigenbirne', 'Gelbe Wadelbirne' und 'Knausbirne', zeugen von dieser Zeit. Bei den Äpfeln waren es vor allem die Süßäpfel, die zum Dörren, im Rheinland aber auch zur Herstellung des beliebten Apfelkrautes verwendet wurden. Sie sind heute sehr selten. In Westfalen wurden Birnen in Senf eingelegt. Eine dieser Senfbirnen war die 'Königsbirne'. In der Küche benutzte die Köchin das Obst zum Backen, Braten oder Kochen. Beliebte Backäpfel waren 'Jakob Lebel', 'Gestreifter Backapfel' und 'Transparent aus Croncels'. Bratbirnen haben meist ein herbes Fruchtfleisch. Ihr hoher Gerbstoffgehalt verringert sich beim Braten und die Früchte werden genießbar. Hierfür wurden Sorten wie die 'Welsche Bratbirne' oder die 'Champagner Bratbirne' verwendet. Zu den Mehlspeisen gehörten die Kochbirnen. Das waren Birnensorten, die großfruchtig waren und eine lange Haltbarkeit aufwiesen, wie 'Großer Katzenkopf', 'Paulsbirne' und verschiedene Pfundsbirnen.

Mit dem Aufkommen von Kühllagern und später den Kühlschränken sind solche Sorten verschwunden und gehören heute zu den Raritäten. Manche können wir auf den unteren Ästen alter Bäume noch finden, denn diese Bäume wurden häufig umveredelt.

Besonders bedeutsam war das Herstellen von vergorenen Getränken aus Obst. Je nach Region nennt man sie Most (Süddeutschland, Schweiz, Österreich), Äppelwoi (Hessen) oder Viez (Saarland). Die Herstellung hatte über viele Jahrzehnte die Wahl der angebauten Sorten entscheidend beeinflusst. Heute bleibt uns nur noch ein Bruchteil der früher gebräuchlichen Sorten als lebendige Zeugen unserer landwirtschaftlichen Kulturgeschichte. Ihre Erhaltung ist damit ebenso wie bei Gebäuden, technischen Geräten und selten gewordenen Pflanzenarten eine kulturelle Aufgabe.

Sortenvielfalt als genetisches Erbe

Jede Sorte hat ihre charakteristischen Eigenschaften, die in den Erbanlagen festgelegt sind. Die große Vielfalt an Sorten ist damit ein reicher, fast unerschöpflicher Schatz, der einerseits für die Züchtung neuer Sorten, andererseits als „Rohstoff der Evolution" besonders wertvoll ist. Der von Edward O. Wilson in den 80er-Jahren geprägte Begriff der Biodiversität ist seit der Konferenz von Rio im Jahre 1992 zum Qualitätsbegriff im Naturschutz geworden. Er umschreibt die Vielfalt und Vielzahl der Arten und Sorten in einem Lebensraum. Wer weiß schon, welche Eigenschaften wir in naher oder ferner Zukunft hiervon benötigen? Derzeit steht im Obstbau die Resistenz gegen Feuerbrand und Schorf im Mittelpunkt des Interesses. Sollte das Dörrobst an Interesse gewinnen, sind die längst vergessenen Dörrsorten mit ihren charakteristischen Eigenschaften wieder gefragt und selbst besondere Baumformen, wie der sehr schmale Wuchs der 'Normännischen Ciderbirne', einer wegen ihrer kleinen Früchte bereits um 1880 verworfenen Sorte, können in einer von Straßen und Platznot bestimmten Zeit wieder interessant werden.

Die aktuellen Ansprüche der Anbauer und Verbraucher verändern sich ständig. Beim Tafelobst galten lange Zeit Geschmack, Größe und Haltbarkeit als entscheidendes Qualitätsmerkmal für eine Sorte. Seit einigen Jahrzehnten ist nun die Widerstandskraft gegen Krankheiten und Schädlinge ein weiteres wichtiges Zuchtziel. Auch die Geschmackswünsche der Verbraucher unterliegen einem ständigen Wandel. Doch nur wenn die Vielzahl an Obstsorten erhalten bleibt, kann auf deren Eigenschaften später zurückgegriffen werden.

Häufig wird davon ausgegangen, dass alte Obstsorten stets robust und widerstandsfähig sind. Dies trifft in vielen Fällen nicht zu. Manche Sorten sind sogar ausgesprochen anfällig gegen bestimmte Krankheiten und damit aus heutiger Sicht für den Streuobstbau ungeeignet. Dies bedeutet aber nicht, dass sie nicht mehr erhaltenswert sind, denn sie besitzen andere gewünschte Eigenschaften. In Erhaltungsgärten werden diese Sorten aufgepflanzt und auf ihre Eigenschaften hin beobachtet. Für die gesamte Bundesrepublik koordiniert seit 2007 die Deutsche Genbank Obst am Julius-Kühn-Institut in Dresden die vielfältigen Aktivitäten zur Erhaltung genetischer Ressourcen bei Obst.

Sortenbestimmung

Wer Obstsorten in seinem Garten oder auf der Obstwiese hat, möchte sie gern beim Namen nennen können. Ist die Sorte aber unbekannt, so ist deren richtige Bestimmung eine anspruchsvolle Aufgabe. Die wirklichen Kenner früherer Zeiten gibt es kaum mehr und die jüngere Generation kapituliert schnell vor der großen Vielfalt. Allein mithilfe der Fachliteratur ist es nur in den wenigsten Fällen möglich, eine Sorte eindeutig zu be-

Bei der Bestimmung von Obstsorten helfen Pomologen (www.pomologen-verein.de).

In Obstausstellungen kann die faszinierende Vielfalt der Obstsorten aus Streuobstwiesen bewundert werden.

stimmen. Die Ausprägung typischer Eigenschaften ist von Standort, Unterlage, Pflege und Witterung abhängig und unterliegt damit starken Schwankungen. Manche Sorten sind anhand einzelner Merkmale eindeutig bestimmbar, für die meisten müssen aber mehrere Merkmale zu Rate gezogen werden.

Wer sich in die Sortenkunde einarbeiten möchte, sollte mit wenigen, möglichst häufig vorkommenden Sorten beginnen. Anhand von mehreren Früchten werden die typischen Eigenschaften ermittelt und eingeprägt. Auch der Wuchscharakter des Baumes, die Form der Krone und der Blätter werden berücksichtigt. Damit sollte jedoch nicht erst zur Fruchtreife, sondern schon früher begonnen werden. Bereits der Zeitpunkt der Blüte und die Größe und Form der Blütenblätter liefern wichtige Hinweise. Die eigene Beobachtungsgabe wird damit geschult. Erst nach intensivem Beobachten werden die eigenen Erkenntnisse mit den Beschreibungen in verschiedenen Sortenbüchern verglichen. Hierbei ist es oft irreführend, sich in erster Linie an den Abbildungen zu orientieren.

Ein wichtiger Schritt ist das Besuchen von Sortenschauen, wie sie von Obst- und Gartenbauvereinen, anderen Vereinigungen oder Institutionen organisiert werden. Oft wird auf den Ausstellungen auch eine Bestimmung von Obstsorten durch erfahrene Sortenkenner angeboten. Wer Obstsorten bestimmen lassen möchte, muss Folgendes beachten:

- mindestens vier möglichst durchschnittliche Früchte verwenden,
- Früchte aus besonnten Bereichen der Krone entnehmen,
- keine Erstlingsfrüchte (erste Früchte eines jungen Baumes), keine Einzelfrüchte, keine beschädigten Früchte benutzen,
- ideal ist die Entnahme der Früchte von Bäumen mit mittlerem Ertrag.

Zur Sortenbestimmung anhand der Frucht werden zuerst die äußeren Merkmale, wie Fruchtform, Schalenfarbe, Stiel und Kelch, ermittelt. Dann wird die Frucht der Länge nach mitten durch ein Kelchblatt so aufgeschnitten, dass sowohl Kernhaus als auch Kelch mittig geteilt werden. Jetzt können innere Merkmale, wie Fruchtfleisch, Kernhaus und Kerne, beurteilt werden. Die verschiedenen Birnensorten unterscheiden sich im Vergleich zum Apfel deutlicher in der äußeren Fruchtform, dagegen stehen bei den Äpfeln mehr innere Merkmale zur Verfügung. Bei Pflaumen, Zwetschgen und Kirschen ist der Fruchtstein ein wichtiges Merkmal zur Sortenbestimmung.

Die Bestimmung von Obstsorten ist eine spannende Aufgabe, die viel Zeit und Übung erfordert. Der Austausch mit Gleichgesinnten hilft, die eigenen Erfahrungen weiterzugeben und Kenntnisse zu festigen. Wer sich nicht von der hohen Sortenzahl irritieren lässt, sondern sich Schritt für Schritt weiterbildet, wird mit Erfolgserlebnissen belohnt. Wie bei jedem Handwerk gilt auch hier: Übung macht den Meister!

Tiere

Die Artenvielfalt der Tiere in den Streuobstwiesen ist noch weitaus größer als die der Pflanzen. Ursache dafür ist einerseits der im Tierreich insgesamt größere Artenreichtum, andererseits bietet die hohe Strukturvielfalt der Streuobstbestände einer besonders großen Zahl dieser Arten ihre „ökologische Nische".

Kleinspecht mit Läusen zur Ernährung seines Nachwuchses. Dabei betreibt er biologischen Pflanzenschutz.

Gliederfüßer

Den mit Abstand größten Beitrag zur Artenvielfalt leisten die Gliederfüßer (Arthropoden). Von ihnen können sich, sofern keine Bekämpfung stattfindet, in einer Apfelpflanzung rund 1000 Arten ansiedeln, von denen etwa 300 an den Pflanzen fressen, während weitere 300 als Parasiten, 200 als Räuber auftreten und die restlichen 200 sich von Honigtau oder Epiphyten ernähren. Das gesamte Arteninventar mitteleuropäischer Streuobstwiesen wird auf mehrere Tausend geschätzt. Diese Zahlen liegen erheblich über denen anderer Ökosysteme einschließlich der Wälder. Man kann davon ausgehen, dass derzeit gar nicht alle Arten bekannt sind, denn selbst in mitteleuropäischen Streuobstwiesen lassen sich noch bislang weltweit unbeschriebene neue Arten entdecken. Auch finden sich unter den Tieren zahlreiche gefährdete Arten. Dieser Aspekt hat in den letzten Jahrzehnten verstärkte Aufmerksamkeit erlangt, während davor das Interesse vorrangig den verbreitet als Schädlinge auftretenden Arten galt, deren Bekämpfung in der obstbaulichen Fachliteratur seit langem ausführlich behandelt wird.

Streuobstwiesen sind Lebensraum mehrerer Tausend Arten.

Auf die Tatsache, dass bei unspezifischen Bekämpfungsmaßnahmen auch Nützlinge geschädigt werden, machten zuerst die davon wirtschaftlich betroffenen Imker aufmerksam, was zur Entwicklung bienenverträglicher Pflanzenschutzmittel führte. Erst allmählich setzte sich die Erkenntnis durch, dass darüber hinaus auch zahlreiche andere „Nützlinge“ betroffen waren, die z. B. als Gegenspieler der „Schädlinge“ auftreten und deshalb heute nicht nur im „Ökologischen Niederstamm-Obstbau“, sondern auch im „Integrierten Niederstamm-Obstbau“ möglichst geschont und sogar gezielt eingesetzt werden. Trotzdem wird in beiden Fällen die Artenvielfalt der von Pflanzenschutzmitteln weitgehend unbeeinflussten Streuobstbestände bei weitem nicht erreicht.

Die Erfassung und Bestimmung der Arthropodenarten wird außer durch ihre große Anzahl und ihre oft schwierigen Unterscheidungsmerkmale zusätzlich erschwert durch ihr unterschiedliches jahreszeitliches Auftreten und die dabei erfolgende Umwandlung vom Ei über die Larve zum voll entwickelten Tier (Imago), was häufig nicht nur mit einem Gestaltwandel, sondern auch mit einem Wechsel des Lebensraumes verbunden ist. Es ist deshalb nicht verwunderlich, dass gerade bei Insekten heute noch Neuentdeckungen möglich sind.

Vögel

Wesentlich leichter überschaubar ist die Artenvielfalt der Vögel. Streuobstwiesen sind in Mitteleuropa die vogelreichsten landwirtschaftlichen Kulturen. Für etwa 60 bis 70 Arten liegen Brutnachweise in Streuobstwiesen vor. Dazu kommen weitere Arten, die als Durchzügler oder Nahrungsgäste die Bestände aufsuchen. Die weitaus meisten Individuen entfallen auf allgemein verbreitete Arten. Im Bodenseegebiet sind dies beispielsweise (in abnehmender Reihenfolge): Star, Buchfink, Wacholderdrossel, Amsel, Kohlmeise, Feldsperling, Blaumeise, Grünfink, Rabenkrähe, Stieglitz, Goldammer, Grauschnäpper, Girlitz, Hausrotschwanz und Singdrossel. Doch gilt auch für diese, dass moderne Niederstamm-Obstanlagen die Streuobstwiese als Lebensraum nicht ersetzen können.

Besonders gravierend aber ist die Tatsache, dass rund 20 % der in Streuobstwiesen gefundenen Vogelarten in ihrem Bestand mehr oder weniger stark gefährdet sind. Dazu zählen solche, die bislang als besondere „Cha-

Der Mäusebussard ist ein willkommener Mäusejäger.

Der Pirol hat eine Vorliebe für reife Kirschen.

Die seltenen Steinkäuze sind eng an Streuobstwiesen gebunden. Sie ernähren sich hauptsächlich von Feldmäusen.

Der Waldohreule begegnet man am ehesten beim Balzflug im Februar.

rakterarten“ der Streuobstwiesen gelten konnten. So haben beispielsweise im Bodenseegebiet innerhalb des Jahrzehnts von 1980 bis 1990 die ohnehin schwachen Bestände der Brutpopulationen von Gartenrotschwanz, Grünspecht, Kleinspecht, Wendehals, Steinkauz und Rotkopfwürger drastisch abgenommen, wobei von Letzterem nur noch ein einziges Brutpaar ermittelt wurde, während Girlitz, Hausrotschwanz, Rabenkrähe und Elster im gleichen Zeitraum um 40 bis 46 % zugenommen haben. Die einst für Streuobstgebiete charakteristischen Arten Rotkopf-, Schwarzstirn- und Raubwürger sind heute schon weitgehend verschwunden, erst recht der Wiedehopf. Durch die Vogelschutzrichtlinie sind viele Streuobstwiesen in das europäische Schutzgebiets-Netzwerk „Natura 2000“ aufgenommen worden. Seither fließen öffentliche Fördermittel in Untersuchungen zur Erfassung der Vogelarten und die Verbesserung ihrer Lebensstätten (Habitate). Das Förderprogramm Life+ der Europäischen Union hat im Projekt „Vogelschutz in Streuobstwiesen ...“ hierzu interessante Untersuchungsergebnisse veröffentlicht und ein Leitbild erarbeitet (siehe Kasten S. 53). Dazu gehören Maßnahmen, die zur Aufrechterhaltung und Verbesserung

Viele seltene Vogelarten sind Charakterarten für Streuobstwiesen.

der Bewirtschaftung und zur Optimierung der Lebensstätten für die Vogelarten dienen. In einer Ausbildung für gewerbliche Obstbaumpfleger werden die Bedürfnisse der Vogelarten in den Pflegerichtlinien berücksichtigt (LOGL 2009) und es entstand ein naturschutzfachliches Leitbild, das die Ansprüche der Arten der Vogelschutzrichtlinie an ihre Lebensstätten in den Streuobstwiesen beschreibt (Regierungspräsidium Stuttgart 2010).

Säugetiere

Deutlich geringer ist die Artenzahl der in Streuobstwiesen lebenden Säugetiere. So wurden beispielsweise im Nordpfälzer Bergland 26 Arten festgestellt, darunter drei der Roten Liste. Besonders hervorzuheben sind die vorhandene Baumhöhlen nutzenden Arten der Bilche (= Schläfer) und Fledermäuse. Von Ersteren sind Siebenschläfer und Haselmaus am weitesten

Gartenschläfer an einem Dattelzwetschgenzweig.

Weibliche Fransenfledermäuse rotten sich im Sommer zu Wochenstuben zusammen, in denen sie im Juni den Nachwuchs zur Welt bringen.

in mitteleuropäischen Streuobstwiesen verbreitet, während Garten- und Baumschläfer nur in Teilgebieten vorkommen. Andere Säugetierarten sind wesentlich häufiger in Streuobstwiesen zu beobachten, zeigen aber keine besondere Bindung an diese Kulturform, beispielsweise Eichhörnchen, Igel, Fuchs, Reh und Feldhase, in sandigen Gegenden auch Kaninchen.

Sehr häufig trifft man auf die Erdaufwürfe des Maulwurfes und der als Wurzelschädling, vor allem an Jungbäumen, gefürchteten Wühlmaus. Als weitere Kleinsäuger sind verschiedene Mäusearten weit verbreitet, wie Feld- und Waldmaus, seltener Zwerg-, Haus- und Gelbhalsmaus, aus der Ordnung der Insektenfresser neben Igel und Maulwurf auch Wald- und Zwergspitzmaus und von den Raubtieren Fuchs, Hermelin, Mauswiesel, Steinmarder, Iltis und Dachs. Auch Wildschweine suchen gelegentlich Streuobstwiesen auf.

Weitere Tiergruppen

Reptilien und Amphibien sind nur mit wenigen Arten, darunter Blindschleiche, Zauneidechse, Erdkröte und Grasfrosch, in Streuobstwiesen vertreten. Je nach Umgebung können gelegentlich auch andere Arten einwechseln, insbesondere aus Feuchtgebieten Ringelnatter, Feuersalamander und Teichmolch, aus Trockengebieten die Schlingnatter.

Würmer und Schnecken finden sich zahlreich in den Streuobstwiesen. Zwar ist ihre Artenzahl begrenzt (26 bis 30); ihre Individuenzahl kann jedoch eine gewaltige Größe erreichen. So wurde beispielsweise bei Regenwürmern eine Individuenzahl von 5 bis 12 Millionen mit einer Biomasse von etwa 2000 kg pro ha berechnet. Dabei stellt der für die Umsetzung der Streu besonders wichtige, senkrechte Röhren im Boden anlegende Große Regenwurm den überwiegenden Teil.

Ökosystem Streuobstwiese

Streuobstwiesen sind sehr arten- und strukturreich, weil sie zwei Lebensräume auf einer Fläche vereinigen: einen lichten, arten- und sortenreichen Baumbestand und einen durch verschiedenartige landwirtschaftliche Nutzung hervorgegangenen Unterwuchs. Hierdurch entstand ein großer Artenreichtum, der seine Grundlage in der hohen Strukturvielfalt der Streuobstbestände hat. Die verschiedenen Tierarten bevorzugen unterschiedliche Teilräume des Ökosystems Streuobstwiese, sei es als Brutraum oder Nahrungsquelle, sei es lebenslang oder nur vorübergehend. Die Obstbäume selbst beherbergen umso mehr Tierarten, je älter und größer sie sind, vor allem, wenn raue Borke, Flechten, Moose, Totholz und Baumhöhlen belassen werden. Dadurch entwickeln sich auf engem Raum oft starke Unterschiede der Lebensräume, die zu einer entsprechenden räumlichen Verteilung der Nester von Vögeln führen. Diese beschränkt sich nicht allein auf die generellen Unterschiede zwischen Frei- und Höhlenbrütern; zusätzlich ist auch eine räumliche Trennung innerhalb der Freibrüter zu beobachten. So teilen sich die heimischen Finkenarten die verschiedenen Bereiche der Baumkronen von innen nach außen in folgender Reihe: Kernbeißer → Buchfink → Grünfink → Girlitz → Stieglitz. Noch wesentlich differenzierter ist die Raumaufteilung bei den Gliederfüßern, die ihre Brutplätze und Nahrungsquellen teils in oder an Stämmen, Zweigen, Blättern, Knospen, Blüten oder Früchten haben. Hinzu kommt, dass viele von ihnen bestimmte Obstarten bevorzugen, was teilweise auch in ihren Namen zum Ausdruck

Blaumeisen sind emsige Insektenjäger und nehmen Nistkästen gern an.

Auch der selten gewordene Gartenrotschwanz zieht seinen Nachwuchs gern in Nistkästen auf.

kommt, wie Grüne Apfelblattlaus, Mehlige Apfelblattlaus, Apfelfaltenlaus, Apfelwickler, Apfelsägewespe, Apfelblütenstecher; Birnblattsauger, Birnengallmücke; Kleine Pflaumenblattlaus, Pflaumenwickler; Kirschblütenmotte und Kirschfruchtfliege. Neben diesen in einschlägigen Obstbaulehrbüchern als mehr oder weniger gefährliche Schädlinge ausführlich beschriebenen Arten gibt es noch viele andere Spezialisten mit Vorlieben für bestimmte Obstarten, beispielsweise unter den Geradflüglern und den Wanzen. Bei Letzteren ist auch eine Spezialisierung auf die Laubholz-Mistel bekannt.

Da auch viele Wiesenbewohner an bestimmte Wirtspflanzen gebunden sind, verwundert es nicht, dass die Zahl der Tierarten mit der Artenzahl der Wiesenpflanzen zunimmt und ihre höchsten Werte in den artenreichen, bunt blühenden Salbei-Glatthaferwiesen erreicht. In solchen überkommenen, extensiv bewirtschafteten Wiesen und Weiden leben schon ohne Bäume insgesamt etwa 1900 verschiedene Höhere Tierarten, vorwiegend Gliederfüßer. Die Zahl ist noch erheblich höher, wenn auf den Flächen Obstbäume stehen. Ein schönes Beispiel dafür sind verschiedene Wildbienenarten, die in abgestorbenen Ästen günstige Nistmöglichkeiten und zugleich auf den blumenbunten Wiesen vom Frühjahr bis weit in den Herbst hinein vielfältige Nahrung vorfinden. Allerdings mindert die Beschattung des Bodens durch die Baumkronen die Nistmöglichkeiten erd-

Tagfalter, wie dieser Schwalbenschwanz, finden in den Streuobstwiesen strukturreiche Lebensräume.

bewohnender Arten. Die günstigsten Voraussetzungen bestehen somit dort, wo extensiv bewirtschaftete Wiesen weiträumig von Bäumen überstanden sind. In solchen Streuobstwiesen fanden sich über 70 verschiedene Bienenarten.

Ein weiteres Beispiel für die Bedeutung der Kombination von Wiese und Bäumen sind die als typische Streuobstarten bekannten so genannten „Erdspechte". Grünspecht, Grauspecht und Wendehals brüten wie andere Spechtarten auch in Baumhöhlen, nehmen ihre Nahrung, insbesondere Ameisen und deren Puppen, aber vom Boden auf. Umgekehrt durchlaufen zahlreiche Insektenarten einen Teil ihrer Entwicklung im Boden, bevor

Ein C-Falter labt sich am Fallobst.

Die raue Borke alter Birnbäume ist für Insekten und Vögel besonders interessant.

sie die Bäume zur Nahrungsaufnahme und/oder Eiablage aufsuchen, darunter die als Obstschädlinge bekannten Apfelsägewespe, Birnengallmücke, Schwarze und Gelbe Sägewespe, Frostspanner, Kirschblütenmotte und Kirschfruchtfliege. Dass auch ausgesprochene Bodenbewohner durch Obstbäume gefördert werden können, zeigt das Beispiel des Großen Regenwurms, der das Falllaub der Bäume als Nahrung nutzt und sich unter Obstbäumen besonders zahlreich findet.

Sonderstrukturen fördern die ökologische Vielfalt

Neben Bäumen, Bodenvegetation und Boden spielen zusätzlich verschiedene Sonderstrukturen eine wesentliche Rolle für das Vorkommen zahlreicher Tierarten. Hierzu zählen besonders die verschiedenen Randstrukturen, wie Nutzungsgrenzen, Zäune, Raine, Randstreifen, Gräben, Wege, Trockenmauern und Abbruchkanten, wo sich neben Magerkeitszeigern bei den Pflanzen auch viele Tierarten finden. Zäune dienen darüber hinaus verschiedenen Vogelarten als Sing- und Sitzwarte, Gerätehütten auch als Brutplätze. Besonders artenreiche Biotopstrukturen bestehen in und an Hecken.

Für viele Tierarten ist neben dem Strukturreichtum auch eine entsprechende Arealgröße wichtig. So gelten für verschiedene Vogelarten 60 bis 100 ha Streuobstfläche als Minimallebensraum, während für viele Schmetterlinge und andere Gliederfüßer 0,5 bis 0,7 ha ausreichen.

Die vielfältigen Wechselbeziehungen der verschiedenen Tierarten innerhalb des Ökosystems Streuobstwiese beschränken sich keineswegs nur auf den beschriebenen Wechsel zwischen Obstbaum, Bodenvegetation, Boden und Sonderstrukturen. Vielmehr bestehen auch zwischen den Tierarten selbst vielerlei Beziehungen, insbesondere über die Nahrungsketten. Die Pflanzenfresser (Phytophagen) ernähren sich von Teilen der Obstbäume oder des Unterwuchses und dienen andererseits wieder den Räubern (Prädatoren) und Schmarotzern (Parasiten) als Nahrungsquelle, ehe diese ihrerseits von anderen Räubern erfasst oder von Parasiten befallen werden. Alle Tiere bilden schließlich nach ihrem Tode die energetische Lebensgrundlage für die Zersetzer (Destruenten), zu denen neben Bakterien und Pilzen auch saprophage Tiere gehören. Zu den Phytophagen zählen neben Vögeln und Nagetieren zahlreiche Arthropodenarten, von denen viele wegen ihres Fraßes als Schädlinge, andere jedoch – dank ihrer Bestäubungstätigkeit beim Blütenbesuch – als Nützlinge gelten. Typische Prädatoren sind neben vielen Wirbeltieren, Spinnen und Raubmilben verschiedene Käfer und deren Larven (bekanntes Beispiel: Marienkäfer), Florfliegen- und Kamelhalsfliegen-Larven, viele Wespenarten einschließlich Hornissen sowie Schwebfliegenlarven, die fast ausschließlich von Blattläusen leben, die sie aussaugen. Auch Ameisen nützen Blattläuse als Nahrungsquelle, dezimieren deren Bestände dabei aber nicht, da sie diese nicht töten, sondern nur zur Ausscheidung zuckerhaltiger Exsudate veranlassen. Zur Erhaltung und Erweiterung dieser Nahrungsquelle werden die

Die Vielfalt unterschiedlicher Strukturen wie Steinmauern, Böschungen, Holzhütten und Waldränder mit Hecken machen Streuobstwiesen ökologisch besonders wertvoll.

Als typischer Bewohner der Streuobstwiesen benutzt der Wendehals verlassene Spechthöhlen. Er gehört zu den Erdspechten und ernährt sich hauptsächlich von Ameisenpuppen.

Blattläuse von den Ameisen sogar aktiv in die Baumkronen und innerhalb dieser zu den jungen Trieben und Blättern transportiert. Parasitismus tritt in vielerlei Formen auf, die teils nur zu geringen Schädigungen, oft aber bis zur völligen Abtötung des Wirtstieres führen. Für letztere Form sind die Schlupfwespen als Gegenspieler des Apfelwicklers bekannt geworden, doch zählen auch noch viele andere Hautflüglerarten dazu.

Auswirkung von Eingriffen

Angesichts der vielfältigen Vernetzungen der Tierlebensgemeinschaften verwundert es nicht, dass sie durch Bewirtschaftungsmaßnahmen mehr oder weniger stark beeinflusst werden. Dabei können sich bestimmte Maßnahmen auf verschiedene Tierartengruppen teils positiv, teils negativ auswirken. Allzu intensive Baumpflege mit starken und regelmäßigen Schnitteingriffen und Einsatz von Bioziden wirken sich praktisch durchgehend negativ aus. Die restlose Entfernung von Totholz entzieht nicht nur den Höhlenbrütern die Nistmöglichkeiten, sondern auch den dort lebenden Gliederfüßern den Lebensraum und damit manchen Räubern und Parasiten die Nahrungsquelle, während „Wiesenarten", wie viele Schmetterlinge, davon kaum beeinflusst werden. Andererseits darf nicht unerwähnt bleiben, dass die Streuobstwiesen erst durch intensive Schnitt- und Düngemaßnahmen zu den heute so wertvollen Baumbeständen herangewachsen sind. Auch die Schädlingsbekämpfung galt über viele Jahrzehnte als vorrangige Aufgabe des Baumwartes. Erhebungen aus Baden-Württemberg belegen, dass 32 % der Streuobstwiesen nur unregelmäßig und 47 % überhaupt nicht mehr geschnitten werden (MLR 2009). Dies belegt, dass heute die fehlende und nicht die zu intensive Pflege den Fortbestand der Streuobstwiesen bedroht. Der Pflegemangel betrifft hierbei nicht nur ältere Bäume, auch die Hälfte der unter 15-jährigen Bäume erhält keinen regelmäßigen Schnitt. Damit besteht die Gefahr, dass viele Bäume ein ökologisch wertvolles Alter gar nicht erreichen oder durch Astbruch und vorzeitiges Vergreisen in relativ kurzer Zeit verloren gehen. Dies kann nur durch angepasste Schnittmaßnahmen, welche die Vitalität und Lebensdauer der Bäume erhöhen, verhindert werden. Da unter ökologischen Aspekten häufig nicht dem Obstertrag, sondern dem Baumerhalt das vorrangige Interesse gilt, werden bei Schnittmaßnahmen hier neben obstbaulichen Kriterien auch ökologische Aspekte berücksichtigt.

Nicht die zu intensive, sondern die fehlende Bewirtschaftung bedroht die Streuobstwiesen.

Eingriffs- und Ausgleichsbilanzierung bei Baumaßnahmen

Im Rahmen der Eingriffs- und Ausgleichsbilanzierung bei Baumaßnahmen und des Ökokontos werden vermehrt neue Streuobstwiesen angelegt. Die Erfahrung der vergangenen Jahre zeigt aber, dass diese Pflanzungen häufig keine nachhaltige Pflege erfahren und damit erfolglos bleiben. Besser wäre es hier, bereits bestehende Streuobstwiesen durch angepasste Pflegemaßnahmen ökologisch aufzuwerten. Solche Kompensationsmaßnahmen können aber nur auf Flächen berücksichtigt werden, die aufwertungsbedürftig sind und durch die Pflegemaßnahmen im Vergleich zum früheren Zustand auch als ökologisch höherwertig eingestuft werden können. Es muss also ein naturschutzfachlicher Mehrwert geschaffen werden. Lediglich die Erstpflege und anschließende Unterhaltung eines überalterten oder verwilderten Streuobstbestandes durch Erhaltungs- und Erneuerungsschnittmaßnahmen kann als Kompensation anerkannt werden. Besondere Aufmerksamkeit erhalten hierbei die Interessen des Vogelschutzes. Nach Baden-Württemberg, das bereits 2011 fachliche Hinweise sowie 2014 einen Leitfaden zur Aufwertung von Streuobstbeständen im kommunalen Ökokonto erstellen ließ (Regierungspräsidium Stuttgart 2014), hat nun auch Thüringen ein praxisorientiertes Handlungskonzept hierzu herausgegeben (TMUEN 2020). Das naturschutzfachliche Leitbild aus Baden-Württemberg umfasst folgende Gesichtspunkte:

- Altersstruktur: etwa 15 % Jungbäume, 75 bis 80 % ertragsfähige Bäume und 5 bis 10 % abgängige Bäume, die auch nach Ende der Ertragsphase teilweise im Bestand bleiben dürfen.
- Baumdichte: so, dass eine Besonnung des Unterwuchses gewährleistet ist (durchschnittlich 50 bis 70 Bäume je Hektar).
- Baumpflege: regelmäßiger Baumschnitt, um vorzeitiger Alterung vorzubeugen und lichte und stabile Kronen zu erhalten.
- Baumarten: verschiedene Arten und Sorten, Apfelbäume dominieren, Kirsch-, Birn- und Walnussbäume folgen, Zwetschgen und weitere Steinobstarten gering vertreten, vereinzelt Wildobst.
- Großes Blütenangebot und lückige, durchsonnte Vegetationsstruktur.
- Nutzung: kleinräumig wechselnde Nutzungstermine und Nutzungsvielfalt im Unterwuchs.
- Höhlenangebot: etwa 10 bis 15 Baumhöhlen je Hektar, vorhandene Baumhöhlen werden belassen.
- Totholz: starkes Totholz soweit statisch möglich schonen, einige abgestorbene Bäume im Bestand belassen, wenig feines Totholz.

Besonders schonend für die Tierwelt ist die Mahd mit einem Messerbalken.

- Großes Blütenangebot durch angepasste Mahd mit Abräumen des Mähgutes oder extensive Beweidung.
- Kleinstrukturen wie Hecken, Gebüsch- und Krautsäume, Trockenmauern, Zaunpfähle und kleine Gewässer auf höchstens 10 bis 15 % der Flächen belassen.

Hinsichtlich der praktischen Umsetzung wird auf Seite 134 verwiesen.

Dass die meisten Biozide nicht nur spezifisch auf den zu bekämpfenden Schädling wirken, sondern auch zahlreiche andere Tierarten schädigen, ist seit langem unter dem verharmlosenden Begriff „Nebenwirkungen" bekannt. Dabei handelt es sich nicht nur um direkte Schäden, sondern auch um indirekte Folgen über die Nahrungskette. Dass auf diesem Wege empfindliche Störungen des gesamten Stoffkreislaufes eintreten können, zeigte sich beispielsweise bei Untersuchungen einer Gruppe von Fungiziden, die zur Bekämpfung des Apfelschorfes in der Baumkrone eingesetzt wurden, die aber als „Nebenwirkung" auch für die Regenwürmer im Boden toxisch wirkten, sodass diese nicht mehr in der Lage waren, Falllaub und abgefallene Zweigstücke in den Boden einzuziehen und deren Abbau einzuleiten. Dadurch wurde nicht nur der Stoffkreislauf unterbrochen, sondern auch im folgenden Frühjahr eine von den auf dem Boden liegenden Blättern ausgehende Neuinfektion der jungen Blätter am Baum möglich.

Die Artenzusammensetzung der Wiese hängt ganz maßgeblich von der Bewirtschaftung ab.

Wiesenmahd

Unter den Bäumen wirken sich vor allem Art und Zahl der Eingriffe zum Niedrighalten des Unterwuchses auf die Zusammensetzung der Tierwelt aus. Eine besonders schwere Zäsur stellt die Mahd dar, bei der jeweils nicht nur zahlreiche Tiere verletzt oder getötet, sondern auch ihre Bauten (z. B. Ameisenhügel) zerstört und auch sonst die Biotope vorübergehend stark verändert werden. Bei intensiver Mahd mit kurzen Intervallen zwischen den Mähterminen wird außerdem über die Artenverarmung der Pflanzen das Nahrungsangebot für die Pflanzenfresser eingeengt. Deshalb wirkt intensive Mahd auf die meisten Tierartengruppen negativ, während extensive Mahd mit zwei Schnitten pro Jahr positiv zu bewerten ist, da sie den Lebensraum der „Wiesenarten" erhält, der beim Brachfallen allmählich verloren geht. Deshalb muss eine fortgeschrittene Brache für diese Arten ähnlich negativ bewertet werden wie intensive Mahd. Hingegen erweisen sich Anfangsstadien einer Verbrachung eher als förderlich.

Beweidung

Beweidung nimmt in dieser Bewertung eine Mittelstellung zwischen intensiver und extensiver Mahd ein, wobei sich die Beweidung mit Schafen besonders positiv abhebt. Dieser Befund darf jedoch nicht verallgemeinert werden, da manche Tierarten gerade durch eine Schafbeweidung extrem gefährdet werden können. Je nach Tierart unterschiedlich sind auch die Auswirkungen des beim Mulchen liegen bleibenden Mähgutes zu bewerten: Mulchflächen erwiesen sich einerseits als deutlich ärmer an Laufkäferarten und weniger dicht von Geradflüglern besiedelt als Mähwiesen, von denen das Mähgut entfernt wurde, doch wird durch das Mulchen beispielsweise der Große Regenwurm gefördert, ebenso verschiedene als Zersetzer der anfallenden Biomasse tätige Kleinarthropoden, während bei Wiesennutzung andere Kleinarthropoden zunehmen, die sich als Wurzelsauger ernähren.

Als problematisch erweist sich die Beweidung durch Ziegen, Pferde oder Rinder. Während Ziegen und Pferde die Rinde der Bäume nachhaltig schädigen können, wirkt sich bei Rindern die unter den Bäumen entstehende Bodenverdichtung negativ auf das Wurzelwachstum der Obstbäume aus. Gute Erfahrungen werden hingegen mit niederrahmigen Rinderarten wie Zwerg-Zebus, Galloways oder Dexter gemacht.

Düngung

Düngung erhöht die Pflanzenmasse und damit das Nahrungsangebot für Pflanzen fressende Tiere, das jedoch infolge der Verarmung an Pflanzenarten zugleich einseitiger wird. Außerdem kann der dichtere Pflanzenbestand die Entwicklung von licht- und wärmebedürftigen Arthropoden einschränken. Schließlich können auch Bodenverdichtungen durch das Befahren mit schweren Maschinen oder den Tritt von Weidetieren bei zu hohem Besatz zu Schädigungen zahlreicher Bodentiere führen.

Landschaft, die schmeckt

Leckere und hausgemachte Produkte aus Streuobstwiesen

Einkehr

Bei einem Wirte wundermild
Da war ich jüngst zu Gaste;
Ein goldner Apfel war sein Schild
An einem langen Aste.

Es war der gute Apfelbaum,
Bei dem ich eingekehret;
Mit süßer Kost und frischem Schaum
Hat er mich wohl genähret.

Es kamen in sein grünes Haus
Viel leichtbeschwingte Gäste;
Sie sprangen frei und hielten Schmaus
Und sangen auf das Beste.

Ich fand ein Bett zu süßer Ruh
Auf weichen grünen Matten;
Der Wirt, er deckte selbst mich zu
Mit seinem kühlen Schatten.

Nun fragt' ich nach der Schuldigkeit,
Da schüttelt er den Wipfel.
Gesegnet sei er allezeit
Von der Wurzel bis zum Gipfel.

Ludwig Uhland (1787–1847)
(Pachnicke 1981)

Vor der Verarbeitung der Früchte steht die Ernte an. Mit der Ernte im Herbst wird der Lohn für die Kulturarbeiten während des laufenden Jahres eingefahren. Es ist die lebhafteste Zeit in den Streuobstwiesen. Das Knattern alter Traktoren und mit prallgefüllten Obstsäcken beladene Anhänger zeugen von reger Betriebsamkeit. Die herbstliche Erntezeit und die anschließende Verarbeitung des Obstes ist die Arbeitsspitze im Jahreslauf der Streuobstwiesen. Sind dann die Fässer und Obstkisten im Keller voll, ist der Haushalt für den nahenden Winter gerüstet.

Der richtige Erntezeitpunkt entscheidet jetzt über die Qualität und Haltbarkeit der Früchte. Zu früh geerntete Früchte entfalten ihr Aroma nicht vollständig und eine zu späte Ernte verringert die Lagerfähigkeit, erhöht aber auch den Anteil mehliger Früchte. Pflückreife und Genussreife liegen bei manchen Sorten weit auseinander. Frühobst sollte geerntet werden, wenn bei den ersten Früchten die Grundfarbe hell durchschimmert, also

Im Unterschied zum aufwendigen Pflücken des Tafelobstes kann das Mostobst geschüttelt und aufgelesen werden.

noch vor der Baumreife. Nicht alle Früchte können hier gleichzeitig geerntet werden. Bei den Herbstsorten fallen Genuss- und Baumreife zusammen. Sie werden einige Tage vor der Vollreife geerntet. Winterobst hingegen, das zu Most oder Saft verarbeitet werden soll, muss möglichst lange am Baum reifen können.

Gute Ausreife fördert Qualität

Die geschmackliche Qualität von Säften und Mosten hängt ganz entscheidend von einer guten Ausreife ab. Gerade die sonnigen Oktobertage fördern eine gute Aromaausbildung und Ausfärbung. Die höheren Lagen sind hierbei sogar im Vorteil, weil die für Aroma und Ausfärbung so wichtigen Tag-Nacht-Temperatur-Unterschiede deutlich höher sind. Häufig werden späte Sorten, wie 'Rheinischer Bohnapfel', 'Brettacher', 'Bittenfelder Sämling' und 'Oberösterreicher Weinbirne', viel zu früh geerntet. Bei Tafelobst sind mehrere Erntedurchgänge notwendig, Mostobst hingegen sollte erst geerntet werden, wenn ein Großteil der Früchte am Boden liegt.

Besonders gefährlich ist die Tafelobsternte mit einer Leiter. Nur von der Berufsgenossenschaft zugelassene Obstbauleitern dürfen eingesetzt werden. Hier hat es sich bewährt, die Leiter mit einem Seil an einem Starkast zu sichern. Das Obst wird möglichst schonend mithilfe von Pflückkörben geerntet und in Obstkisten gelegt. Ein allzu sorgloser Umgang mit den Früchten führt häufig zu vorzeitiger Fäulnis.

Mostobst kann vom Boden aus geschüttelt werden. Das Auflesen der Früchte ist eine sehr mühselige Arbeit, die den Rücken belastet. Hier helfen Auflesemaschinen, die es inzwischen auch in einfacher Ausführung für den kleineren Geldbeutel gibt. Am besten funktioniert dies auf ebenen Wiesen und in niederem bis mittelhohem Gras. Auf hügeligen Flächen mit hohem, altem Gras können diese Geräte nur bedingt eingesetzt werden.

Gesundheit und Ernährung

Fitness, Leistungsfähigkeit und Gesundheit sind heutzutage gefragte Lebensqualitäten. Eine gesunde und ausgewogene Ernährung ist für jung und alt daher gleichermaßen wichtig. Obst und Gemüse spielen hierbei eine zentrale Rolle, denn sie sind Energiespender und schützen vor Erkrankungen. Doch was steckt hinter dem allseits bekannten Spruch: „An apple a day keeps the doctor away“ (frei übersetzt: „ein Apfel am Tag – mit dem Doktor keine Plag“)?

Apfel- und Birnbäume wurden bereits im Mittelalter als Quell der Gesundheit betrachtet. Ihnen wurden regelrechte Zauberkräfte zugesprochen. Unter Heilkundigen herrschte die Meinung vor, bestimmte Krankheiten sowohl beim Menschen als auch bei Pflanzen würden durch Insekten und Würmer verursacht. Die Bäume sollten helfen, diese Plagegeister loszuwerden.

Für Kinder galt der Rat, dass der Apfel, den der Erstkommunikant mit in die Kirche nimmt und anschließend verspeist, zeitlebens vor Zahnweh schütze. Erwachsene sollten bei abnehmendem Mond zu einem Apfelbaum gehen, einen Zweig in die Hand nehmen und sprechen: „Jetzt greif ich an den grünen Ast, der nehme von mir alle Last, alle meine böse Geschichte, das Schwinden und das Reißen soll aus meinen Gliedern weg gehn und in den Ast entschleichen.“

Sollten alle Heilungsversuche versagen, gab es nur noch eine letzte Hoffnung: den Birnbaum zu umtanzen und ständig anzuklagen, um die Krankheit in den Birnbaum loszuwerden. Dabei musste man singen: „Birnbaum, ich klage dir, drei Würmer, die stechen mir. Der eine ist grau, der andere blau, der dritte ist rot, ich wollte wünschen, sie wären alle drei tot.“ Es ist leider nicht überliefert, ob solche Methoden in allen Fällen zur Heilung führten.

Äpfel von Streuobstwiesen sind besonders gesund.

Obst aus Streuobstwiesen ist Energiespender und schützt vor Krankheiten, ob als Tafelobst oder Saft.

Obst

Erwiesen ist jedoch, dass Obst viele gesundheitsfördernde Stoffe enthält. Der Gehalt an Vitamin C ist von Sorte zu Sorte sehr unterschiedlich und schwankt zwischen 5 und 30 mg/100 g. Vitamin C, auch Ascorbinsäure genannt, fördert den Cholesterinstoffwechsel sowie die Regeneration von Bindegewebe und Knochen. Es stärkt die Abwehrkräfte und schützt die Zellen durch seine antioxidative Wirkung vor gefährlichen Radikalen und damit letztendlich auch vor Krebs. Dazu tragen auch die sekundären Pflanzenstoffe bei, welche die Pflanzen zu ihrem eigenen Schutz erzeugen. Sie schützen sie vor Krankheiten und Schädlingen, filtern gefährliche UV-Anteile des Sonnenlichtes oder dienen als Wachstumsregulatoren. Eine besondere Rolle spielen die gerade in Mostobstsorten der Streuobstwiesen häufig vorkommenden Polyphenole. Die meisten dieser pflanzeneigenen Schutzstoffe sind auch für den Menschen gesundheitsfördernd. Sie fangen schädliche Substanzen im Körper ab und verringern damit das Risiko von Tumorbildung, Herz- und Kreislauferkrankungen und arteriosklerotische Verletzungen. Neueste Untersuchungen belegen, dass der Verzehr von 500 g Obst (2–3 Äpfel) am Tag das Krebsrisiko um bis zu 40 % senken kann. Mineralstoffe, wie Kalium, Kalzium, Magnesium und Eisen, regulieren den Knochen- und Muskelstoffwechsel, den Wasserhaushalt und die Blutbildung. Ballaststoffe, vor allem Pektin, fördern die Verdauung und die

Inhaltsstoffe des Apfels in 100 g Frucht (nach Souci et al. 2000):

Wasser:	85,3 g		
Kohlenhydrate:	12,6 g	Mineralstoffe:	0,32 g
Rohfaser:	1,0 g	Vitamin B_1:	0,035 mg
Fett:	0,4 g	Vitamin B_2:	0,032 mg
Eiweiß:	0,34 g	Vitamin C:	5–30 mg

Apfelsorten mit hohem Vitamin-C-Gehalt:
'Braeburn', 'Freiherr von Berlepsch', 'Gelber Edelapfel', 'Idared', 'Jonagold', 'Ontario', 'Schöner aus Boskoop', 'Transparent aus Croncels', 'Tumanga', 'Undine', 'Weißer Winterkalvill'.

Apfelsorten, die von Allergikern als verträglich gemeldet wurden (nach BUND Lemgo, 2015):
'Alkmene', 'Goldrenette Freiherr von Berlepsch', 'Goldparmäne', 'Ontario', 'Prinz Albrecht von Preußen', 'Weißer Winter-Glockenapfel'.

Darmtätigkeit, und Kohlenhydrate bekämpfen Müdigkeit und Konzentrationsschwäche.

Damit ist der Apfel im Sommer wie im Winter die ideale Stärkung für zwischendurch und der Spruch, wonach der Apfelkonsum dem Doktor Arbeit erspare, hat seine Berechtigung. Da viele Vitamine und Nährstoffe direkt unter der Schale liegen, sollten Äpfel aus Streuobstwiesen ungeschält gegessen werden, sofern nicht erwiesene Allergien dagegen sprechen.

In einem Glas Apfelsaft (0,2 l) sind durchschnittlich enthalten (nach VdF 1998):
394 kJ = 94 kcal
240 mg Kalium
12 mg Kalzium
10 mg Magnesium

Saft

Bei der schonenden Verarbeitung des Obstes zu naturtrübem Fruchtsaft bleiben die meisten dieser Inhaltsstoffe erhalten. Damit ist Apfelsaft als Kraftquelle der Natur ein idealer Gesundheitsdrink. Von allen Saftarten ist der naturtrübe Saft aus Streuobstwiesen in ernährungsphysiologischer Hinsicht am wertvollsten. Gerade bei einigen Mostapfelsorten (z. B. 'Rheinischer Bohnapfel') und gerbstoffreichen Mostbirnen (z. B. 'Champagner Bratbirne') ist der Polyphenolgehalt besonders hoch. Noch bis vor kurzem war es üblich, diesen Polyphenolgehalt durch technische Maßnahmen während der Kelterei zu verringern. Hier hat inzwischen ein Umdenken eingesetzt. Auch der Gehalt an Säure, vor allem der l-Apfelsäure, ist in Mostobst wesentlich höher als in Tafelobst. Der Trub selbst hat eine hohe antioxidative Wirkung und enthält die erwähnten Phenole. Doch auch der klare Apfelsaft kann durch die richtige Behandlung während der Herstellung eine hohe Qualität erreichen. Werden säurearme Tafeläpfel teilweise durch phenolreiche Mostäpfel ersetzt, wird die Standzeit während des Herstellungsprozesses minimiert und die Maische für 30 Minuten auf 60 °C erhitzt, wirkt sich dies positiv auf die innere Qualität des Saftes aus. Bei der Herstellung von Konzentrat wird die antioxidative Wirkung insgesamt nicht beeinträchtigt, aber der Gehalt an farbgebenden Inhaltsstoffen reduziert.

Einen besonderen Stellenwert nimmt die Apfelschorle ein. Bedingt durch die strengeren Promillegrenzen hat sich der Absatz seit Mitte der 90er Jahre verfünffacht! Gerade für Sportler ist eine Apfelschorle, gemischt aus einem Teil guten Apfelsafts und ein bis vier Teilen (Mineral-)Wasser, den Energy-Drinks, Limonaden oder auch dem puren Fruchtsaft überlegen, denn der Gesamtzuckergehalt beträgt nur etwa die Hälfte. Doch bei Apfelschorlen sind die Qualitätsunterschiede gravierend. Häufig werden sie aus Konzentraten hergestellt, die zu konkurrenzlos günstigen Preisen aus fernen Ländern oder Kontinenten importiert werden. In manchen Getränken bestimmen künstliche Aromen den Geschmack, und die Haltbarkeit wird mithilfe von Kaltentkeimung und Konservierungsstoffen verlängert. Untersuchungen haben gezeigt, dass die Produkte von Fruchtsaft- und Mineralbrunnenbetrieben denen der Limonadenbetriebe häufig überlegen sind.

Most

Durch Vergären des naturreinen Saftes entsteht Apfelwein oder Most. Aber: der Begriff „Most" ist verwirrend. Im früheren Württemberg, dem Kernland des Streuobstbaus, und auch im österreichischen Mostviertel wird unter Most der vergorene Saft verstanden. In der benachbarten Schweiz und in manchen Regionen Deutschlands heißt der unvergorene Saft „Most", der vergorene dagegen „Wein" oder „Saft" (Schweiz). Wir bezeichnen als Most das vergorene Getränk aus gepressten Äpfeln und Birnen. Die Bezeichnung „Most" ist eng mit der bäuerlichen Obstkultur ver-

Most erhöht die Arbeitskraft
ADOLF CLUS in „Die Apfelweinbereitung“ (1901): „Der Apfelwein ist, wie sich jeder durch den Versuch überzeugen kann, das einzige Alkoholikum, von dem recht große Massen ohne Schädigung der physischen und geistigen Arbeitsfähigkeit genossen werden können. Während beispielsweise ein Glas Bier nach getaner Arbeit vorzüglich bekommt, dagegen zwischen geistige und körperliche Arbeit hineingenossen die Leistungsfähigkeit erfahrenermaßen abschwächt, kann der Apfelwein auch während der Arbeit ohne Benachteiligung der körperlichen und geistigen Spannkraft nach Durst getrunken werden.“
Diese vor 120 Jahren gemachten Aussagen müssen allerdings heute in Anbetracht der veränderten Lebensweisen sehr kritisch betrachtet werden!

bunden und sollte daher im häuslichen Sprachgebrauch nicht durch die Bezeichnung „Obstwein“ ersetzt werden. Diese Bezeichnung soll Getränken vorbehalten bleiben, die durch ausgefeilte kellereitechnische Maßnahmen entstehen.

Der maßvolle Genuss von Most hat ebenfalls gesundheitsfördernde Wirkung. Heute heben gesundheitsbewusste Menschen den hohen Phenolgehalt des Mostes hervor und durch das günstige Verhältnis zwischen Natrium und Kalium ist der Most bei Bluthochdruck empfehlenswert. Er senkt den Cholesterinspiegel und ist auch für Diabetiker geeignet. Dies gilt im Besonderen für die Birnen. Mit einem sehr niedrigen Glykämischen Index tragen sie zur Regulierung des Blutzuckerspiegels bei. Laut Kräuterpfarrer WEIDINGER soll Most sogar die Potenz steigern! Sicher ist, dass im Most (außer dem vergorenen Zucker) nahezu alle wertvollen Inhaltsstoffe der Früchte sowie organische Säuren enthalten sind. Damit ist Most ein idealer Aperitif. Menschen mit einem besonders empfindlichen Magen müssen nicht auf Most verzichten. Sie sollten aber den säurearmen Birnenmost dem reinen Apfelmost vorziehen.

Säfte

Flüssiges Gold – treffender können die Säfte aus den Streuobstwiesen nicht bezeichnet werden. Völlig gleichgültig, ob der Saft nun aus dem eigenen Fass kommt oder von einer Kelterei, die – möglichst mit einer Aufpreisinitiative zusammen – einen Saft aus Streuobstwiesen anbietet: das Aroma von Streuobstsäften ist einzigartig und hebt sich deutlich von den Massenprodukten aus den Supermarktregalen ab. Die vielen unterschiedlichen säurereichen und aromatischen Sorten ergeben eine individuelle Mischung. Hier lohnt es sich, für ein hochwertiges Produkt etwas Mühe aufzuwenden oder einen höheren Preis zu bezahlen. Apfelsaft wird dadurch zu einem wichtigen Bestandteil einer gesundheitsbewussten Ernährung und sein Konsum kommt letztlich wieder den Streuobstwiesen zugute.

Säfte aus Streuobstwiesen begeistern mit einem besonderen Aroma.

Saft aus Streuobstwiesen wird natürlich als Direktsaft hergestellt, also direkt von der Frucht ohne Verwendung von Konzentrat. Nach dem Verlesen und Waschen der Früchte werden sie zu Maische vermahlen und gepresst. Aus 1,5 kg Äpfel entsteht 1 l Apfelsaft. Der so entstandene naturtrübe Apfelsaft enthält noch viel Fruchtfleisch. Durch Zentrifugieren werden das Fruchtfleisch und weitere grobe Trübstoffe (z. B. Schalenreste) abgetrennt. So wird ein unansehnlicher Bodensatz vermieden. Um das Gären des Saftes zu verhindern, muss er noch pasteurisiert werden. Dabei

Alte Apfelsorten wie 'Kaiser Wilhelm' geben den Säften ein besonderes Aroma.

wird der Saft einige Sekunden auf 85 °C erhitzt. Jetzt kann er als naturtrüber Apfelsaft in Flaschen abgefüllt werden. Zur Herstellung von klarem Direktsaft muss der Saft vor dem Erhitzen mit Enzymen behandelt werden. Mit diesem als Schönung bezeichneten Vorgang werden Pektin und Stärke abgebaut und der Saft wird klar. Vor dem Abfüllen muss er nur noch filtriert werden.

Um die Transport- und Lagerkosten zu reduzieren, wird der Saft häufig konzentriert. Hierfür wird er unter Vakuum (ca. 60 °C bei 150–200 mbar) schonend eingedampft. Aus 1000 l Saft entstehen somit etwa 130 l Konzentrat. Die restlichen 870 l verdampfen. Beim Eindampfen wird das Aroma abgetrennt, aufkonzentriert und getrennt gelagert. Soll später aus dem Konzentrat wieder Saft hergestellt werden, wird die entzogene Wassermenge in der gleichen Menge als Trinkwasser wieder zugesetzt.

Streuobstsäfte von Keltereien

Wer Säfte aus Streuobstwiesen kauft, möchte ein unbelastetes Produkt regionaler Herkunft und guter Qualität. Da sich die Preise für Mostobst bereits seit langem auf einem sehr niedrigen Niveau bewegen, lohnt sich für viele Obstwiesenbesitzer die Ernte nicht mehr. Vielerorts verfault ein hoher Anteil des Obstes unter den Bäumen. Konzentratimporte vor allem aus Polen und sogar aus China zu günstigen Preisen verhindern höhere Preise für das heimische Mostobst.

Ende der 80er-Jahre entstanden erste Initiativen, die für Früchte aus Streuobstwiesen einen Aufpreis zum marktüblichen Preis ausbezahlten. Damit wurde die Bewirtschaftung und die Pflege der Streuobstwiesen wieder interessanter. Bis heute dienen diese Initiativen von Naturschutzverbänden, aber auch Kommunen und Privatpersonen, als Vorbild für eine gelungene Verbindung zwischen Naturschutz und Ökonomie. Als Gegenleistung für den Aufpreis verpflichten sich die Obstlieferanten, festgelegte Bewirtschaftungs- und Kontrollvereinbarungen einzuhalten.

Säfte von Obst aus Streuobstwiesen sind besonders aromareich. Mit ihrem Kauf wird der Erhalt von Streuobstwiesen unterstützt.

Dazu gehören:

- Anlieferung nur aus Streuobstwiesen der Region unter Angabe des Flurstückes.
- Einhalten der Vorgaben hinsichtlich Düngung und Pflanzenschutz.
- Pflegen der Bäume, Nachpflanzen abgestorbener Bäume.
- Keine flächenhaften Rodungen.
- Zulassen von Kontrollen (Flächen, Rückstände auf Früchten).

Die Initiativen unterscheiden sich in vielerlei Hinsicht. Einige bewerkstelligen sowohl Obstannahme, Vertrieb des Saftes und Werbung, andere beschränken sich auf die Koordination. Auch hinsichtlich der Auflagen gibt es Unterschiede. Säfte, die nach der EU-Öko-Verordnung vermarktet werden, sind an die geltenden Richtlinien zur Produktion (z. B. Verzicht auf synthetische Pflanzenschutz- und Düngemittel) und Kontrolle gebunden. Mit verschiedenen Richtlinien (z. B. NABU-Qualitätszeichen für Streuobst) werden einheitliche Qualitätsstandards festgelegt. Viele Initiativen beschränken sich aber auf die regionale Herkunft der Früchte, die kontrollierte Qualität von Früchten und Saft sowie die Pflege- und Nachpflanzpflicht.

Hausgemachte Säfte

Hausgemachte Säfte aus dem eigenen Obst sind etwas ganz Besonderes. Durch die Wahl der verwendeten Sorten kann der Geschmack beeinflusst werden. Als Durstlöscher sind Säfte mit feiner Fruchtsäure ideal. Kinder hingegen bevorzugen Säfte, die wenig Fruchtsäure enthalten. Aromatische Obstsorten, wie 'Goldparmäne', 'Gravensteiner' oder 'Jonathan', zeigen auch im Saft ihre einzigartigen Qualitäten.

Dorfmostereien helfen beim Herstellen eines eigenen Apfelsaftes.

Am einfachsten ist die Saftherstellung dort, wo es noch kleine Mostereien oder Keltereien gibt. Wo dies nicht möglich ist, müssen im Fachhandel eigene Mühlen und Pressen angeschafft werden. Das aufgesammelte Obst wird zuerst gemahlen und anschließend abgepresst. Gerade für die Kinder ist der Besuch in einer Mosterei eine Attraktion, die zum festen Bestandteil des Herbstes gehören sollte. Vom Aufsammeln des Obstes über das Mahlen und Pressen bis hin zum Abfüllen im eigenen Haushalt können sie miterleben, wie Apfelsaft entsteht. Auch ein Plausch der Erwachsenen über verwendete Obstsorten, Qualität der Früchte oder ganz andere Themen des alltäglichen Lebens gehören zu einem Besuch in der Mosterei – Erlebnispädagogik einmal ganz anders!

Praktische Tipps zum Einsatz des Süßmostfasses:
- Zur Lagerung sind keine kühl-feuchten Kellerräume erforderlich.
- Es ist in vielen verschiedenen Größen erhältlich.
- Das Fass muss nicht vollständig gefüllt werden, auch Teilfüllungen sind möglich.
- Das Fass muss an seinem endgültigen Standort befüllt werden, weil es im gefüllten Zustand nicht transportiert werden kann.
- Eine Isolierung des Fasses mit Decken oder Styropor®-Platten verkürzt die Aufwärmzeit erheblich.
- Zur Erwärmung nur regelbare Geräte verwenden. Bei nicht geregelten Tauchsiedern besteht die Gefahr von Überhitzung des Saftes und daraus resultierendem Kochgeschmack.
- Die Temperatur des erhitzten Saftes stets unten messen. Hierfür wird Saft in einen Eimer abgelassen und die Messung im Saftstrahl vorgenommen.
- Vor Auflegen des Schwimmdeckels Schaum abschöpfen.

Der vermeintlich hohe Arbeitsaufwand für das Haltbarmachen der Säfte im eigenen Haushalt schreckt viele ab. Für die Aufbewahrung der Flaschen ist Platz erforderlich, und das Sterilisieren von Flasche und Verschluss sowie das heiße Abfüllen sind zeitaufwendig. In den 50er-Jahren des vergangenen Jahrhunderts war es üblich, den Saft mithilfe der BAUMANN'schen Entkeimungsglocke in Glasballons oder in Flaschen abzufüllen. Der Saft floss in einer spiralförmigen Leitung langsam durch kochendes Wasser und wurde dadurch pasteurisiert. Das Abfüllen in Flaschen war mit großem Aufwand verbunden und die Lagerung erforderte viel Platz. Mit neuen Techniken geht dies heute viel einfacher und schneller.

Süßmostfass mit Schwimmdeckel

Der frisch gepresste Saft wird in ein Fass aus Edelstahl abgefüllt und mit einem geeigneten Erwärmer auf 78 °C erhitzt. Anschließend wird ein Deckel schwimmend auf den noch heißen Saft aufgelegt. In den kleinen Raum zwischen Schwimmdeckel und Fasswand wird Vaselineöl eingebracht. Dieses Öl ist lebensmittelecht sowie geruchs- und geschmacksneutral. Es schwimmt auf der Saftoberfläche und ist luftundurchlässig.

Der gesamte Fassinhalt ist vor Lufteintritt und somit vor unerwünschter Gärung geschützt. Mit der Saftentnahme senkt sich der Schwimmdeckel mit der Ölschicht und hält so den Saft unter Luftabschluss. So ist er für die Dauer eines Jahres haltbar und bleibt süß und naturtrüb. Die Investition für den Kauf des Fasses amortisiert sich bereits nach etwa zwei Jahren, sodass diese Methode der Saftaufbewahrung äußerst wirtschaftlich ist. Sie ist auch sehr platzsparend, denn ein Fass mit einem Inhalt von 200 l benötigt weniger als 70 × 70 cm Standfläche!

Druckmostfass

Mithilfe dieser Technik bleibt der Saft ohne Erhitzung und ohne Zusatz von Konservierungsstoffen, also vollkommen naturrein, bis zu einem Jahr lang haltbar. Im Druckmostfass kann je nach Wunsch ein unvergorenes, aber auch ein leicht angegorenes, aber noch süßes und spritziges Getränk entstehen, das an warmen Sommerabenden ein herrlicher Durstlöscher ist!

Das Fass besteht ebenfalls aus Edelstahl und hat das Aussehen eines Bierfasses. In den Verschlussdeckel sind ein Überdruckventil sowie ein Druck-

Aus dem Süßmostfass (links) oder dem Druckmostfass (rechts) kann der eigene Saft bis über ein Jahr lang genossen werden.

manometer eingebaut. Der frisch gepresste Saft wird nach kurzem Absetzenlassen in das Fass gefüllt, dann wird das Fass verschlossen. Nach einigen Tagen setzt die Gärung des Saftes im Fass ein. Es entsteht ein Innendruck, der am Zeigerausschlag des Manometers ablesbar ist. Ab einem bestimmten Druck im Fass stellen die Hefezellen ihre Arbeit ein, ohne abzusterben. Die Gärung wird dadurch gestoppt und der Saft bleibt frisch und klar. Nach einigen Wochen entsteht ein Getränk, das unter starker Schaumentwicklung aus dem Fass entnommen werden kann. Im Gegensatz zum Süßmostfass ist der entnommene Saft klar und hat je nach Füllungsgrad des Fasses einen Alkoholgehalt von 0,5 bis 3,0 Vol.-%.

Im Druckmostfass ist der Saft ohne Erhitzen oder Zugabe von Konservierungsmitteln haltbar – also völlig naturrein.

Er ist damit aber – auch wegen seiner verdauungsanregenden Wirkung – nicht für Kinder geeignet. Vorteil dieser Methode ist, dass der Saft weder erhitzt noch mit Zusatzstoffen versehen werden muss. Die Konservierung erfolgt also völlig naturrein unter nahezu vollständiger Schonung der wertvollen Inhaltsstoffe und des fruchttypischen Aromas. Mit einem zusätzlichen Anschluss für Schankgas wird der Einsatz des Druckmostfasses noch interessanter: Das Fass kann bereits unmittelbar nach dem Befüllen unter

Praktische Tipps zur Verwendung des Druckmostfasses:

- Das Fass sollte an einem nicht zu warmen Ort stehen.
- Fassgrößen von 50 und 100 l sind erhältlich, größere Fässer müssen regelmäßigen Untersuchungen unterzogen werden.
- Auch für Steinobst- und Beerensäfte sehr gut geeignet. Bei Sauerkirsch- und Beerensäften sind Zuckerzugaben erforderlich.
- Das Fass muss bis zur Markierung befüllt werden, Teilfüllungen sind nicht ratsam.
- Wird der Deckel erst nach einigen Tagen vollständig verschlossen, hält der Gärvorgang länger an und das Getränk wird noch spritziger, aber auch alkoholreicher.
- Das Fassinnere niemals austrocknen lassen, um das Eintrocknen von Trubrückständen zu verhindern.
- Fassreinigung entweder mit passender Bürste an der Bohrmaschine oder mittels Reinigungssprühstab.

Druck gesetzt werden, sodass die Vergärung des Saftes völlig unterdrückt wird. Dieser Saft ist auch für Kinder bestens geeignet. Nachteilig sind die höheren Kosten.

Bag-in-Box

Diese Methode ist aus dem Weinbau bekannt. Der Saft wird hierbei heiß in doppelwandige und sterile Folienbeutel (bag) abgefüllt, die mit einem Ablasshahn versehen sind. In eigens hierfür vorgesehenen Kartons (box) kann der Saftbeutel transportiert und der Saft entnommen werden. Ungeöffnet kann er so bis über ein Jahr lang gelagert werden und ist nach erstmaligem Gebrauch eines Beutels noch über drei Monate haltbar. Immer mehr Mostereien bieten die Abfüllung des eigenen Saftes in Bag-in-Boxen und erfah-

In diesen Bag-in-Box (Beutel in der Schachtel) bleibt das fruchttypische Aroma besonders gut erhalten.

Immer mehr Mostereien bieten eine Abfüllung des Saftes in Bag-in-Box an.

ren regen Zulauf. Sowohl für den Eigenbedarf als auch für die Direktvermarktung ab Hof hat sich dieses System durchgesetzt. Die Folienbeutel gibt es in Größen von 3 bis 20 l. Das fruchttypische Aroma bleibt in den Folienbeuteln besonders gut erhalten. Da die Beutel vor dem Befüllen steril sein müssen, ist eine mehrmalige Verwendung allerdings ausgeschlossen.

Hinweise zum Einsatz der Folienbeutel:
- Saftbeutel zum Befüllen stets im Beutelhalter fixieren und auf eine Holz- oder Kunststoffplatte auflegen, um ein schnelles Abkühlen zu verhindern.
- Füllmenge mit einer Waage kontrollieren. Ein 10-l-Beutel kann bis zu 13 l fassen, der Beutel passt dann aber nicht mehr in den Karton.
- Vor dem Verschließen des Beutels Luftblasen mit der Hand ausstreichen.
- Nach dem Verschließen Beutel einzeln so zügig wie möglich abkühlen lassen und erst kalt in Kartons oder Kisten verpacken.
- Möglichst kühl, trocken, dunkel und vor Mäusen und Katzen sicher lagern.

Obstwein (Most)

Die Konservierung von unvergorenem Saft durch Pasteurisieren ist erst seit den 30er-Jahren des vergangenen Jahrhunderts gebräuchlich. Zuvor gab es nur den vergorenen Obstwein oder Most, das alltägliche Getränk des „Landmannes"! Die Bedeutung des Mostes für den Obstbau hat Eduard Lucas 1856 sehr treffend beschrieben: „Wo die Obstmostbereitung Eingang gefunden, da verbreitet sich der Obstbau sehr schnell, und umgekehrt, wo dieser landwirthschaftliche Culturzweig sich eingebürgert hat, findet auch bald die Obstmostbereitung nach und nach Eingang. Als Gegenden, wo der Obstmost allgemeines Getränk, besonders auch des Landmannes geworden ist, nennen wir Württemberg, ein großer Teil von Baden, Hessen, Nassau, die Gegend von Frankfurt, die Pfalz, ein großer Teil von Rheinpreußen, Oberösterreich, Steiermark, ferner mehrere Cantone der Schweiz, die Normandie, Luxemburg und in England besonders die Grafschaften Herefordshire und Devonshire. Auch in Nordamerika wird viel Cider bereitet". Most war also ein wirklich internationales Getränk!

Oechsle
Als Mostgewicht (angegeben in °Oe) wird der Extraktgehalt eines Saftes bezeichnet. Er setzt sich überwiegend aus Zucker, aber auch aus Säuren, Mineralstoffen und Eiweißen zusammen. Er kann mit zwei Verfahren bestimmt werden:

- mit der Most- oder Oechslewaage (benannt nach Christian Ferdinand Oechsle): Sie misst das spezifische Gewicht der Flüssigkeit. Eine Senkspindel wird in einen mit 250 ml klarem Saft gefüllten Messzylinder gebracht. Am Schnittpunkt der Flüssigkeit mit dem Stiel der Oechslewaage kann der Zahlenwert abgelesen werden. Weicht die Temperatur von der Eichtemperatur 20 °C ab, muss korrigiert werden.
- mit dem Refraktometer: Dieses optische Gerät misst die Lichtbrechung der Flüssigkeit. Hier genügen wenige Tropfen zur Messung, sodass auch einzelne Früchte gemessen werden können. Trubstoffe stören nicht.

Sortenwahl zur Mostbereitung

Ein Most wird aus Äpfeln und Birnen hergestellt. Die Zusammensetzung ist je nach Region, Geschmack und Verfügbarkeit der Früchte ganz unterschiedlich. Als häufigste Mostbirnensorten werden 'Schweizer Wasserbirne', 'Gelbmöstler' und 'Oberösterreicher Weinbirne' geschätzt, unter den Äpfeln sind 'Rheinischer Bohnapfel' und 'Roter Trierer Weinapfel' besonders beliebt. Der baden-württembergische „Moscht" entsteht aus einem Gemisch vieler Sorten. Charakteristische Sorten für diese Region waren 'Luikenapfel', 'Fleiner', 'Knausbirne' und 'Wildling von Einsiedel'. In manchen Regionen sind andere Bezeichnungen für den vergorenen Saft gebräuchlich. In Hessen wird er aus Äpfeln hergestellt und als „Äppelwoi" bezeichnet. Bevorzugt wurden früher späte Mostapfelsorten, wie 'Rheinischer Bohnapfel' und 'Große Kasseler Renette', verwendet. Charakteristisch ist ein zwar geringer, aber umso wichtigerer Anteil an Speierlingen. Die Früchte dieser mit der Eberesche eng verwandten Baumart haben einen hohen Gerbstoffgehalt und fördern damit Klärung und Haltbarkeit des Getränkes. In Rheinland-Pfalz und dem Saarland hingegen wird „Viez" getrunken. Er wird ebenfalls aus Äpfeln, vorzugsweise dem 'Weißen Trierer Weinapfel' hergestellt. Aus der Normandie und der Bretagne ist der „Cidre" bekannt, für den saure, süße und bittere Apfelsorten gemischt werden und im Norden Spaniens wird „Sidra" gekeltert. Der englische „Cider" hebt sich aus diesem naturreinen Reigen etwas ab. Er wurde häufig aufgezuckert, um die Lagerfähigkeit zu verbessern und erst kurz vor der Abfüllung wieder mit Wasser vermischt. Fehlende Säure, Farb- und Konservierungsstoffe durften beigegeben werden. So ist für jede Obstregion ein typisches Getränk aus den Obstwiesen entstanden!

Auch in Weinbaugegenden war der Most lange Zeit das bevorzugte Getränk für den Hausgebrauch. Der geschätzte Jahresverbrauch einer vierköpfigen Familie lag zu Beginn des vergangenen Jahrhunderts bei 1800 bis 2700 Litern und die tägliche Menge für einen Feldarbeiter bei 5 Liter Most! Es darf allerdings nicht verschwiegen bleiben, dass zu jener Zeit der Trester erneut mit Wasser angesetzt, abgepresst und dieser „Nachdruck" dem Most zugesetzt wurde. Dies erhöhte die Ausbeute, verringerte aber den Alkoholgehalt.

Zuckergehalt und Alkoholgehalt
Errechnung des Zuckergehaltes bei Kernobst in %:
Mostgewicht (°Oe) : 5 + 1
Errechnung des Alkoholgehaltes (näherungsweise):
Mostgewicht (°Oe) : 8

Jeder Haushalt hatte seine individuelle Mischung an Obstsorten, die er für den Most verwendete. Ausgewogen sind Mischungen aus etwa der Hälfte bis zwei Dritteln an verschiedenen Apfelsorten, ergänzt mit Mostbir-

In Mostseminaren wird die Qualität des Mostes bewertet.

nen, wie 'Schweizer Wasserbirne' oder 'Palmischbirne'. Besonders interessant sind sortenreine Moste, denn die Unterschiede in Aroma und Geschmack sind gravierend. Für sortenreine Apfelmoste sind die Sorten 'Rheinischer Bohnapfel', 'Bittenfelder Sämling' und 'Roter Trierer Weinapfel' geeignet, sortenreine Birnenmoste können aus 'Gelbmöstler', 'Oberösterreicher Weinbirne' (in Österreich 'Speckbirne'), 'Champagner Bratbirne', 'Wilde Eierbirne' und verschiedenen Lokalsorten hergestellt werden.

Tipps zur Mostherstellung

Das Herstellen eines eigenen Mostes ist nicht besonders schwierig, wenn einige wichtige Punkte beachtet werden:

- **Zucker, Säure und Gerbstoffe sollten in günstigem Verhältnis zueinander verteilt sein.** Der Zucker bestimmt den Alkohol- und Kohlensäuregehalt, Säure und Gerbstoffe garantieren die Haltbarkeit des Mostes und schützen ihn vor Krankheiten. Gerbstoffe fördern einen zügigen Gärprozess und die Klärung. Der frisch gepresste Saft sollte etwa 12 % Zucker (= 55 °Oe) und 6 bis 8 g/l Säure enthalten. Eine Mischung aus verschiedenen Sorten ist daher eine wichtige Voraussetzung für einen bekömmlichen Most. Zu süßen Apfelsorten (Tafeläpfel) werden saure Äpfel und Birnen zugegeben, saure Äpfel benötigen einen Zusatz von Mostbirnen und Tafeläpfeln. Um einen hohen Zuckergehalt zu erhalten, müssen die Früchte gut ausgereift sein. Mostbirnen haben grundsätzlich einen höheren Zuckergehalt als Äpfel. Diese zeichnen sich aber durch den höheren Anteil an Fruchtsäuren aus. Besonders säurereiche Apfelsorten sind 'Bittenfelder Sämling', 'Brettacher' und 'Boikenapfel'. Ein ausgewogenes Zucker-Säure-Verhältnis besitzen die Renetten (z. B. 'Goldparmäne', 'Goldrenette aus Blenheim' und 'Graue Herbstrenette'), die damit sowohl für die Saft- als auch Mostherstellung besonders gut geeignet sind. Gerbstoffe finden sich in den herben Mostbirnensorten, wie 'Welsche Bratbirne', 'Champagner Bratbirne' und 'Gelbe Wadelbirne', besonders hoch sind sie bei 'Luxemburger Mostbirne', 'Metzer Bratbirne', 'Große Rommelter' und 'Grüne Jagdbirne'. Diese letztgenannten Sorten dürfen deshalb nur in geringen Mengen verwendet werden.
- **Die Früchte müssen gut ausgereift, aber nicht überreif gekeltert werden.** Unreifes Obst ergibt einen geschmacklosen Most und überreifes Obst führt zum Schleimigwerden des Mostes. Frühe Herbstsorten sind für die Mostbereitung ungeeignet. Bei besonders spät reifenden Sorten (z. B. 'Rheinischer Bohnapfel', 'Bittenfelder Sämling' und 'Oberösterreicher

Ein ausgewogenes Zucker-Säure-Verhältnis und gute Ausreife der Früchte sind Voraussetzung für einen guten Most.

Ein guter Most sollte folgende Eigenschaften haben:
Farbe: Klar, hellgelb bis goldgelb.
Geruch: Reiner, duftig milder Obstgeruch, keine stechende Säure.
Geschmack: Frisch durch ausreichend Säure, spritzig mit etwas Kohlensäure, obsttypisch.
Beschaffenheit: Säure: 6 bis 8 g/l, Alkohol: 5 bis 7 Vol.-%.
Zuckergehalt des Saftes: Mindestens 50 °Oe, ideal 55 bis 65 °Oe.

Weinbirne') ist es ratsam, die Früchte vor dem Pressen zu lagern. Der letzte Termin in der Mosterei ist für diese Sorten gerade richtig.

- **Sauberkeit und Luftabschluss müssen gewährleistet sein.** Faules Obst muss ausgelesen werden. Erst kurz vor dem Mahlen wird das Obst gewaschen. Während des Mahl- und Pressvorganges sollte das Obst nicht mit Metall in Berührung kommen. Die Fässer müssen vor dem Befüllen gründlich gereinigt werden. Nach dem Befüllen der Fässer (Gärraum von 5 % des Fassraumes freilassen) wird das Fass verschlossen und sofort der mit der Sperrflüssigkeit befüllte Gärspund aufgesetzt.
- **Die Zugabe von Reinzuchthefe fördert eine zügige und gleichmäßige Gärung.** In Kellern, in denen im Herbst die Temperatur unter 8 °C fallen kann, ist dies besonders wichtig. In Jahren mit besonders geringen Säuregehalten oder bei reinen Birnenmosten von säurearmen Mostbirnensorten (z. B. 'Gelbmöstler', 'Schweizer Wasserbirne') ist eine Zugabe von Mostmilchsäure ratsam, um sowohl Klärung als auch Haltbarkeit des Mostes zu verbessern.
- **Der gute Verlauf einer Gärung hängt maßgeblich von günstigen Klimabedingungen im Keller ab.** Die Temperatur muss möglichst gleichmäßig bleiben und sollte im Herbst nur langsam absinken. Bereits eine Kühltruhe in direkter Nachbarschaft des Fasses oder Zugluft kann die Gärung beeinträchtigen. Auch trockene Keller sind zur Mostherstellung ungeeignet. So verhindern Heizungsrohre an der Kellerdecke häufig einen günstigen Gärverlauf. Waren geeignete Keller bis zur Vorkriegszeit die Regel, scheitert heute die Herstellung eines hauseigenen Mostes häufig am Fehlen dieser.
- **Kurz vor Gärabschluss** (bei säurearmen Mosten im Dezember, sonst bis Februar) **wird der Most „abgezogen".** Dabei wird der Fassinhalt mit einem Schlauch in ein freies Fass umgefüllt, der Trub bleibt zurück. Entscheidend hierbei ist, dass der Most nicht unnötig an Kohlensäure verliert. Deshalb muss der Schlauch auf den Boden des zu füllenden Fasses gelegt werden, der Saft darf keinesfalls hineinplätschern. Dies erhöht sowohl die Qualität als auch die Haltbarkeit des Mostes. Vor dem Verschließen des Fasses sollte mit Kaliumdisulfit geschwefelt werden.

Etwa ab Weihnachten steigt die Spannung, denn jetzt kann das erste Fass angezapft werden. Anfangs ist der Most häufig noch trüb, aber schon bald läuft er klar und perlend in den Krug und wird von nun an zum festen Begleiter des täglichen Vespers.

Lange Zeit galt der Most als „Arme-Leute-Getränk". Bier und Wein hatten ihn fast vollständig ersetzt. Seit einigen Jahren ist jedoch ein Umdenken erkennbar. Obstwiesenbesitzer, Kultur- und Naturliebhaber schätzen heute den Most als naturreines Produkt der Streuobstwiesen. Dass er auch zu einem bedeutenden Wirtschaftsfaktor werden kann, haben die Akteure im niederösterreichischen Mostviertel erkannt. Diese von der Mostbirne geprägte Region zwischen Linz und Wien hat es verstanden, den Most als Sympathieträger zum unverkennbaren Markenzeichen einer ganzen Region einzusetzen. Tourismus und Landwirtschaft profitieren von der neuen Wertschöpfung, die mit dem Mostviertler Most aus den Streuobstwiesen erzielt werden kann. Auch in der Schweiz ist der Most in Gasthäusern und Berghütten erhältlich und sehr beliebt. Pfiffige Produkte mit Most erscheinen aber auch in verschiedenen Regionen Deutschlands, sodass die Hoffnung wächst, über die Beliebtheit des Mostes auch die Wirtschaftlichkeit von Streuobstwiesen zu unterstützen.

Schaum- und Perlwein

In vielen Streuobstregionen gibt es heute Schaum- und Perlweine aus ganz unterschiedlichen Obstarten und -sorten, die den üblichen Schaumweinen aus Trauben in nichts nachstehen. Die Ausgangsstoffe für diese herrlich prickelnden Getränke gedeihen also nicht nur in Weinbergen, sondern auch in Streuobstwiesen. Eine besondere Stellung nimmt hier die Birnensorte 'Champagner Bratbirne' ein, die bereits 1804 zur Herstellung eines „moussierenden Obstweines" empfohlen wurde. Auf großes Unverständnis unter Streuobstfreunden stieß das juristische Anliegen der französischen Champagnerindustrie, dem sortenreinen Schaumwein des schwäbischen Spitzen-Gastronomen Jörg Geiger aus Schlat bei Göppingen die Verwendung des Sortennamens 'Champagner Bratbirne' auf dem Etikett zu verbieten. Für die Früchte dieser seit über 200 Jahren bekannten Birnensorte aus Streuobstwiesen bezahlt er beste Preise, um Erhaltung und Pflege dieser Bäume und die Qualität der Früchte zu gewährleisten.

Mit wenig Aufwand kann auch im eigenen Haushalt aus einem guten Apfel- oder Birnenmost ein prickelnder Schaumwein entstehen.

Hierfür ist Folgendes erforderlich:

- leere Schaumweinflaschen mit mindestens 550 g Leergewicht,
- Bügelverschlüsse (im Fachhandel erhältlich),
- Champagner-Hefe (im Fachhandel erhältlich),
- ein guter, völlig vergorener Most,
- für 20 Flaschen 300 bis 600 g Zucker.

Aus der 'Champagner Bratbirne' entsteht heute wieder ein hervorragender Schaumwein (www.champagner-bratbirne.de).

So wird Schaumwein hergestellt (Rezept für 20 Flaschen):

1. Zucker in etwa 1 bis 2 l aufgewärmtem Most auflösen (trocken: 300 g, halbtrocken: 600 g).
2. In 14 l Most einrühren.
3. Hefe einrühren.
4. In Flaschen auf 2 bis 3 cm unterhalb des Randes auffüllen.
5. Waagerecht mindestens vier Wochen warm (18–20 °C) lagern. Dabei täglich rütteln (Flasche mit einer schnellen Bewegung um eine halbe Umdrehung drehen).
6. Anschließend mit dem Verschluss nach unten kühl stellen und einige Monate lagern.
7. Vor Gebrauch degorgieren (von der Hefe befreien). Hierfür wird die Flasche mit dem Verschluss nach unten über ein Waschbecken gehalten und der Bügelverschluss kurz geöffnet, sodass ein Schuss Flüssigkeit mit der Hefe entweichen kann. Der Schaumwein ist jetzt trinkfertig.

Destillate

Eine bis heute wirtschaftlich lukrative Form der Obstverwertung ist der Weg über den Brennkessel. Hier wird zwischen Abfindungs- und Verschlussbrennereien unterschieden. Für Streuobstwiesen sind die Abfindungsbrennereien (Kleinbrennereien) interessant, denn hier können sogenannte Stoffbesitzer (natürliche Personen ohne eigenes Brenngerät) ihre selbst gewonnenen Obststoffe mit einem jährlichen Kontingent von 50 l zu Alkohol verarbeiten lassen. Von den 25 300 gemeldeten Kleinbrennereien lagen 2018 rund 19 000 in Baden-Württemberg. Seit der Abschaffung des deutschen Branntweinmonopols im Jahr 2017 übernimmt der Staat den hergestellten Agraralkohol nicht mehr zu garantierten Preisen. Die Brennereien sind deshalb vor neue Herausforderungen gestellt. Innovative Betriebe versuchen erfolgreich, sich durch qualitativ hochwertige Produkte

Von sortenreinen Destillaten über Obstweine und Schaumweine können aus Streuobstwiesen viele leckere Produkte entstehen.

Zur Herstellung einer guten Brennmaische sollte Folgendes beachtet werden:

1. Nur vollreife, saubere Früchte verwenden.
2. Früchte möglichst fein vermahlen, dabei bei Steinobst (vor allem Zwetschge) Verletzungen der Steine vermeiden.
3. Das Maischefass ist kein Rumtopf, deshalb: nur artenrein einmaischen und Fass zügig füllen (Gärraum von mindestens 10 % frei lassen).
4. Bei dickflüssigen Maischen (z. B. Quitte) zur besseren Verflüssigung Enzyme zugeben.
5. Zugabe von Brennhefe.
6. Bei säurearmen Früchten (z. B. Birnen) Ansäuern der Maische auf pH 3,0 bis 3,2, um Bakterienbefall zu verhindern.
7. Fass mit Gärspund versehen, verschließen und bei 15 bis 18 °C gären lassen (< 8 °C: Stockung, > 20 °C Aromaverlust).
8. Maischehut (oben aufschwimmende Maischebestandteile) nur während der Hauptgärung ohne Rühren unterheben, danach Fass geschlossen halten.
9. Gärung ist abgeschlossen, wenn am Rand Flüssigkeit steht, dann den Restzucker messen.
10. Nach abgeschlossener Gärung zügig brennen.

in der Direktvermarktung und der Gastronomie zu positionieren. Für Stoffbesitzer bleibt allerdings die Unsicherheit, welchen Preis sie für den hergestellten Alkohol erhalten.

Es gibt sogar einige Landschaften in Europa, die vom Kleinbrennereiwesen stark geprägt sind. Besonders bekannt ist das Schwarzwälder Kirschwasser, das vorwiegend in den Tälern am Westabfall des Schwarzwaldes zur Oberrheinischen Tiefebene hin entsteht und der Marillenbrand, der in der niederösterreichischen Wachau aus Aprikosen hergestellt wird.

Obst, das zum Brennen verwendet werden soll, muss zwei Eigenschaften besitzen: ein gutes Aroma und einen hohen Zuckergehalt.

Aroma

Mit einem Birnenbrand wird sofort die Sorte 'Williams Christ' verbunden. Dass es aber in den Streuobstwiesen viele Birnensorten gibt, die einen ebenso aromatischen, aber in der Herstellung oft weniger aufwendigen Edelbrand ergeben, ist kaum bekannt. So manche Obstsorten entwickeln im Destillat ein äußerst feines Aroma, das von Sorte zu Sorte ganz unterschiedlich ausfallen kann.

Die hohe Kunst des Brenners ist es, durch richtige Vorbehandlung der Maische, langsames Destillieren und konsequente Vor- und Nachlaufabscheidung ein „Herzstück der Natur" zu erhalten – eine oft geringe Menge an Destillat, das ein besonders reintöniges, sortentypisches Aroma auszeichnet. Den sortenreinen Edeldestillaten der Region gilt deshalb der Vorzug vor Massenprodukten, oder anders ausgedrückt: Eine kleine Menge Edeldestillat in einer schönen Flasche erfreut das Herz mehr als ein Liter gewöhnlicher Schnaps! Besonders aromatische Destillate ergeben die alten Birnensorten 'Nägelesbirne' (in der Eifel und anderen Regionen als 'Nelchesbirne' bekannt), 'Palmischbirne', 'Gelbmöstler', 'Fässlesbirne', 'Sommer-Muskatellerbirne', 'Wilde Eierbirne' und 'Schneiderbirne'. Dem „Williams-Aroma" am nächsten kommt der vor gut 40 Jahren entdeckte Zufallssämling 'Wahl'sche Schnapsbirne'. Unter den alten Apfelsorten liefern 'Goldparmäne', 'Gravensteiner', 'Herzogin Olga', 'Jakob Fischer', 'Luikenapfel', 'Muskatellerluiken' und 'Rheinischer Bohnapfel' aromatische Brände. Sehr beliebt zum Brennen sind verschiedene Steinobstsorten, wie 'Dollenseppler', 'Benjaminler', 'Mirabelle aus Nancy' und 'Hauszwetschge'.

Zuckergehalt

Aus Zucker entsteht mit der Gärung Alkohol. Damit ist der Gehalt an Zucker entscheidend für eine gute Alkoholausbeute. Mit der Reife der Früchte steigt der Zuckergehalt kontinuierlich an. Werden die Früchte aber überreif geerntet, sinkt der Gerbstoffgehalt und Birnen werden häufig teigig. Die Aromaausbeute ist dann wesentlich schlechter und das Destillat verliert an Qualität. Vollreif geerntete Früchte bieten die beste Voraussetzung für ein feines Destillat bei optimaler Ausbeute.

Dörrobst

Neben dem Frischgebrauch war das Dörren von Obst lange Zeit die häufigste Verwertungsform der Früchte und, wie Eduard Lucas (1856) feststellte, „für Minderbemittelte der Kartoffel am nächsten gestellt". Dörrobst enthält viele wichtige Nährstoffe und ist über Jahre haltbar. Es ist der ideale Begleiter für unterwegs, weil der Wanderer etwas zu naschen bei sich hat, ohne ein zusätzliches Gewicht tragen zu müssen. Holen wir das Dörrobst doch aus seinem Dornröschenschlaf und nehmen es in unsere tägliche Nahrungsmittelliste auf!

Dörrobst ist ballaststoffreich und aromatisch.

Noch bis zur Mitte des vergangenen Jahrhunderts gehörte in obstreichen Gegenden das Dörrhaus zu den größeren Höfen, und viele Gemeinden hatten eine eigene Dörre. Zur Aufbewahrung gab es hölzerne Truhen (sog. Schnitztruhen), die an einem luftigen Ort stehen mussten. Heute kann sowohl Obst als auch Gemüse (z. B. Bohnen und Tomaten) mit einem Dörrapparat ohne großen Aufwand gedörrt werden. Auch der Backofen kann bei 60 bis 80 °C unter Verwendung von Umluft eingesetzt werden. Während des Dörrvorganges muss allerdings die Ofenklappe leicht geöffnet bleiben.

Neuerdings werden Apfelchips im Handel angeboten. Hierfür werden die Früchte in ganz feine Scheiben geschnitten und unter Verwendung von

Der Apfelschäler erleichtert die Arbeit ganz entscheidend und macht Spaß.

Praktische Tipps zur Herstellung von Dörrobst:

- Stets nur vollreife und unbeschädigte Früchte verwenden, Zwetschgen erst dörren, wenn die Frucht am Stiel zu runzeln beginnt.
- Kernobst nach der Ernte sofort dörren, um eine Verbräunung zu vermeiden. Zwetschgen können einige Tage an der Luft anwelken.
- Kernobst vor dem Dörren durch Zitronenwasser ziehen, um ein eventuelles Verbräunen abzumildern.
- Äpfel werden geschält, das Kernhaus entfernt, die Früchte in Ringe geschnitten und auf einer Stange oder Schnur aufgereiht.
- Früchte auf den Sieben immer nebeneinander, nie aufeinander legen.
- Bei Kernobst anfangs mit hoher Temperatur (60–80 °C), nach 5 bis 6 Stunden nur noch mit 45 bis 50 °C dörren, an der Luft zu trocknende Apfelringe kurz vordörren. Damit bleiben die Früchte süß und das Versauern wird verhindert.
- Zwetschgen und Kirschen anfangs mit schwacher (35–40 °C), später mit stärkerer Hitze dörren. So kann ein Auslaufen verhindert werden. Nach dem Dörren am Stielende einschneiden und Stein herausdrücken.
- Gedörrte Früchte schnell erkalten lassen und einige Stunden an der Luft nachtrocknen.
- In aufgehängten Säckchen an einem trockenen und luftigen Ort oder in glasierten Tontöpfen lagern.

hohen Temperaturen schnell getrocknet. Es entstehen knackige Chips, die einen idealen und gesunden Ersatz für Kartoffelchips darstellen. Bei der Herstellung helfen handelsübliche Apfelschäler, die in einem Arbeitsgang die Frucht schälen und schneiden sowie das Kernhaus ausstechen. So macht die Chipsherstellung auch Kindern besonderen Spaß.

Das Dörren war lange Zeit die einzige Möglichkeit, das Obst haltbar zu machen. Heute erleichtern Dörrgeräte das Trocknen des Obstes.

Die Früchte der 'Gelben Wadelbirne' eignen sich zum Dörren, denn sie enthalten sowohl Zucker als auch Gerbstoffe.

Die Herstellung von Dörrobst war stets an ganz spezielle Obstsorten gebunden. Unter den Apfelsorten eignen sich am besten solche, die weder süß noch sauer sind, also ein ausgewogenes Zucker-Säure-Verhältnis und ein festes Fleisch haben. Dazu gehören ganz besonders die 'Goldparmäne' und andere Renetten, aber auch 'Kardinal Bea'. Bei geeigneten Birnensorten ist die fruchteigene Süße mit etwas Herbe gemischt (z. B. 'Gelbe Wadelbirne', 'Römische Schmalzbirne', 'Wilde Eierbirne') und die Frucht noch fest, während ihr Kern bereits teigig ist (z. B. 'Feigenbirne', 'Speckbirne', 'Fässlesbirne'). Gerade diese landschaftsprägenden Baumriesen der Dörrbirnen sind heute ausgesprochen selten geworden und verdienen einen besonderen Schutz. Unter den Zwetschgen eignen sich die 'Hauszwetschge' und die 'Italienerzwetschge' sehr gut zum Dörren.

Zum Dörren können nur geeignete Sorten verwendet werden.

In manchen Gegenden gab es besondere Spezialitäten aus Dörrobst. In Frankreich wurden aus Sorten mit knackendem Fleisch (z. B. 'Rousselet de Reims') kandierte Birnen hergestellt. Die während des Dörrvorganges mit Zucker bestreuten Birnen erhielten einen kristallinen Glanz. Für die „überzogenen Zwetschgen" waren großfruchtige Sorten wie 'Italienerzwetschge' erforderlich. Diese mussten angedörrt werden, bevor der Stein entfernt und durch eine ebenso angedörrte kleinere Zwetschge ersetzt wurde. Damit entstand eine Dörrfrucht mit einem Stein, aber zwei Früchten. In anderen Regionen werden bis heute aus geeigneten Sorten ganze Birnen zu „Hutzeln" (Baden-Württemberg: 'Schnabelbirne', 'Fässlesbirne', 'Wilde Eierbirne' und 'Remele') oder „Kletzen" (Österreich: 'Rote Pichlbirne', 'Weiße Pelzbirne' und 'Rote Carisi' = 'Brunnenbirne' in Baden-Württemberg) gedörrt. Sowohl Schale als auch Kernhaus mit Kernen werden beim Dörrvorgang weich. In der Schweiz blieb eine Spezialität ebenfalls bis heute erhalten: die kleinen und langstieligen Früchte der Sorte 'Sept-en-Geule' oder 'Sieben-ins-Maul' werden gedörrt und mit Schokolade überzogen. Gerade in der Zentralschweiz hat sich die Tradition des Dörrens von Birnen (vorwiegend die Sorten 'Schweizer Wasserbirne', 'Gute Luise' und 'Ottenbacher Schellerbirne') bis heute gehalten. Jährlich werden auf diesem Weg über 2000 t Obst verwertet.

Erhalten durch Pflegen

Praktische Hilfen zu Arbeiten in der Streuobstwiese

Obstbäume sind Kulturpflanzen. Sie werden kultiviert, sind also auf eine ordnende Pflege angewiesen. Durch die richtigen Anbau- und Pflegemaßnahmen wird der artgerechte und gesunde Wuchs eines Baumes unterstützt und damit die Vitalität der Pflanze verbessert. Wie bei uns Menschen gilt für die Pflanzenwelt, dass gesunde Pflanzen gegenüber äußeren Einflüssen, wie Krankheiten und Schädlingen, wesentlich widerstandsfähiger sind. Gerade in Streuobstwiesen, wo chemischer Pflanzenschutz die Ausnahme sein soll, ist dies von besonderer Bedeutung.

Obstbäume sind Kulturpflanzen und benötigen die Pflege des Menschen.

Anlegen von Streuobstwiesen

In der Altersstruktur unserer Streuobstwiesen fehlt meist eine ganze Generation: Die Mehrheit der heutigen Obsthochstämme ist etwa 50 bis 75 Jahre alt, der Anteil an Jungbäumen liegt weit unter 10 % und auch der Anteil der 15 bis 40 Jahre alten Bäume ist erschreckend gering. Wir ernten heute von Bäumen, die bereits unsere Großväter gepflanzt und erzogen haben. Der Streuobstbau muss daher als Generationenvertrag verstanden werden, und es ist unsere Aufgabe, diesen Vertrag auch für die Zukunft zu erfüllen. Die Tatsache, dass wir bei Obsthochstämmen etwas länger auf einen Vollertrag warten müssen, soll uns von einer Neupflanzung nicht abhalten. Entscheidend ist aber, dass die gepflanzten Bäume gesund bleiben, einen guten Neuzuwachs entwickeln und angemessene Erträge bringen. Um dies zu erreichen, muss eine Pflanzung gut vorbereitet werden.

Bäume auf Streuobstwiesen können bei guter Pflege sehr alt werden. Ein Apfelhochstamm kann es unter günstigen Voraussetzungen auf mehr als 100 Jahre bringen, ein Birnbaum sogar auf weit über 200 Jahre.

Streuobstbau ist ein Generationenvertrag, aber nur selten sind alle Baumgenerationen vertreten.

Standortswahl

Wie alle Pflanzen unterliegen auch die Obstbäume den verschiedenen Einflüssen ihrer Umwelt. Diese Einflüsse können die Entwicklung fördern, hemmen oder sogar schädigen. Für den Erfolg einer Obstanpflanzung ist es deshalb wichtig, sie dort anzulegen, wo die fördernden Einflüsse möglichst optimal und die schädigenden weitgehend ausgeschaltet sind. Dazu bedarf es einer Beurteilung der Flächen bereits vor der Pflanzung. Dies ist im Obstbau besonders wichtig, da es sich um mehrjährige Kulturen handelt und sich deshalb eine falsche Standortswahl über Jahre hinweg negativ auswirkt. Allerdings können die Kriterien beim Streuobstbau weiter gefasst werden als bei dem stärker auf den wirtschaftlichen Erfolg ausgerichteten Intensivobstbau.

Während der gewerbliche Anbau von Tafelobst auf Regionen beschränkt ist, in denen die Apfelblüte bereits im April beginnt, können die klimatischen Grenzen für den Streuobstbau wesentlich weiter gezogen werden. Dies liegt einerseits daran, dass die Obsthochstämme überwiegend auf stark wachsenden Sämlingsunterlagen veredelt sind, die gegenüber den kleinen Baumformen auf schwach wachsenden Unterlagen deutlich widerstandsfähiger sind. Hinzu kommt, dass das Sortenspektrum wesentlich größer ist und neben den feinen Tafelobstsorten auch robustere Most- und Wirtschaftssorten umfasst. Nördlich der Mainlinie kann die klimatische Grenze bei einer Höhenlage von 600 bis 700 m ü. NN, im süddeutschen Raum bei 800 bis 900 m und in den Zentralalpen bei 1500 bis 1600 m angesetzt werden. Regionen, in denen Hagelschlag oder Spätfröste häufig auftreten, sind für den Obstbau jedoch nur bedingt geeignet.

Auch in Mulden und Tälern, wo die in klaren Nächten entstehende schwerere, kalte Luft nicht abfließen kann und sich Kälteseen bilden, ist der Obstbau wegen der Gefahr von späten Frösten nicht sinnvoll.

Deshalb sind Kenntnisse über die räumliche Verteilung „bodenbürtiger" Kaltluft in windarmen Strahlungsnächten bei obstbaulichen Planungen besonders wichtig. Häufig wird dabei rein schematisch die Vorstellung zu Grunde gelegt, dass alle Mulden und Talsohlen einer Landschaft generell stark, alle Kuppen und Höhenrücken dagegen wenig durch Kaltluft gefährdet seien. Doch dieses Schema gilt nur für Gebiete, für die eine flache Kaltluftschichtung von wenigen Metern Höhe typisch ist. In vielen Beckenlandschaften können sich jedoch wesentlich höhere Kaltluftseen ansammeln.

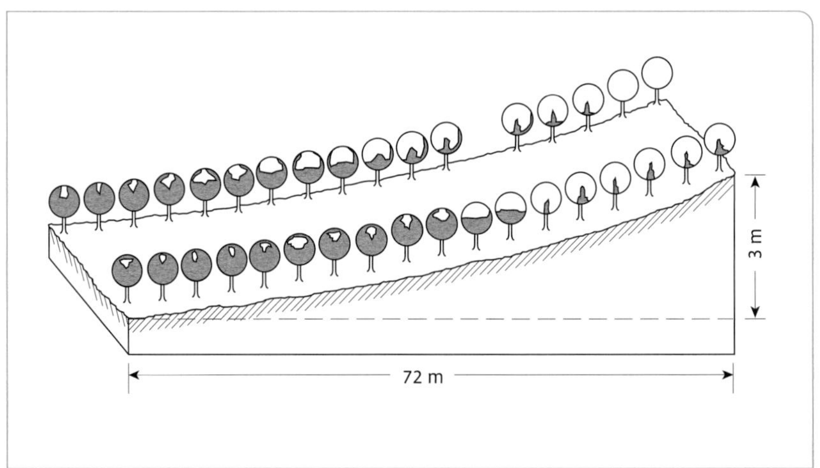

Spätfrostschäden an Pfirsichen in einer Mulde mit flacher Kaltluftschichtung. Während am oberen Rand keine Schäden auftraten, waren nur drei Meter tiefer am Grund der Mulde nahezu alle Früchte zerstört (schwarze Sektoren) (nach WINTER 1958).

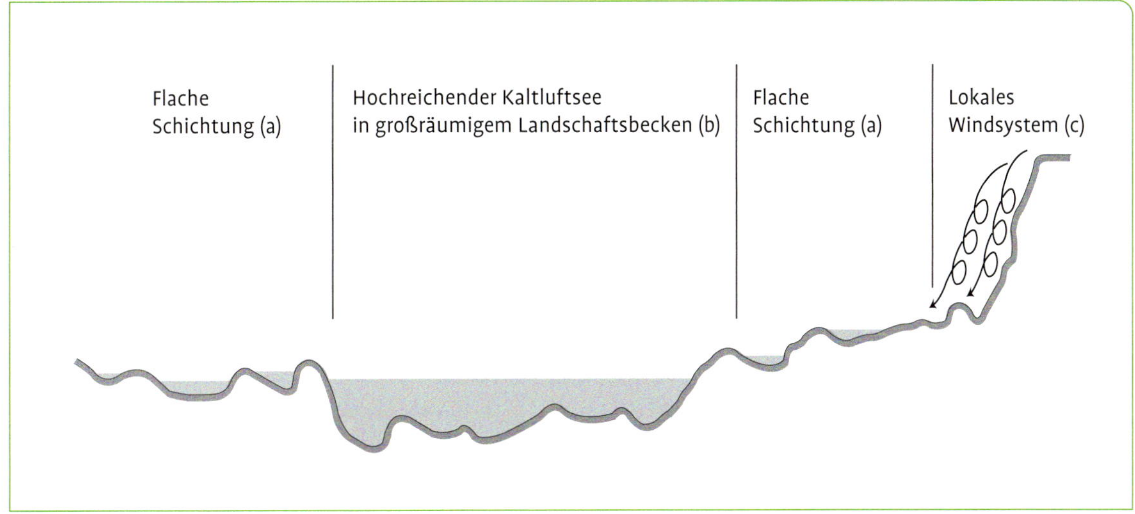

Querschnitt durch eine Landschaft mit drei verschiedenen Typen der Kaltluftverteilung (a, b und c) (nach WELLER 2001).

In Südwestdeutschland wurde teilweise eine Höhe von mehr als 100 m ermittelt. Alle Lagen, die sich unterhalb der Obergrenze eines solchen Kaltluftsees befinden, müssen gleichermaßen als stark gefährdet beurteilt werden, auch wenn es sich um örtliche Kuppen oder Rücken handelt. Andererseits gibt es Gebiete, in denen selbst Talsohlen nur wenig gefährdet sind. Solche Situationen finden sich bevorzugt an Gebirgsrändern, an denen sich in großräumig windarmen Strahlungsnächten lokale Windsysteme entwickeln, die in ihrem Wirkungsbereich nicht nur eine Kaltluftablagerung am Hangfuß und im Taltrichter verhindern, sondern durch einen Föhneffekt sogar noch zu einer Erwärmung der Luft führen. Es kommt also bei der Einschätzung der Spätfrostgefahr darauf an, sich zunächst Klarheit darüber zu verschaffen, in welcher landschaftlichen Gesamtsituation sich die zu beurteilende Fläche befindet, ob es sich um ein Gebiet handelt, für das flache Kaltluftschichtung (a), ein hoch reichender Kaltluftsee (b) oder ein lokales Windsystem (c) in Frostnächten typisch ist (siehe Abbildung). Erste Anhaltspunkte kann man durch eine großräumige Betrachtung der Geländemorphologie gewinnen. Für genauere Aussagen sind jedoch vergleichende Messungen in typischen Strahlungsnächten im Frühjahr erforderlich. Außerdem können auch Beobachtungen und Kartierungen der

Ansprüche der verschiedenen Obstarten an die Bodenbeschaffenheit:
Grundsätzlich werden gut durchlüftete, tiefgründige Standorte auf sandigen Lehmböden bevorzugt. Auf leichten Sandböden kommen die Obstbäume zwar früh in Ertrag, erschöpfen sich aber zu rasch. Sehr schwere Böden erwärmen sich im Frühjahr nur langsam und halten die Feuchtigkeit besonders lange im Boden. Sie sind schlecht durchlüftet und werden deshalb nur flach durchwurzelt. Bei Kernobst führen sie zu erhöhter Anfälligkeit für Krebsbefall und bei Süßkirschen zu Gummifluss. Zeitweilig nasse Standorte tolerieren lediglich die eher flach wurzelnden Steinobstarten Zwetschge, Pflaume, Reneklode und Mirabelle. Im Gegensatz dazu stehen die tiefwurzelnden Bäume von Walnuss und Birne, die auf einen tiefgründigen Boden angewiesen sind. Für die Praxis bedeutet dies, dass in Pflanzgruben, bei denen das Wasser nur zögerlich abfließt, ohne Dränage lediglich die genannten Steinobstarten eingesetzt werden sollten.

räumlichen Verteilung eingetretener Schäden an empfindlichen Pflanzen (Mais, Gurken, Tomaten, Dahlien u. a.) wertvolle Hinweise geben. Besonders gute Indikatoren sind Walnussbäume, bei denen nach Spätfrösten am neuen Austrieb mehrere Schadstufen unterschieden werden können. Bei stärkeren Frösten wird der Austrieb total zerstört. Dann müssen zur Zweigverlängerung neue, weiter unten am Zweig inserierte Knospen aktiviert werden, während die geschädigte Triebspitze als „Zapfen" ohne weitere Verlängerung erhalten und auch nach Jahren noch erkennbar bleibt. Unter Berücksichtigung der ebenfalls erkennbaren Jahrestriebgrenzen lässt sich daran sogar eine Chronik der Schadereignisse über mehrere Jahre zurückverfolgen. Um das Risiko gering zu halten, sollten besonders empfindliche Frühblüher, wie Pfirsich und Süßkirsche, auf die als wenig gefährdet erkannten Lagen beschränkt bleiben und stark gefährdete Lagen auch bei den übrigen Obstarten möglichst gemieden werden.

Günstige Standorte für Streuobstwiesen sind dort, wo früher bereits Obstbäume standen.

Da sich unsere Vorfahren vor einer Pflanzung intensiv mit den örtlichen Standortsverhältnissen auseinander gesetzt hatten und nur an geeigneten Standorten Obstwiesen anlegten, sind wir heute gut beraten, wenn wir uns an den vorherrschenden Verhältnissen orientieren. Das bedeutet, dass mit Streuobstbäumen bestandene Wiesen im Allgemeinen auch für Neupflanzungen geeignet sind und bei Bereichen, die noch nie von Streuobst geprägt waren, eher Vorsicht geboten ist.

Der Apfelbaum gedeiht am besten auf Böden mit regelmäßiger Wasserversorgung und guter Durchlüftung. Gut mit Kalk und Kalium versorgte Lehmböden sind ideale Standorte. Da der Apfelbaum mit seinen Wurzeln mehr in die Breite als in die Tiefe geht, erträgt er auch flachgründige Böden, sofern sie nicht staunass sind.

Der Birnbaum bildet ein tief gehendes Wurzelsystem und bevorzugt tiefgründige Böden. Hinsichtlich der Bodengüte ist er anspruchsloser als der Apfelbaum. Feine und vor allem später reifende Tafelsorten verlangen aber einen guten Boden und warme Lagen. Auf schweren, kalten Böden und in rauen Lagen werden die Früchte dieser Sorten oft rissig und steinig. Die Wirtschaftssorten sind demgegenüber wesentlich robuster und gedeihen auch auf schlechteren Böden und in rauen Lagen.

Jede Fruchtart hat ihren bevorzugten Standort.

Pflaumen- und Zwetschgenbäume sind hinsichtlich der Bodenbeschaffenheit wesentlich genügsamer. Sie gedeihen sowohl auf leicht trockenen als auch auf frischen bis wechselfeuchten Standorten. Auch auf weniger gut durchlüfteten, schweren Böden mit hohem Tongehalt und zeitweiliger Nässe entwickeln sie noch befriedigendes Wachstum. Die wurzelechten Hauszwetschgen zeigen eine erstaunlich große Wachstumsbreite. Brennsorten hingegen erreichen die gewünschten hohen Zuckergehalte als Voraussetzung für eine gute Ausbeute nur an wärmeren Standorten.

Süßkirschbäume lieben nährstoffreiche, warme Böden mit guter Durchlüftung und gleichmäßiger Wasserführung. Auf schweren und feuchten Böden neigen sie zur Bildung von Gummifluss. Die auf Vogel-Kirsche veredelten Bäume gedeihen mit geeigneten Sorten sowohl in sehr warmen als auch in Hochlagen in Süddeutschland (bis über 750 m ü. NN). Bei Brennsorten sind auch hier die wärmeren Lagen vorzuziehen.

Der Sauerkirschbaum erträgt noch sandige Böden. Schwere und kalte Standorte hingegen sind ungünstig.

Pfirsich- und Aprikosenbäume verlangen kräftigen, warmen und nicht zu kalkreichen Boden in warmen Lagen. An südöstlich bis südwestlich ausgerichteten Wänden können sie als Spalier gezogen werden.

Walnussbäume besitzen ein hohes Wärmebedürfnis und ausgeprägte Frostempfindlichkeit. Die Jungtriebe erfrieren bei Spätfrösten häufig. Danach bilden sich zwar wieder neue Blätter, aber keine Blüten mehr, sodass ein solches Jahr ertraglos bleibt. Die starken Senkwurzeln benötigen tiefgründige und gut durchlüftete Böden.

Quittenbäume verlangen einen warmen und lockeren Boden sowie einen frostgeschützten Standort.

Sortenwahl

Die Freude an einer Obstwiese hält nur an, wenn die Bäume gut gedeihen, Ertrag bringen und die Früchte, für welchen Zweck auch immer, gut verwertbar sind. Die Auswahl der geeigneten Sorten ist daher von entscheidender Bedeutung. Selbst wenn der Ertrag nicht im Vordergrund steht, sollte aus dem gepflanzten Jungbaum später doch ein schöner, großkroniger Hochstamm werden können. Im Gegensatz zum Erwerbsanbau, wo Pflanzenschutz und Düngung zu den regelmäßigen Kulturarbeiten gehören, müssen die Obstbäume auf Streuobstwiesen auch bei weniger intensiver Pflege wachsen können.

Daher sollten die Sorten folgende Eigenschaften erfüllen:

- Sie sollten **starkwüchsig** sein, um sich gegen die Konkurrenz des Grases durchsetzen zu können. Nur wenn ausreichend große Baumscheiben (mindestens 1 m Durchmesser) im Laufe der ersten fünf bis sechs Jahre angelegt werden und die Bäume einen fachgerechten Schnitt erhalten, können auch mittelstark bis schwach wachsende Sorten verwendet werden.
- Sie sollten **widerstandsfähig gegen einen Befall durch Krankheiten und Schädlinge** sein. Einige bekannte Apfelsorten (z. B. 'Golden Delicious', 'Elstar', 'Gloster' und 'Rubinette') sind anfällig für Schorfbefall und manche Mostbirnen (z. B. 'Oberösterreicher Weinbirne', 'Gelbmöstler', 'Große Rommelter') anfällig für den Befall durch Feuerbrand. Solche Sorten scheiden von vornherein aus. Seit einigen Jahren gibt es jedoch gegen bedeutende Krankheiten resistente Sorten, die auch für den Streuobstbau versuchsweise verwendet werden können.
- Sie sollten eine **gute Verzweigung und damit geringere Schnittbedürftigkeit** aufweisen. Es gibt Obstsorten, die ohne Schnittmaßnahmen kaum verzweigen oder sehr schnell von innen verkahlen (z. B. 'Schweizer Glockenapfel', 'Schattenmorelle'). Solche Sorten stellen hohe Anforderungen an den Schnitt.
- Steht der Fruchtertrag im Vordergrund, sollten sie **guten und gleichmäßigen Ertrag** bringen und für die Verwertung interessant sein.

Die Zusammensetzung der Arten und Sorten kann je nach Interesse und Lage sehr unterschiedlich ausfallen. Orientieren wir uns an den bestehenden Streuobstwiesen, so erhalten wir ein sehr heterogenes Bild. In den meisten Regionen ist der Apfel die am häufigsten vorkommende Art, gefolgt von Zwetschge/Pflaume, Birne und Kirsche, und zwar in einer Verteilung von etwa 55 : 20 : 15 : 5 %. In manchen Regionen sind jedoch die Mostbirnen stärker vertreten, in anderen die Zwetschgen oder die Kirschen. Solche regionalen Besonderheiten sollten bei der Arten- und Sortenwahl berücksichtigt werden.

Besonders geeignet sind Obstsorten, die wenig krankheitsanfällig sind und gute Verwertungseigenschaften bieten.

Die größte Sortenvielfalt finden wir beim Apfel. Es gibt Sorten zu Tafel-, Most- und vielseitigen Haushaltszwecken (vom Kochen und Backen über Dörren bis zum Brennen). Das Spektrum umfasst Genussreifezeiten über

'Brettacher'.

'Kaiser Wilhelm'.

'Jakob Fischer'.

'Sonnenwirtsapfel'.

'Jakob Lebel'.

'Topaz'.

'Köstliche aus Charneux'.

'Büttners Rote Knorpel'.

'Nägelesbirne'.

'Regina'.

'Wilde Eierbirne'.

'Ziparte'.

Tab. 1. Empfehlenswerte alte Apfelsorten für den Streuobstbau

Sorte	Verwertung				Reife-zeit	Halt-bar bis	Besonderheiten
	Tafel	Küche	Saft	Most			
Jakob Fischer* ◇	●	●	●		IX	X	Guter Stammbildner, etwas schorfanfällig
Martens Sämling	●	●	●		IX	XI	Großfruchtig, sehr robust
Prinzenapfel ◇	●	(●)			IX	XI	Etwas kleinfruchtig
Alkmene	●		(●)		IX	XI	Feinaromatisch, nur mittelstarker Wuchs
Danziger Kantapfel ◇	●	●	●	●	IX	XII	Etwas schorfanfällig
Grahams Jubiläumsapfel ◇		(●)	●	●	IX	XII	Sehr robuster Stammbildner
Rote Sternrenette	●	●	●		X	XII	Weihnachtsapfel für Christbaumdekoration
Sonnenwirtsapfel ◇		●	●	●	E IX	XII	Sehr robust
Spätblühender Taffetapfel			●	●	E IX	XII	Sehr spät blühend
Josef Musch* ◇	●	●	●	●	IX	I	Nur mittelstarker Wuchs
Gelber Edelapfel ◇		●	●	●	E IX	I	Frucht säuerlich
Jakob Lebel ◇	(●)	●	●	●	X	II	Guter Backapfel
Geflammter Kardinal	●	●	●	(●)	X	II	Baum wird sehr alt
Riesenboiken ◇	(●)	●	●	●	X	II	Sehr großfruchtig
Schöner aus Boskoop*	●	●	●	(●)	X	III	Frostempfindlich
Luxemburger Renette ◇			●	●	X	III	Robuster Wirtschaftsapfel
Hauxapfel		●	●	●	X	III	Vielseitig verwendbare Sorte
Kaiser Wilhelm	●	●	●	●	X	III	Früchte teilweise etwas trocken
Bramleys Sämling		●	●	●	X	III	Breitpyramidale Krone
Schöner aus Wiltshire	(●)	●	●	●	X	III	Nur mittelstarker Wuchs
Finkenwerder Prinzenapfel	●		●	●	X	III	Benötigt feuchte Lagerbedingungen
Maunzenapfel				●	M X	III	Sehr frosthart, mehltauanfällig
Champagner Renette	●			●	E X	IV	Schorfresistent, krebsanfällig
Rheinischer Winterrambur*		(●)	●	●	X	IV	Breite, flache Krone
Roter Bellefleur ◇	(●)	●	●		X	IV	Sehr spät blühend
Boikenapfel	●	●	●	●	X	V	Spät blühend
Brettacher*	(●)	●	●	(●)	X	V	Robust, Schattenfrüchte oft grasig
Rheinischer Bohnapfel* ◇			●	●	A XI	V	Reift sehr spät
Rheinischer Krummstiel		●		(●)	X	V	Überhängende Krone
Schwaikheimer Rambur		●	●	●	X	V	Breitkronige, robuste Bäume
Welschisner ◇		●	●	●	A XI	VI	Noch für schlechte Böden geeignet

* Triploide Sorte: benötigt andere, nicht triploide Sorte zur Bestäubung
◇ Auch für Höhenlagen geeignet

I bis XII = Monate
A = Anfang; M = Mitte; E = Ende

Tab. 2. Empfehlenswerte Birnensorten für den Streuobstbau

Sorte	Verwertung				Reife-zeit	Halt-bar bis	Besonderheiten
	Tafel	Küche	Saft	Most			
Petersbirne ◇	●				A VIII	M VIII	Robust, auch für Höhenlagen
Frühe aus Trévoux	●				VIII	IX	Auch für höhere Lagen
Gute Graue* ◇	●	●	●		A IX	IX	Schöner Landschaftsbaum, robust
Amanlis Butterbirne	●	●			A IX	M IX	Dörrbirne, Massenträger
Doppelte Philippsbirne	●	●			IX	A X	Feuerbrandanfällig
Nägelesbirne		●	●		A IX	M IX	Gute Brenn- und Dörrbirne
Palmischbirne ◇			●	(●)	IX	A X	Gute Brennbirne, feuerbrandfest
Gellerts Butterbirne	●	●	●		IX	X	Sehr feine Herbstbirne
Herzogin Elsa ◇	●	●			IX	X	Vielseitig verwendbar
Prinzessin Marianne ◇	●	●			IX	X	Späte, lang andauernde Blüte
Köstliche aus Charneux	●	●	●		IX	X	Schorfanfällig, Wuchs mittebetont
Wilde Eierbirne			●	●	A X	X	Wenig feuerbrandanfällig, sehr gute Most- und Brennbirne
Schweizer Wasserbirne* ◇				●	X	A XI	Wenig feuerbrandanfällig
Bayrische Weinbirne			●	●	X	XI	Sehr feuerbrandfest
Madame Verté	●	●			X	I	Schwach wüchsig
Gräfin von Paris	●				E X	II	Genussreife folgernd
Josephine aus Mecheln	●				M X	III	Wertvolle Winterbirne
Großer Französischer Katzenkopf		●		(●)	XII	IV	Kochbirne, robust, sehr alte Sorte
Paulsbirne		●		●	E X	III	Große, schöne und robuste Winterkochbirne

* Triploide Sorte: benötigt andere, nicht triploide Sorte zur Bestäubung
◇ Auch für Höhenlagen geeignet

I bis XII = Monate
A = Anfang; M = Mitte; E = Ende

das gesamte Jahr und Übermengen können als Mostobst abgeliefert werden. Auch bei den Birnen gibt es viele Sorten für Tafel, Most und Haushalt, aber das Interesse der Verwertungsindustrie an Übermengen ist deutlich geringer und auch die Lagerfähigkeit ist stark eingeschränkt. Bedeutend und beeindruckend zugleich sind sie als landschaftsprägende Baumriesen. Bei Steinobst genügen für den Eigenbedarf oft nur wenige Bäume. Auch hier ist die Verwertung von Übermengen nur begrenzt möglich, denn wirklich gute Tafelware aus Streuobstwiesen ist selten. Was bleibt, ist der Weg in den Brennkessel.

Bewährte alte Obstsorten

In den Tabellen 1 bis 3 sind Sorten zusammengestellt, die sich über Jahrzehnte für den Streuobstbau bewährt haben. Als „alte Obstsorte" werden Sorten bezeichnet, die bereits um 1900 und früher gebräuchlich waren. Empfehlenswerte Sorten aus der 1. Hälfte des 20. Jahrhunderts wurden ebenso aufgenommen.

Neue resistente Obstsorten

Gegen verbreitete Krankheiten wie Schorf, Mehltau und Feuerbrand gibt es seit wenigen Jahrzehnten widerstandsfähige Sorten. Eine Sorte mit einer derzeit wirksamen Resistenz muss aber nicht zeitlebens krankheitsfrei bleiben, denn eine Resistenz kann auch gebrochen werden. Zu diesen neueren Sorten gibt es noch keine langfristigen Erfahrungen in der Praxis.

Wildobstarten

Der Anteil an Wildobstarten in den bestehenden Streuobstwiesen ist verschwindend gering. Für artenreiche Pflanzungen sind sie aber eine willkommene Ergänzung des üblichen Sortimentes. Einige Arten hatten früher eine große Bedeutung als Handels- und Verwertungsfrüchte. In der Übersicht sind nur solche Arten aufgeführt, die als Hochstamm angepflanzt werden können.

Sorten für Höhenlagen

An Sorten für Lagen über 750 m Meereshöhe werden besondere Ansprüche gestellt. Neben Holz- und Blütenfrosthärte sind eine frühe Fruchtreife und ein rechtzeitiger Triebabschluss maßgebend. Sorten mit guter Eignung für solche Lagen sind in den Tabellen 1 bis 4 mit einer Raute gekennzeichnet.

Sorten für Hausbäume

Früher war es üblich, dass an einem Haus ein Hausbaum gepflanzt wurde. Hausbäume sollten Blitzschlag und Schädlinge fernhalten und dienten als Schattenspender. Typische Baumarten hierfür waren Walnuss, Edel-Kastanie oder Mostbirnbäume. Geeignet sind für diesen Zweck alle stark wachsenden Obstsorten, die eine große Krone bilden und ein hohes Alter erreichen. Als Standraum sollten allerdings etwa 100 m^2 und als Grenzabstand mindestens 6 m vorhanden sein. Für einen Hausbaum eignen sich die Apfelsorten 'Sonnenwirtsapfel', 'Kaiser Wilhelm', 'Rheinischer Winterrambur', 'Welschisner' und die Birnensorten 'Gute Graue', 'Kirchensaller Mostbirne', 'Nägelesbirne', 'Palmischbirne', 'Schweizer Wasserbirne', 'Wilde Eierbirne' sowie die Kirschensorten 'Hedelfinger Riesenkirsche' und 'Dollenseppler' sowie der Speierling.

Tab. 3. Empfehlenswerte Steinobstsorten für den Streuobstbau

Sorte	Verwertung			Reifezeit	Besonderheiten
	Tafel	Küche	Brennen		
Kirschen					
Burlat	●			2. KW	Mäßig platzfest
Teickners Schwarze Knorpel	●			3. KW	Relativ platzfest
Große Schwarze Knorpel	●		(●)	4. bis 5. KW	Sehr alte Süßkirschsorte
Hedelfinger Riesenkirsche	●		(●)	4. bis 5. KW	Blüte frostanfällig
Dollenseppler ◇	(●)		●	4. bis 5. KW	Auch für Höhenlagen, sehr robust
Unterländer	●			4. bis 5. KW	Robust, relativ platzfest
Köröser Weichsel		●		5. bis 6. KW	Sauerkirsche
Kordia	●		(●)	6. KW	Sehr ertragreich, frostempfindlich
Regina	●		(●)	7. bis 8. KW	Platzfest, spät blühend
Pflaumen / Zwetschgen / Mirabellen / Renekloden					
Katinka	●	●		A VIII	Sehr gute, neue Backzwetschge
Bühler Frühzwetschge	●	●		VIII	Sehr robust, reich tragend
Löhrpflaume			●	E VIII bis A IX	Hervorragende Brennpflaume
Graf Althanns Reneklode	●	●		A IX	Etwas fäuleanfällig, benötigt Bestäuber
Mirabelle aus Nancy	●	●	●	A IX	Ertragssicherste Mirabelle
Victoriapflaume	●	●		A IX	Scharka- und fäuleanfällig
Wangenheims Frühzwetschge ◇	●	●		IX	Scharkaanfällig, schöner Baum
Hanita	●	●	●	M bis E VIII	Ersatz für Hauszwetschge, kritischer Wuchs
Jojo	●	●		M bis E IX	Erste scharkaresistente Zwetschgensorte
Hauszwetschge ◇	●	●	●	E IX	Scharkaanfällig, verbesserte Typen erhältlich
Ziparte			●	M IX bis M X	Brennpflaume

◇ Auch für Höhenlagen geeignet
I bis XII = Monate

A = Anfang; M = Mitte; E = Ende
KW = Kirschenwoche

Tab. 4. Empfehlenswerte neue resistente Apfelsorten

Sorte	Verwertung Tafel	Küche	Saft	Most	Reifezeit	Haltbar bis	Besonderheiten
Rebella	●		●	●	M IX	XI	Mehrfachresistent, auch zum Brennen
Ahrista	●				A IX	XII	Schorfresistent, mehltauanfällig
Rubinola	●		●		M IX	XII	Schorfresistent, schwieriger Wuchs
Delia				●	M IX	II	Vermutlich polygene Resistenz
Florina ◇	●	●	●		IX	II	Schorfresistente Sorte, wenig Säure
Rewena ◇	●			●	E IX	II	Schorfresistent, allgemein robust
Ariwa	●				A X	II	Schorf- und mehltauresistent
Enterprise	●				E X	II	Schorf- und feuerbrandresistent
Opal	●	●			M – E IX	III	Für trockene und warme Lagen
Topaz ◇	●				IX	III	Schorfresistent, lausanfällig
Primiera	●				M X	IV	Schorfresistent, für Kindernahrung
Admiral	●				E IX	IV	Schorfresistent, stark wachsend, sehr guter Geschmack
Sirius	●		●		E IX	III	Schorfresistent, triploid

◇ Auch für Höhenlagen geeignet
I bis XII = Monate
A = Anfang; M = Mitte; E = Ende

Pflanzung

Eine richtig ausgeführte Pflanzung sichert dem jungen Obstbaum einen guten Start. Die Vorbereitungen beginnen bereits damit, den geeigneten Pflanzabstand festzulegen. Zu eng stehende Bäume können sich nicht ihrem Wuchscharakter entsprechend ausdehnen und richten ihr Wachstum einseitig in die Höhe. Zu enger Stand bedeutet aber auch, dass durch die geringere Luftbewegung die Blätter langsamer abtrocknen und damit einer erhöhten Pilzgefahr ausgesetzt sind. Stark wachsende Sorten benötigen allgemein einen weiteren Pflanzabstand als schwächer wachsende. Üblicherweise werden in Streuobstwiesen Hochstämme gepflanzt. Wird die Streuobstwiese nicht mit großen Traktoren bewirtschaftet, kann auch ein Halbstamm auf stark wachsender Unterlage (Sämling) verwendet werden. In einigen Streuobstregionen ist der Halbstamm sogar traditionell eine verbreitete Stammform.

Die Pflanzung im Herbst erhöht den Anwachserfolg.

Die günstigste Pflanzzeit für Obstbäume ist der Herbst (ab Mitte Oktober). Die Pflanzen sind zu diesem Zeitpunkt frisch gerodet und es steht das volle Sortenspektrum zur Verfügung. Die Wurzeln erhalten durch die Winterfeuchte bereits guten Bodenschluss und können über die Wintermonate erste Feinwurzeln bilden. Dadurch erhalten sie im Frühjahr einen Entwicklungsvorsprung. Lediglich in schweren Böden kann eine Pflanzung im

Tab. 5. Empfehlenswerte Wildobstarten für den Streuobstbau

Baumart	Verwertung			Reifezeit	Besonderheiten
	Tafel	Küche	Brennen		
Speierling			●	IX–X	Liebt warme Standorte, zum Mosten als Zugabe in kleinen Mengen zur Klärung, schorfanfällig
Elsbeere			●	IX–X	Als Zugabe in kleinen Mengen zur Klärung
Essbare Eberesche		●	●	VIII–IX	Wächst aufrechter und stärker als Eberesche, Früchte mit hohem Vitamin-C-Gehalt
Mispel	●	●		X–XI	Verzehr erst nach Frosteinwirkung
Schwarze Maulbeere		●	(●)	VI–VII	Benötigt warme Standorte, Weiße Maulbeere weniger frostempfindlich, Schwarze Maulbeere hat größere und verwertbare Früchte, Reife folgernd

Frühjahr günstiger sein. In diesem Fall wird die Pflanzgrube bereits im Herbst ausgehoben, sodass der Boden über den Winter ausfrieren kann und eine günstigere Struktur erhält. Die Pflanzung sollte dann möglichst im Laufe des März erfolgen. Gute Pflanzware zeigt mindestens vier gut entwickelte Haupttriebe (Leitäste), einen geraden Mitteltrieb (Stammverlängerung) und einen hohen Anteil an Feinwurzeln. Während des Transports müssen die Wurzeln vor austrocknendem Wind, Frost und Sonne geschützt werden.

Für ein gutes Wachstum benötigen die Wurzeln nicht nur Boden- und Wasserkontakt, sondern auch Luft. Vor allem in schweren Böden ist es deshalb ratsam, die Pflanzgrube möglichst groß auszuheben. Ideal sind Gruben von 1 × 1 m und einer Tiefe von 50 cm. Beim Ausheben werden nach dem Abscheren der Grasnarbe der erste und der zweite Stich getrennt gelagert und beim Pflanzen dann auch wieder so eingefüllt.

Der häufigste Schädling an Jungbäumen ist die Wühlmaus. Wer die anspruchsvolle Technik des Fangens mittels Fallen nicht beherrscht, kann den Jungbaum nur durch einen ausreichend großen Drahtkorb im Wurzelraum vor diesem Schädling schützen. Für Durchmesser bis 60 cm sind fertig montierte Drahtkörbe erhältlich, größere Körbe müssen selbst erstellt werden (siehe Anleitung, Seite 120).

Drahtkörbe schützen vor Wühlmausschäden.

Tab. 6. Empfehlenswerte Pflanzabstände (in m)

Obstart	Hochstamm	Halbstamm
Apfel	10	7
Birne	10 bis 12	7 bis 8
Zwetschge/Pflaume, Reneklode/Mirabelle	8	6
Süßkirsche	10 bis 12	7 bis 8
Sauerkirsche	7 bis 8	6
Walnuss	12 bis 14	

Anleitung zum Erstellen eines Drahtkorbes für Obst-Hochstämme:
Material: 6-eck Drahtgeflecht verzinkt, Maschenweite 13 bis 20 mm, Rollenbreite 1 m, Bindedraht
Vorbereitung: Das Pflanzloch muss einen Durchmesser von 1 m und eine gleichmäßige Tiefe von 50 bis 60 cm besitzen.
Vorgehensweise:

- Pro Baum werden von der Drahtrolle jeweils 1 Stück mit 1 m und ein Stück mit 3,2 m geschnitten.
- Das Meterstück wird auf den Boden gelegt, das lange Stück in Kreisform auf diesen Boden gestellt.
- Die Ecken des Bodens werden hochgebogen und an den Seitenwänden befestigt.
- Der gesamte Korb wird umgedreht und der Boden mit Bindedraht in Zickzack-Führung fest mit der Seitenwand verbunden. Die Überschneidung der Seitenwand wird ebenfalls mit Bindedraht verschlossen.
- Der Drahtkorb wird in das Pflanzloch gestellt. In den Drahtkorb wird etwas Boden gefüllt. Anschließend wird der Pfahl gesetzt, bevor der Baum gepflanzt wird. Hierbei ist zu beachten, dass das Pflanzloch nur bis 10 cm unterhalb der Bodenoberfläche verfüllt wird. Dann wird der überstehende Draht zum Stamm her gelegt und leicht eingetreten, jedoch keinesfalls am Stamm mit Bindedraht verbunden. Zuletzt wird mit dem restlichen Boden ebenerdig angedeckt. Durch diese Vorgehensweise kann die Baumscheibe gehackt werden, ohne den Draht zu zerstören.
- Die Drahthose am Stamm wird unten mit dem Drahtkorb verbunden, um ein Abfressen der Rinde direkt an der Bodenoberfläche zu verhindern.

Zuerst wird der Drahtkorb in das Pflanzloch gelegt, dann der Pfahl (Länge 2,25 m) etwa 5 cm von der Mitte entfernt entgegen der Hauptwindrichtung gesetzt. Um einen zügigen Bodenkontakt zu unterstützen, ist es ratsam, die Wurzeln vor der Pflanzung in einen Brei aus Boden und Wasser zu tauchen.

Der Baum wird nun so gepflanzt, dass die Veredlungsstelle mindestens 10 cm aus dem Boden ragt (Setzung des Bodens berücksichtigen!). Nur in ausgesprochen schlechten Böden ist es ratsam, die obere Bodenschicht mit höchstens 30 % gutem Mutterboden oder völlig verrottetem Kompost zu verbessern. Der feinkrümelige Bodenanteil wird mit einer Startdüngung von etwa 300 g Thomaskali vermischt und an die Wurzeln gebracht. Dann wird das gesamte Pflanzloch bis 10 cm unterhalb der Grasnarbe angefüllt. Jetzt kann der Boden um den Stamm leicht angetreten werden. Der Drahtkorb wird anschließend zum Stamm hin umgelegt, bevor die Pflanzgrube völlig mit Boden verfüllt wird. Reicht der Pfahl bis in die Baumkrone, muss er unterhalb des ersten Astansatzes abgesägt werden, um zu vermeiden, dass er an einem Ast scheuert. In Form einer liegenden Acht wird der Baum am Pfahl so angebunden, dass der Stamm genügend Raum für sein Dickenwachstum hat und gerade steht. Auch bei feuchter Witterung muss der Baum mit mindestens 20 l Wasser angegossen werden, um den Bodenkontakt der Wurzeln zu beschleunigen. Während der Sommermonate sind im Pflanzjahr ebenfalls kräftige Wässerungen notwendig.

Links: Drahtkörbe schützen die Wurzeln des jungen Baumes vor Verbiss durch Wühlmäuse.

Rechts: Wird das Anbringen eines Stammschutzes versäumt, fallen Jungbäume leicht dem „Fegen" des Rehbocks zum Opfer.

Pflegearbeiten in Streuobstwiesen

Streuobstwiesen sind durch die pflegende Hand des Menschen entstanden. Ein Mindestmaß an Pflege benötigen sie zeitlebens, um ein vorzeitiges Vergreisen der Bäume oder das Verbuschen der Wiese zu verhindern.

Schnitt

In Gesprächen unter Obstbaumbesitzern sind kontroverse Diskussionen um den Schnitt ein bestimmendes Thema. Da der Arbeitsaufwand für den Baumschnitt an Hochstämmen sehr groß ist, stellt sich die Frage, warum und mit welchem Ziel dieser Aufwand überhaupt betrieben werden soll.

Im Laufe der Jahrhunderte haben unsere Vorfahren aus den kleinfruchtigen Wildarten immer solche Bäume vermehrt, die wohlschmeckende und große Früchte trugen. Heute erreicht ein durchschnittlicher Tafelapfel ein Gewicht von annähernd 200 g, einzelne Äpfel von großfruchtigen Sorten können sogar mehr als 500 g auf die Waage bringen. In guten Ertragsjahren muss somit ein Apfelhochstamm bis zu einer halben Tonne an Gewicht tragen können, ohne auseinander zu brechen. Um diesen Belastungen gewachsen zu sein, benötigen Obstbäume im Gegensatz zu vielen Laubbaumarten im Wald eine Erziehung der Krone, damit sie ein stabiles Gerüst bilden können. Nur so kann aus einem jungen Hochstamm ein beeindruckender Baumriese entstehen, der über Jahrzehnte gesund bleibt.

Aus der Vogelperspektive gesehen werden bei den Kronenformen Rund- und Längskrone unterschieden. Dem natürlichen Wuchs entspricht die Rundkrone, die nachfolgend beschrieben wird.

In Schnitt- und Veredlungskursen kann die Praxis erlernt werden.

Der Schnitt orientiert sich sowohl am natürlichen Wuchs der Obstbäume als auch an den Vorgaben des Menschen. Beides ist in der so genannten Pyramidenkrone vereint, die durch drei bis vier Leitäste und eine Stammverlängerung geprägt wird. Hier hat die Krone eine breite Basis und wird nach oben immer schlanker. Ziel dieser Erziehungsform ist es, auf Dauer eine gute Belichtung der unteren und inneren Kronenpartien zu gewährleisten und somit das Höhenwachstum zu begrenzen. Das Astsystem unterliegt dabei einer klaren Rangordnung – die Hauptachse wird von der Stammverlängerung gebildet. An ihr sitzen die Leitäste, an denen wiederum Seitenäste angeordnet sind. In der gesamten Krone sind Fruchtäste, Fruchttriebe und Fruchtholz zu finden.

Erziehung von Jungkronen

Mit dem Schnitt der jungen Obstbäume wird der Grundstock für das gesamte Baumleben gesetzt. Fehler, die dabei gemacht werden, können später oft nur mit hohem Aufwand ausgeglichen werden. Ein fachgerechter Aufbau ist die Grundlage für eine auf Dauer stabile und ertragreiche Krone. Das hierfür notwendige Wachstum erreichen wir aber nur, wenn der Baum gut versorgt und keiner Nährstoff- und Wasserkonkurrenz ausgesetzt ist. Eine offene Baumscheibe während der ersten fünf bis sechs Jahre ist deshalb unverzichtbar. Daneben kann aber auch ein zu früh einsetzender Ertrag das Wachstum bremsen. Deshalb muss während dieser Aufbauphase dem Baumwachstum das Hauptaugenmerk gelten. Das kann im Einzelfall sogar bedeuten, dass ein zu starker Blütenbesatz mit der Schere ausgedünnt werden muss.

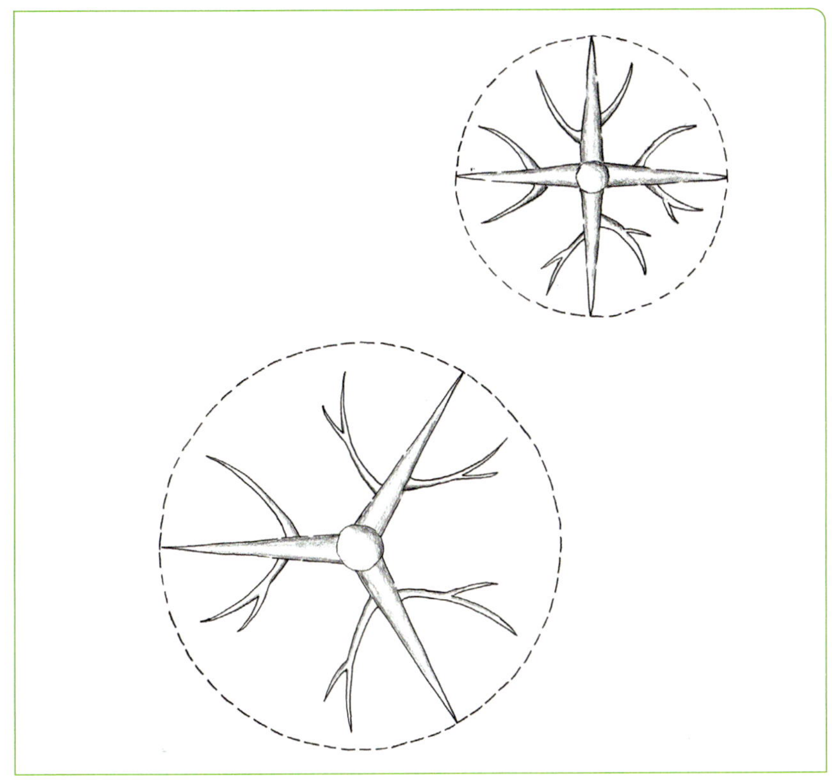

Draufsicht: Leit- und Seitenäste müssen gleichmäßig im Raum verteilt sein und genügend Platz zum Anstellen der Leiter lassen (nach SCHMID 2003, verändert).

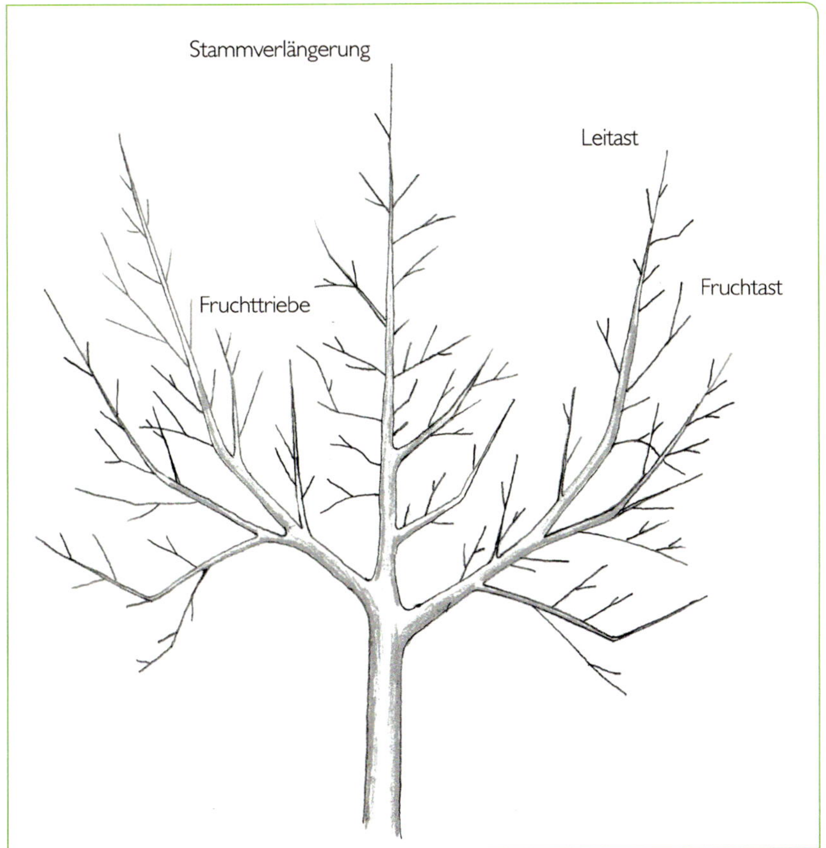

Schematische Seitenansicht einer Pyramidenkrone.

Der Pflanzschnitt ist der einfachste und zugleich wichtigste Schnitt für die Baumerziehung.

Da während dieser Erziehungsphase im einjährigen Triebbereich geschnitten wird, darf dieser Schnitt erst nach Ende der strengen Winterfröste erfolgen. Durch Frosteinwirkung kann es sonst passieren, dass die zum Austrieb vorgesehenen Knospen erfrieren. Wer aus Zeitgründen an Jungbäumen bereits im Winter schneiden muss, sollte den Schnitt nicht direkt, sondern einige Zentimeter oberhalb der Knospe ansetzen.

Die hier beschriebenen Grundsätze für die Erziehung der Jungkronen gelten für alle Fruchtarten gleichermaßen. Zu Sonderbehandlungen bei einigen Fruchtarten (z. B. Sauerkirsche, Pfirsich, Aprikose, die am einjährigen Holz Blüten ansetzen) wird auf spezielle Fachliteratur verwiesen (siehe Seite 185).

Ungeschnittene Jungbäume entwickeln Langtriebe, die im Folgejahr an ihrer Basis verkahlen und im mittleren bis äußeren Bereich Blütenknospen ansetzen. Dadurch entwickeln sich lange, dünne Triebe, die sich durch den weit außen hängenden Fruchtbehang nach unten biegen. An den weit ausladenden Ästen ist die Hebelwirkung am Astansatz groß und es droht Astbruch. Mit dem Rückschnitt dieser Langtriebe wird einer Verkahlung an der Astbasis vorgebeugt und die Verzweigung sowie das Dickenwachstum werden gefördert. Die Früchte hängen damit an der Astbasis. Nur so erhält der Ast eine hohe statische Belastbarkeit.

Pflanzschnitt

Ohne Pflanzschnitt ist der Baum nicht in der Lage, mit dem durch die Verpflanzung reduzierten Wurzelwerk alle Kronenteile gut zu versorgen. Ein Pflanzschnitt fördert damit den Neuaustrieb. Mit dem Pflanzschnitt werden die Anzahl und die Stellung der Leitäste und damit das Grundgerüst der Krone festgelegt. Auch nach einer Herbstpflanzung erfolgt er erst im Laufe des März. Dabei sind folgende Arbeitsschritte notwendig:

1. Auswahl der Leitäste,
2. Ausrichtung der Leitäste,
3. Rückschnitt.

Neben der Stammverlängerung werden drei bis vier gleichmäßig verteilte Triebe ausgewählt, die als Leitäste die Krone bilden. Folgende Aspekte sind bei der Auswahl zu berücksichtigen:

- Die Triebe sollten etwa gleichwertig sein. Werden ungleich starke Triebe ausgewählt, ist es schwierig, ein gleichmäßiges Wachstum zu erreichen.
- Die Triebe sollten einen günstigen Astabgangswinkel besitzen. Zu steile Triebe neigen gern zum Ausschlitzen (sog. Schlitzäste) oder zu starkem Wuchs. Zu flache Triebe zeigen ein zu schwaches Wachstum. Günstige Abgangswinkel liegen zwischen 45 und 60°. Häufig ist es so, dass die flacheren und damit schwächeren Triebe besser am Stamm verankert sind als die steil stehenden starken Triebe.
- Die Triebe sollten an der Stammverlängerung aufgelockert angeordnet sein. Stehen sie alle in einer Ebene, so kann dies dazu führen, dass die Mitte schlecht versorgt wird und damit wenig Wachstum zeigt. Bei hohem Ertrag konzentriert sich zusätzlich die gesamte statische Belastung am Stamm auf einen kleinen Stammabschnitt, was zu Überbelastung und in dessen Folge zu Astbruch führen kann.

Jungbaum vor, nach und 1 Jahr nach dem Pflanzschnitt: gute Neutriebbildung mit schöner Garnierung der Mitte sowie der Leitäste.

Nach Auswahl der Leitäste wird, sofern vorhanden, zuerst der Konkurrenztrieb entfernt. Als Konkurrenz- oder Afterleittrieb wird der neben der Stammverlängerung stehende steile Trieb bezeichnet. Bei stark wachsenden Sorten kann es ratsam sein, einen flach stehenden Ast einige Jahre als vorzeitigen Fruchtast in der Krone zu belassen. Nun werden alle nicht benötigten Triebe auf Astring entfernt. Falls erforderlich, werden die Leitäste nun formiert: Zu steil stehende Triebe werden abgespreizt, um deren Wachstum zu bremsen und zu flache Triebe werden herangebunden, um sie im Wachstum zu fördern.

Ohne Kenntnis der Wuchskraft der Sorte kann der Pflanzschnitt nach einem einheitlichen Muster erfolgen: An einem mittellangen Leitast wird vom Stamm her die zehnte kräftige Knospe ermittelt und dann oberhalb

Anschneiden

In Fachkreisen gibt es zur „richtigen" Schnittführung beim Anschneiden unterschiedliche Auffassungen. Am weitesten verbreitet ist der exakte Schnitt über der ausgewählten Knospe, wie im Text beschrieben. Da sowohl Stärke als auch Verteilung des Austriebes nur schwer vorhersehbar sind, schneiden manche ungezielt, um im Folgejahr zu Gunsten des günstigsten Triebes zu korrigieren. Das Anschneiden kann aber auch auf eine nach innen stehende Knospe direkt über der vorgesehenen Knospe erfolgen (der sog. „**Umkehrschnitt**"). Dies hat zur Folge, dass sich ein steil stehender Trieb entwickelt und der darunter entstehende Trieb, der die Verlängerung des Leitastes bilden soll, einen flacheren Abgangswinkel zeigt. So wird vermieden, dass dieser eine zu steile Stellung erhält. Der senkrecht gebildete Trieb wird im Spätsommer oder im kommenden Frühjahr entfernt.

Links richtige Schnittführung auf Astring, rechts falsche Schnittführung mit einseitiger Überwallung der Wunde.

Astring
Der Astring ist der sichtbare Wulst, der die Astansatzstelle umringt. Von ihm geht die Überwallung der Schnittwunde aus. Dort befinden sich bei Kernobst auch die „schlafenden Augen", aus denen sich Neutriebe bilden können. Bei richtiger Schnittführung (siehe linker Schnitt) wird entlang des Astringes geschnitten. Wird der Astring fälschlicherweise entfernt, so kann die Wunde nicht verheilen und es entstehen keine Neutriebe.
Verbleibende Stummel (siehe rechter Schnitt) werden nicht gleichmäßig überwallt, sodass Fäulnis entstehen kann, die den gesamten Ast bzw. Stamm schädigt.

der am nächsten nach außen stehenden Knospe geschnitten. Der Schnitt muss mit einem leichten Abstand von der Knospe schräg geführt werden. Wird zu dicht an die Knospe geschnitten, so ist die Versorgung der Knospe schlecht und der Austrieb geschwächt. Dieses Schneiden im einjährigen Triebteil oberhalb einer Knospe, um deren Austrieb zu fördern, wird als Anschneiden bezeichnet.

Nun werden die verbleibenden Leitäste auf etwa gleicher Höhe oberhalb einer nach außen gerichteten Knospe angeschnitten. Die nachfolgende, meist nach innen zeigende Knospe wird entfernt, um die Bildung eines unerwünschten Triebes zu verhindern. In gleicher Weise wird mit allen Knospen verfahren, die auf der Astoberseite sitzen. Die Stammverlängerung wird etwa eine Scherenlänge über den Schnittstellen der Leittriebe oberhalb einer Knospe angeschnitten, die der Hauptwindrichtung zugerichtet steht. Die drei bis vier darunter liegenden Knospen werden entfernt. Der vorzeitige Fruchtast wird lediglich waagerecht gebunden, aber nicht angeschnitten.

Wundverschluss

Ob und wann die Wunden mit Wundverschlussmittel verschlossen werden sollen, ist in Fachkreisen umstritten. Grundsätzlich gilt, dass ein „im Saft" stehender Baum seine Wunde selbst verschließen kann. Daher ist der Wundverschluss im Sommer nicht erforderlich. Im Winter hingegen bleibt die Wunde bis zum Saftaufstieg offen. Bei großen Sägewunden hat es sich gezeigt, dass ein Verstreichen der Wunde nachteilig sein kann. Unter dem Wundverschluss kann sich schnell Feuchtigkeit sammeln, die das Abtrocknen der Wunde verlangsamt und Fäulnis beschleunigt. Ohne Wundverschluss trocknen solche Wunden besser ab. Lediglich der äußere Ring (Rinde) darf verstrichen werden. Erst wenn der Holzkörper beginnt, rissig zu werden, kann die Wunde verstrichen werden, um eindringende Feuchtigkeit abzuhalten.

Wird, wie in der Jungkronenerziehung üblich, im einjährigen Triebteil oberhalb einer Knospe (mit einem Abstand von 1 cm zur Knospe) angeschnitten, so sollte diese kleine Wunde verstrichen werden. Sonst ist diese Knospe, an der sich der Neutrieb entwickeln soll, nicht optimal versorgt. Das Wasser verdampft dann bei Sonneneinstrahlung, sodass die darunter liegende Knospe den kräftigeren Neutrieb bildet. Dieser zeigt aber meist nicht in die gewünschte Richtung.

Wird der Umkehrschnitt eingesetzt, so erübrigt sich das Verstreichen der Wunde.

Rückschnitt im zweiten Standjahr

Kann der Pflanzschnitt noch an jedem Baum nach dem gleichen Schema erfolgen, so muss bereits beim nächstjährigen Schnitt von Baum zu Baum unterschieden werden. Der Schnitt ist nun abhängig von der Reaktion des Baumes auf den Pflanzschnitt.

Im besten Falle haben sich an Mitteltrieb und Leitästen gleichmäßige, kräftige Verlängerungen und einige Seitentriebe gebildet. Zeigen nahezu alle Knospen einen kräftigen Neutrieb, war der Pflanzschnitt zu stark, ein ausgesprochen schwacher Neutrieb (unter 5 cm) kann von zu schwachem Pflanzschnitt herrühren. Häufig ist aber hierfür auch Wassermangel in der Hauptwachstumszeit die Ursache. Diese kurzen Triebe dürfen nicht zurückgeschnitten werden, weil das Hauptwachstum hier von der Endknospe ausgeht. Lediglich bei deutlich unterschiedlichen Trieblängen muss mit dem Schnitt ausgeglichen werden. Haben sich bereits Blütenknospen gebildet, müssen diese bis auf maximal zwei entfernt werden.

Ab dem zweiten Standjahr wird der Schnitt der Reaktion des Baumes angepasst.

Erfreulicher ist es natürlich, wenn sich ein kräftiger Neutrieb gebildet hat. Hier werden zuerst die Konkurrenztriebe zur Spitzentrieb- und Leitastverlängerung, dann die nach innen und senkrecht nach oben gerichteten Neutriebe entfernt. Haben sich an den Leitästen starke Seitentriebe entwickelt, werden lediglich zwei je Leitast belassen, einer rechts, einer versetzt davon links (siehe Seite 123). Vor allem in Stammnähe müssen die Seitentriebe entfernt werden. Kürzere Triebe werden durchweg geschont, denn aus ihnen bildet sich später das erwünschte Fruchtholz. An der Astunterseite ansetzende Fruchtäste werden belassen. Um eine günstige Statik zu unterstützen, werden sie etwas eingekürzt.

Formieren der Triebe

Nun folgt das Formieren der Triebe. Dies sollte nicht bei Frost erfolgen, da hier die Bruchgefahr zu groß ist. Sind einzelne Leitäste schwach geblieben, werden sie durch Hochbinden zu stärkerem Wachstum angeregt, zu stark entwickelte Äste werden abgespreizt. Zu steile Astverlängerungen werden ebenfalls abgespreizt oder gebunden. Dies erübrigt sich, wenn der Umkehrschnitt eingesetzt wurde. Die verbliebenen starken Seitenäste werden bei zu weitem Winkel über 45° zum Leitast hin gebunden.

Nach dem Formieren folgt der Schnitt. Angeschnitten werden lediglich die Verlängerungen von Spitzentrieb und Leitästen sowie die kräftigen Seitentriebe. Alle kürzeren Triebe werden geschont. Die Stärke des Rückschnitts orientiert sich an der Länge des Neutriebes. Bei langen Neutrieben (über 50 cm) wird um ein Drittel auf eine nach außen gerichtete Knospe zurückgeschnitten, bei kürzeren um etwa die Hälfte. Alle Leitäste sollten ungefähr auf gleicher Höhe angeschnitten werden (Saftwaage). Um die

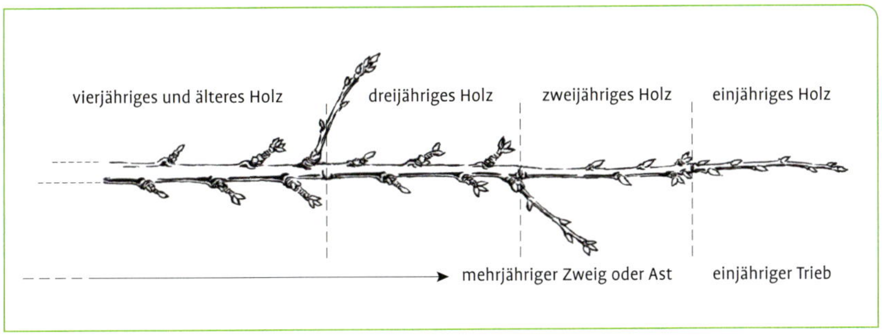

Aufbau eines mehrjährigen Astes, hier Süßkirsche (nach SCHMID 2003).

Dominanz der Stammverlängerung zu unterstützen, wird von den Schnittstellen am Leitast ein gedachter Winkel von 60° zur Stammverlängerung angelegt und dort geschnitten. Im selben Verhältnis (hier wird der Winkel von den Seitenästen zum Leitast angelegt) werden die starken Seitenäste angeschnitten. Das Ausbrechen der Knospen erfolgt wie oben beschrieben, um den Austrieb der äußeren Knospen, die günstige Fruchtäste und Fruchtholz ergeben, zu fördern.

Rückschnitt in den Folgejahren

Die Grundsätze des Schnittes im zweiten Standjahr gelten unverändert für die folgenden Jahre. Das Hauptaugenmerk gilt folgenden Aspekten:

- Die „Rangordnung" muss gewährleistet bleiben: Stammverlängerung stärker als Leitast, dieser stärker als Seitenast. Ein Leitast sollte höchstens halb so stark sein wie die Stammverlängerung. Ähnliches gilt für das Verhältnis von Seitenast zu Leitast.
- Eine Garnierung aller Leitäste mit Fruchtästen und Fruchtholz muss gefördert werden. Dabei ist zu beachten, dass deren seitliche Ausladung durch Absetzen auf innen liegendes Fruchtholz begrenzt wird.
- Die Stammverlängerung soll gut mit Fruchtholz garniert sein, aber keine ausladenden Fruchtäste enthalten. Lediglich dann, wenn sich die Mitte im Verhältnis zu den Leitästen zu stark entwickelt, kann ein stärkerer Trieb waagerecht gebunden werden, um mit dem sich daran bildenden Fruchtertrag den Neutrieb der Stammverlängerung zu bremsen. Nach erfolgter Triebabschwächung wird dieser Fruchtast auf stammnahes Fruchtholz eingekürzt.
- Der ideale Abgangswinkel der Leitäste liegt zwischen 45 und 60°. Um den Wuchs der Leitastverlängerungen zu fördern, können diese, sobald der erste Ertrag einsetzt, wesentlich steiler stehen. Das Absetzen auf einen flacher stehenden Trieb ist falsch, weil dadurch die Triebkraft vermindert wird und der Leitast bei einsetzendem Ertrag Gefahr läuft, durch zu flache Stellung „einzuschlafen".
- Es werden keine weiteren Leitastserien erzogen. Nur mit einer schlanken Mitte kann dauerhaft gewährleistet werden, dass die Leitäste auch an

Links: Dreijähriger Jungbaum mit günstigem Aufbau: Leitäste und Stammverlängerung.

Mitte: Derselbe Baum im achten Standjahr: Offene Krone, gut garnierte und schlanke Stammverlängerung, Leitäste mit Fruchtästen versehen.

Rechts: Inzwischen ist der Baum 14 Jahre alt. Die Leitäste sind gut garniert mit Fruchtästen, die Verlängerungen stehen aber noch immer steil.

Oeschbergschnitt
Der aus der Schweiz stammende Oeschbergschnitt sieht keine starken Seitenäste an den Leitästen vor. Hier werden lediglich nahezu astparallele Fruchtäste gezogen, die möglichst an der Leitastunterseite ansetzen. Die Krone wird dadurch offener und die Gefahr des Verbauens reduziert. Sowohl die Statik des Baumes als auch die Qualität der Früchte wird mit dem Oeschbergschnitt verbessert, die Entwicklung einer sortentypischen Kronenform aber beeinträchtigt.

ihrer Basis genügend Licht erhalten. Jede zusätzliche Leitastserie führt zu breiten, überbauenden Ästen im oberen Kronenteil, welche die ursprünglichen Leitäste beschatten, mit der Folge, dass die gut besonnten Früchte deutlich höher liegen und damit schwieriger zu ernten sind. Ausnahmen hiervon sind lediglich bei aufrecht wachsenden Mostbirnensorten erforderlich (z. B. 'Oberösterreicher Weinbirne').

Der Erziehungsschnitt muss bis zum 10. Standjahr jährlich erfolgen.

Sobald das Astgerüst genügend stabil ist, dass sich seine Stellung auch bei zunehmendem Ertrag nicht mehr maßgeblich verändert, ist das Ziel des Erziehungsschnittes erreicht. Das ist bei Hochstämmen je nach Wuchskraft der Sorte erfahrungsgemäß nach acht bis zehn Jahren der Fall, bei Süßkirschen schon etwas früher.

Erhaltungsschnitt

Nach Abschluss der Erziehungsphase hat der Baum nun sein Kronengerüst entwickelt. Dies bedeutet aber nicht, dass wir ihn zukünftig sich selbst überlassen können. Jetzt gilt es, das aufgebaute Grundgerüst beizubehalten und zu fördern, den Baum auf den steigenden Fruchtertrag vorzubereiten und Entwicklungsfehler zu korrigieren.

Der Erhaltungsschnitt wird nicht mehr jährlich, sondern nach Bedarf durchgeführt. Dabei sind regelmäßige schwächere Eingriffe für die Entwicklung des Baumes stets günstiger als starke Eingriffe nach längeren Schnittpausen. Das Anschneiden von Trieben wird nur noch in Ausnahmefällen angewendet (z. B. bei schlecht verzweigenden oder stark fruchtenden Sorten). Überflüssige Triebe werden entweder entfernt oder auf weiter innen liegende Triebe oder Äste abgesetzt.

Mit dem Erhaltungsschnitt kann bereits im Dezember bei Tagestemperaturen über 0 °C begonnen werden. Die natürliche Wundheilung setzt je-

Fachgerechter Kronenaufbau mit schlanker Mitte (nach SCHMID 2003).

Der Schnitt orientiert sich an folgenden Zielen:

1. **Gleichgewicht zwischen Trieb- und Fruchtwachstum** (physiologisches Gleichgewicht)
   Grundsätzlich gilt: Starkes Triebwachstum hemmt die Fruchtbildung, schwaches Wachstum fördert die Fruchtbildung. Einerseits wünschen wir uns einen hohen Ertrag, andererseits aber benötigen wir hierfür auch regelmäßige Neutriebbildung. Der Erhaltungsschnitt muss nun zwischen diesen beiden Zielen ausgleichen. Das bedeutet, dass sich die Stärke des Erhaltungsschnittes an der Neutriebbildung und am Ertrag orientiert. Stark treibende Bäume erhalten einen maßvollen Schnitt und stark fruchtende einen kräftigeren. Bei zu starkem Neuzuwachs ist es sinnvoll, den Schwerpunkt des Baumschnitts auf den Sommer zu verlegen (siehe unter Sommerschnitt, Seite 133).
   Mit zunehmendem Ertrag wird sich das Wachstum des Baumes verlangsamen, weil für die Entwicklung der Früchte immer mehr Kraft gebunden wird. Die schönsten und besten Früchte bilden sich an Fruchtholz, das nicht älter als fünf Jahre ist. Daher wird abgetragenes, nach unten hängendes Fruchtholz Schritt für Schritt auf jüngeres, möglichst waagerecht stehendes Fruchtholz zurückgesetzt.

2. **Gleichmäßig besonntes Kronengerüst**
   Nur an gut besonnten Trieben werden sich gesunde Blätter und gut entwickelte Früchte bilden können. Lichtmangel führt zum Absterben von Blättern und Trieben und damit zur Verkahlung. Schlecht besonnte Früchte entwickeln kein ausgeprägtes Aroma und schmecken oft grasig. Daher ist es wichtig, dass Triebe entfernt werden, die senkrecht stehen, sich kreuzen, nach innen wachsen oder andere überlagern. Besonderes Augenmerk gilt dabei der Mitte: Sie sollte kompakt und ohne weit ausladende Äste bleiben. Nur so kann gewährleistet bleiben, dass die Leitäste auch an ihrer Basis genug Licht bekommen.
   In richtig erzogenen Baumkronen gibt es mehrere Gassen, die das sichere Anstellen einer Leiter für Schnitt und Ernte ermöglichen. Mit dem Erhaltungsschnitt werden quer wachsende Triebe, die diese Erntegassen versperren, konsequent entfernt.

3. **Günstige Statik der Krone**
   Mit zunehmendem Ertrag steigt auch die statische Belastung der Krone. Um ein Ausbrechen ganzer Äste bei starkem Fruchtbehang zu verhindern, werden weit ausladende Äste auf stammnäher stehende und nach oben gerichtete Triebe abgesetzt. Lange Fruchttriebe können ebenfalls auf stammnahes Fruchtholz zurückgenommen werden. Häufig genügt es bereits, wenn junge Fruchtruten oberhalb der letzten Blütenknospe zurückgeschnitten werden. Besonderes Augenmerk gilt dem Einhalten der Rangordnung innerhalb des Kronengerüstes. Leitäste, die sich zu stark entwickeln und mit der Stammverlängerung konkurrieren, müssen zurückgenommen werden. Andererseits kann es besonders bei Mostbirnen passieren, dass sich die Stammverlängerung zu stark entwickelt und den Leitästen davon wächst. Hier muss die Stammverlängerung auf weiter unten ansetzende, möglichst senkrecht stehende zweijährige Triebe zurückgeschnitten werden.

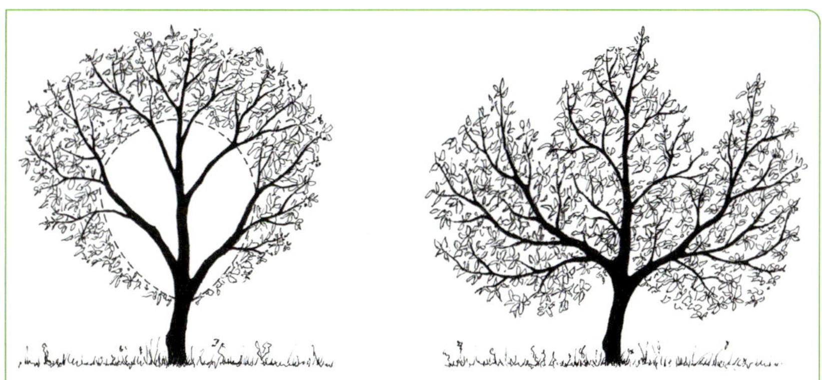

Die Kronen müssen so erzogen werden, dass das Kroneninnere belichtet wird. Ungeschnittene Kronen wachsen nach außen und drohen vorzeitig auseinanderzubrechen (nach ZEHNDER und HOLDERIED 2009).

doch erst mit dem Saftaufstieg im Frühjahr ein, sodass ein späterer Schnittzeitpunkt (März) vorteilhaft ist. Süßkirschenbäume infizieren sich durch offene Wunden leicht mit dem Valsapilz. Es entwickelt sich Gummifluss und einzelne Äste können absterben. Um dies zu verhindern, werden Süßkirschen im Sommer mit oder direkt nach der Ernte geschnitten. Walnussbäume dürfen nur in der Zeit von August bis zur Verfärbung des Laubes geschnitten werden, um ein Bluten der Wunden zu verhindern.

Auslichten von alten Kronen (Erhaltungsschnitt)

Viele ältere Obstbäume haben seit zwanzig oder mehr Jahren keinen Schnitt mehr erhalten. Das richtige Auslichten dieser Bäume ist zwar aufwendig, kann aber ihre Lebensdauer entscheidend verlängern. Wer hier mit zu viel Elan an die Arbeit geht, wird den Spaß in den Folgejahren schnell verlieren, denn die Bäume reagieren häufig mit zu starkem Austrieb.

Der erste Blick vor Arbeitsbeginn gilt den Triebspitzen. Zeigen nahezu alle Triebe kräftige Jahrestriebe, so hat der Baum noch eine starke Wuchskraft. Erfolgt der Schnitteingriff hier zu stark, wird der Baum mit starker Neutriebbildung reagieren und für Jahre aus dem physiologischen Gleichgewicht kommen. Dies gilt besonders für Sorten, die lange und wenig verzweigte Triebe bilden (z. B. 'Jakob Fischer', 'Luikenapfel', 'Spätblühender

Links: Geeignete Werkzeuge erleichtern die Arbeit: Hochentaster und Stangenscheren können bis 5 m Höhe eingesetzt werden. Wo man höher hinaus muss, sind sichere Holzleitern nötig!

Rechts: Messer (Baumschulhippe), Schere (hier mit Rollgriff), Bügelsäge und moderne Astsäge.

Links: Obsthochstamm vor dem Erhaltungsschnitt und ...

Rechts: ... nach dem Erhaltungsschnitt.

Häufig ist es sinnvoll, mit dem Folgeschnitt zwei bis drei Jahre zu warten.

Taffetapfel'). Daher muss der Schnitteingriff auf mehrere Jahre verteilt werden. Im ersten Jahr sollten an solchen stark treibenden Bäumen keinesfalls mehr als 20 % der Krone entfernt werden. Häufig kann dies bereits mit zwei bis drei zielgerichteten Sägeschnitten erreicht werden. Schwach treibende Bäume können deutlich stärker ausgelichtet werden.

Wird der Schnitt auf mehrere Jahre verteilt, ist der Aufwand überschaubar und der Eingriff für den Baum wesentlich besser verträglich. Die Qualität der Früchte wird erhöht und die Vitalität des Baumes durch die bessere Belichtung der Blätter entscheidend verbessert.

Vorgehen beim Auslichten von Altkronen:

1. Von oben nach unten: Rücknahme von überbauenden Ästen im oberen Teil der Krone, um eine ausreichende Belichtung der Leitäste und des Kroneninneren zu erreichen.
2. Von außen nach innen: Reduzierung der Astausladung durch Rückschnitt auf weiter innen liegende Äste mit gleicher oder nach oben gerichteter Wuchsrichtung.
3. Von unten nach oben: Verjüngung des Fruchtholzes. Das nach unten hängende abgetragene Fruchtholz wird Schritt für Schritt auf möglichst waagerecht oder nach oben gerichtetes junges Fruchtholz zurückgenommen.

Erneuerungsschnitt

Obstbäume, die regelmäßige Erträge bringen und einen eher schwachen Wuchs zeigen, erschöpfen sich oft vorzeitig. Die Früchte werden dann sehr klein und die Neutriebbildung unterbleibt nahezu vollständig. Solche Bäume neigen zu ausgeprägter Alternanz: nach einem guten Ertragsjahr folgt ein Jahr mit sehr schwachem Ertrag. Werden solche Bäume sich selbst überlassen, haben sie nur noch eine begrenzte Lebenserwartung. Ähnliches kann auch eintreten, wenn Jungbäume nach der Pflanzung weder einen Erziehungsschnitt noch eine Baumscheibe erhalten.

In beiden Fällen kann nur noch ein kräftiger Rückschnitt ins mehrjährige Holz verhindern, dass die Bäume vergreisen und vorzeitig absterben.

Dem eigentlichen Erneuerungsschnitt geht ein Auslichten der Krone voraus. Dabei werden von den vorhandenen Ästen vier gleichmäßig verteilte und gut verankerte Äste als Leitäste bestimmt. Alle weiteren Äste werden auf stammnahe Fruchtäste eingekürzt. Anschließend erfahren sowohl Stammverlängerung als auch Leitäste eine Einkürzung um etwa ein Drittel ihrer Länge auf Fruchtäste oder Fruchtquirle. Im Unterschied zum Kernobst, das aus schlafenden Knospen an nahezu allen Stellen wieder neue Triebe bilden kann, muss der Rückschnitt bei Steinobst stets auf vorhandene Seitentriebe erfolgen, was als Absetzen bezeichnet wird. Beim Rückschnitt der Hauptachsen gilt derselbe Grundsatz wie bei der Erziehung von Jungkronen. Die Leitäste werden so zurückgeschnitten, dass sie einem gedachten Winkel von insgesamt 120° zur Stammverlängerung entsprechen.

Anschließend wird das Fruchtholz verjüngt. Altes und abgetragenes Fruchtholz wird auf astnahe Fruchttriebe abgesetzt. Bei dicht stehenden Fruchtquirlen (typisch für Sorten wie 'Goldparmäne', 'Champagner Renette' und 'Wilde Eierbirne') wird jeder zweite Quirl entfernt.

Der Erneuerungsschnitt regt vergreiste Bäume zu neuem Wachstum an.

Auf den Erneuerungsschnitt folgt eine maßvolle Düngung der Bäume. Ist bereits an Jungbäumen durch zu geringes Wachstum ein Erneuerungsschnitt erforderlich, so ist hierfür meist die fehlende Baumscheibe und damit die Wasser- und Nährstoffkonkurrenz verantwortlich. Der Erneuerungsschnitt sollte dann mit dem Anlegen einer Baumscheibe verbunden werden.

Entwickelt der Baum nach dieser Behandlung noch immer keine Neutriebe, ist die Hoffnung auf neues Leben vergebens. Doch dieser Fall wird die Ausnahme bleiben. Meist treiben die Bäume im Folgejahr kräftig aus. Eine gezielte Weiterbehandlung der verjüngten Kronen ist nun unerlässlich. Dabei muss darauf geachtet werden, dass an den Schnittstellen eine günstig stehende, nach oben gerichtete Verlängerung entsteht, welche die Richtung des Astes fortsetzt. Konkurrenztriebe werden ebenso wie an der Astoberseite ansitzende Neutriebe entfernt. Schwächere und seitlich am Ast ansitzende Triebe werden geschont. Bei besonders starker Neutriebbildung ist es ratsam, diesen Schnitt bereits im Sommer durchzuführen.

Sommerschnitt

Der Schnitt während der Saftruhe im Winter regt das Wachstum an. Wird der Schnittzeitpunkt auf den Sommer verlegt, führt dies zu einer Beruhigung des Triebwachstums. Der Sommerschnitt ist daher für stark treibende Bäume ratsam. Er führt zur Triebberuhigung und fördert das Fruchtwachstum. Hierbei ist aber zu beachten, dass während der Vogel-Hauptbrut an älteren Bäumen keine starken Schnitteingriffe erfolgen sollten. Auch ist während des Hochsommers Vorsicht bei stärkeren Schnitteingriffen geboten, um Schäden durch Sonnenbrand an heißen Tagen zu vermeiden. Dies kann zu Rindenbrand (siehe Seite 143) führen.

Ein wichtiger Aspekt spricht für den Schnitt im Sommer: Der Baum kann eine entstehende Wunde sofort natürlich verschließen und sich so vor Krankheitsbefall schützen. Ein Verstreichen der Wunden erübrigt sich daher im Sommer und der Schnitteingriff ist für den Baum verträglicher.

Entscheidend für den Erfolg des Sommerschnittes ist der richtige Zeitpunkt. Wir unterscheiden den Frühsommerschnitt vom Spätsommerschnitt. Der Frühsommerschnitt oder -riss wird bereits im Mai/Juni durchgeführt. Zu diesem Zeitpunkt sind die Jungtriebe noch nicht verholzt und können ohne Schere ausgerissen werden. Kürzere Triebe auf der Astoberseite werden auf Rosette, also auf die an der Triebbasis stehenden kranzförmig angeordneten Blätter, zurückgeschnitten. Damit wird die Bildung von Fruchttrieben gefördert. Frühsommerschnitt ist auch dann empfehlenswert, wenn sich an größeren Sägewunden viele Neutriebe gebildet haben. Er hat allerdings einen erneuten Austrieb zur Folge. Der Spätsommerschnitt (der eigentliche Sommerschnitt) erfolgt erst, wenn sich an den Triebspitzen fertig ausgebildete Endknospen entwickelt haben. Dies ist, abhängig von Sorte und Klima, gegen Ende August der Fall. Überflüssige Triebe werden mit der Schere entfernt. Hierzu zählen Konkurrenztriebe, senkrecht ansitzende Neutriebe und nach innen wachsende Triebe. Begleitend zum Schnitt werden geeignete Fruchttriebe waagerecht gebunden, um die Bildung von jungem Fruchtholz zu fördern.

Nach einem Sommerschnitt reduziert sich der Winterschnitt auf die Formierung der Triebe, die Fruchtholzerneuerung und bei der Jungbaumerziehung das Anschneiden von Astverlängerungen.

Mögliche Aufwertungsmaßnahmen (nach Deuschle et al. 2012):
- Bestandsergänzung bis zum Erreichen des Zielbestandes,
- Umbau zu dichter Bestände,
- Revitalisierung der Bäume,
- Lebensverlängerung abgängiger Habitatbäume,
- Entbuschung oder Extensivierung des Unterwuchses.

Ökologische Aspekte bei der Pflege von alten Obstbäumen

Ergänzend zu den bereits beschriebenen Schnittmaßnahmen können in ökologisch besonders wertvollen Streuobstbeständen zusätzliche Aspekte bei der Baumpflege berücksichtigt werden, um die naturschutzfachliche Wertigkeit der Bestände zu erhöhen. Von besonderer Bedeutung sind diese Aspekte bei Pflegearbeiten, die als Ausgleichs- oder Ersatzmaßnahme oder dem kommunalen Ökokonto anerkannt werden sollen. Hier ist die naturschutzfachliche Aufwertung Grundvoraussetzung für eine Anerkennung.

- Dem Schnitt wird eine individuelle Baumbeurteilung vorangestellt, die Aspekte wie Stabilität, Vitalität und Nutzbarkeit als Grundlage für Art und Umfang der Pflegemaßnahmen berücksichtigt (Bosch 2016).
- Ziel der Schnittmaßnahmen ist eine maßvolle Jungtriebbildung, um die Vitalität und Lebensdauer der Bäume zu verbessern.
- Bei noch vitalen Bäumen sollte das vorhandene Kronenbild erhalten bleiben.
- Etwa armdickes Totholz soll am Baum belassen werden, solange es die Statik zulässt. Stehendes und besonntes Totholz ist ökologisch besonders wertvoll, wogegen abgestorbene Triebe im Feinastbereich zur Förderung der Neutriebbildung entfernt werden sollten.

Schnittgut von Obstbäumen kann geschreddert und zur energetischen Nutzung eingesetzt werden.

Alte und hohle Obstbäume haben nur geringen obstbaulichen Wert, sind aber Lebensraum für viele Tierarten und sollten deshalb erhalten bleiben.

- Nicht mehr lebensfähige Bäume werden nicht sofort entfernt, sondern soweit aufgeastet, dass eine Beeinträchtigung der Unternutzung vermieden wird. Der Feinholzanteil kann zur statischen Sicherung entfernt werden.
- Zur Zeit der Vogelbrut sollten Pflegemaßnahmen an den Baumkronen nach Möglichkeit vermieden werden.
- Die Maßnahmen sollten lediglich von qualifizierten Fachkräften ausgeführt werden.
- Ein kleiner Teil des Schnittgutes kann im Randbereich des Bestandes gelagert werden, der übrige Teil sollte fachgerecht entsorgt werden. Besonders empfehlenswert ist eine thermische Verwertung als Hackschnitzel.

Streuobstwiesen gelten als besonders artenreiche Biotope. Durch angepasste Pflege- und Bewirtschaftungsmaßnahmen kann die Artenvielfalt auch hier noch weiter gefördert werden. Wichtige Aspekte zur Kennzeichnung der Artenvielfalt sind:

Baumbestand:
- Mischung verschiedener Obstarten mit Dominanz des Apfels.
- Nachhaltige Altersstruktur mit etwa 15 % Jungbäumen, 70 bis 80 % ertragsfähigen, vitalen Bäumen und 5 bis 10 % Totholz.
- Pflege der Bäume in dem Alter und der Vitalität angepassten Intervallen.
- Ökologisch wertvolles Totholz und Nisthöhlen.

Unterwuchs:
- Artenreiches, möglichst extensiv bewirtschaftetes Grünland. Reduzieren oder Aussetzen der Düngung führt zu Abmagerung und erhöht die Artenvielfalt. Die Nährstoffversorgung der Bäume (insbesondere Jungbäume) muss jedoch gewährleistet bleiben.
- Angepasstes Mahdregime: unterschiedliche Bewirtschaftung in und zwischen den Baumreihen, Belassen von Altgrasstreifen (siehe S. 138).
- Das Mähgut des ersten Schnittes muss abgefahren werden.

Hinweise zur Erhaltung und Förderung der Artenvielfalt in Streuobstwiesen bietet eine Veröffentlichung des Kompetenzzentrums Obstbau-Bodensee (MEYER 2020).

Düngung

Mit der Ernährung verhält es sich bei Pflanzen wie beim Menschen: Eine ausgewogene Ernährung fördert Gesundheit, Wachstum und Widerstandskraft. Ein Überschuss an Nährstoffen ist ebenso nachteilig wie ein Mangel. Mit der Obsternte und der Grasnutzung entnehmen wir sowohl dem Baum als auch der Wiese wichtige Nährstoffe. Dadurch unterbrechen wir den natürlichen Kreislauf und müssen diese Nährstoffe für ein gutes Gedeihen der Pflanzen wieder zuführen.

In extensiven Streuobstwiesen muss die Nährstoffsituation allerdings von zwei Seiten aus betrachtet werden: Der Obstanbauer möchte einen gut versorgten Baum, um gesundes Wachstum und einen vollen Erntekorb zu bekommen. Der Ökologe hingegen strebt eine möglichst magere Wiese an, denn nur so entwickeln sich die artenreichen bunten Blumenwiesen. Unser Ziel ist es daher, sowohl einen gut ernährten Baum als auch eine bunte Wiese zu erhalten.

Untersuchungen in Streuobstwiesen Baden-Württembergs haben ergeben, dass die Ernährungssituation oftmals alarmierend schlecht ist. Vielerorts zeigen ältere Streuobstbäume eine geringe Vitalität; bei den landschaftsprägenden Mostbirnenbäumen wird unter Fachkreisen gar von einem Birnensterben gesprochen. Selbstverständlich sind diese Beobachtungen nicht ausschließlich auf die Ernährungssituation zurückzuführen. Auch trockene Sommer, die erhöhte Ozoneinwirkung und der Birnenverfall (siehe Seite 145) bleiben nicht ohne Folgen. Tatsache ist aber ebenso, dass in vielen Streuobstwiesen über Jahrzehnte nur Heu und Obst geerntet wurde, ohne diesen Entzug durch eine Düngung auszugleichen. Bis vor etwa 30 Jahren war es üblich, die Obstwiesen mit Jauche oder Stallmist zu düngen. Seit dies nicht mehr erfolgt, fehlt es den Bäumen vor allem an Phosphor, Kalium, Kalk und den Spurennährstoffen Zink und Mangan, in extensiv bewirtschafteten Streuobstwiesen auch an Stickstoff.

Grundsätzliches zur Düngung

Die Wechselbeziehungen der einzelnen Nährstoffe untereinander, mit dem Boden und der Pflanze sind sehr vielfältig. Dies detailliert zu beschreiben, bleibt speziellen Fachbüchern vorbehalten. Wir wollen uns auf einige wichtige Punkte konzentrieren.

Die Vitalität von Pflanzen hängt von verschiedenen Faktoren ab. Dazu gehören Nährstoffe, Licht, Wärme, Sauerstoff, Kohlendioxid und Wasser. Erst das Zusammenspiel dieser Faktoren führt zu einem guten Wachstum.

Die Höhe der Düngung wird aber auch durch die Form der Bewirtschaftung beeinflusst. Je nachdem, ob die Fläche in der klassischen Form mit zwei- bis dreimaligem Schnitt der Wiese und Abfuhr des Mähgutes bewirtschaftet, beweidet oder gemulcht wird, fällt der Düngebedarf sehr unterschiedlich aus. Damit kann die Düngung von Obstwiesen nicht nach „Schema F“ erfolgen, sondern muss auf den Standort und die Form der Bewirtschaftung abgestimmt sein. Vor der ersten Düngung steht immer eine umfassende Bodenuntersuchung, die neben den Hauptnährstoffen Phosphor, Kalium, Kalk und Magnesium möglichst auch die für den Obstbaum wichtigen Spurennährstoffe Eisen, Mangan, Zink und Bor umfassen sollte. Etwas schwieriger ist eine Untersuchung auf Stickstoff, da der Gehalt im Jahresverlauf stark schwankt, temperaturabhängig ist und sich in der Probe leicht verändert. Stickstoffproben müssen daher gleichmäßig gekühlt werden.

Die Nährstoffe

Der Baum zeigt uns an, wie es um seine Nährstoffversorgung aussieht. Die Farbe der Blätter sowie die Stärke des Neutriebes geben hierbei wichtige Hinweise. **Stickstoff (N)** benötigt die Pflanze für den Aufbau von Blattgrün und Eiweiß, also für ihr Wachstum. Bei mangelhafter Versorgung werden die Blätter blassgrün bis gelb. Überversorgung führt zu dunkel- bis blaugrünen Blättern und mastigem Wuchs mit weichen Trieben. Diese sind sehr frostanfällig und werden von Läusen, Krebs und anderen Erkrankungen befallen. **Phosphor (P)** ist für den Energietransport in der Pflanze verantwortlich und fördert die Fruchtbarkeit. Sichtbare Mangelsymptome sind sehr selten, eine Überversorgung reduziert aber die Aufnahme von Stickstoff und Zink. **Kalium (K)** ist für den Wasserhaushalt der Pflanze wichtig und begünstigt damit die Wasserausnutzung. Durch den erhöhten Salzgehalt in der Pflanze wird der Gefrierpunkt des Zellsaftes niedriger und damit die Frosthärte erhöht. Kaliummangel zeigt sich durch scharf abgegrenzte gelbbraune Blattränder, die Pflanzen ertragen Trockenheit weniger und sind auch nicht so frosthart. Überversorgung kann zu Wurzelverbrennungen führen und bremst die Aufnahme von Kalzium und Magnesium.

Eine gezielte Düngung ist nur nach erfolgter Bodenuntersuchung möglich.

Kalzium (Ca) unterstützt eine gute Krümelstruktur des Bodens, regt das Bodenleben und damit auch die Mineralisierung organischer Substanzen an. Im Boden liegt Kalzium überwiegend als kohlensaurer Kalk ($CaCO_3$) vor. Es regelt als Baustoff der Zellwand zusammen mit Kalium den Wassergehalt und -transport in der Pflanze, in der Frucht reguliert es die Haltbarkeit. Mangelhafte Kalziumversorgung führt zu schwacher Bewurzelung und hellgrünen jungen Pflanzenorganen. Bei starkem Wachstum und geringem Fruchtbehang wird Kalzium vor allem an den Triebspitzen verbraucht und fehlt folglich in den Früchten. Es bilden sich im Fruchtfleisch inselartige Verbräunungen in Schalennähe, was als Stippe bezeichnet wird. Zu viel Kalk kann die Aufnahme von Magnesium, Kalium und Spurennährstoffen wie Eisen hemmen. Chlorosen (Gelbfärbung der Blätter) können die Folge sein. **Magnesium (Mg)** verhält sich im Boden ähnlich wie Kalzium. Es ist als wichtiger Bestandteil des Chlorophylls (des Blattgrüns) maßgeblich bei der Photosynthese – dem Aufbau von Kohlenhydraten aus Kohlendioxid und Wasser mithilfe des Sonnenlichtes. Ein Mangel zeigt sich durch ovale Verbräunungen zwischen den Blattadern. Die Blätter fallen, anders als bei Kaliummangel, schnell ab. Zusätzlich wird das Wurzelwachstum verringert.

Ausbringen der Dünger

Mit einer Düngung in Streuobstwiesen wollen wir erreichen, dass die Nährstoffe an die Baumwurzeln gelangen, ohne dass der überwiegende Anteil von der Wiese „verbraucht“ wird. Da der Baum die Nährstoffe vor allem in der Hauptwachstumszeit von Mai bis Ende Juni aufnimmt, ist der richtige Zeitpunkt der Düngung entscheidend. Die verschiedenen Nährstoffe verhalten sich hierbei im Boden ganz unterschiedlich. Manche Nährstoffe sind im Boden sehr beweglich, andere hingegen werden von den Bodenteilchen festgehalten. Stickstoff wird mit dem Bodenwasser schnell verteilt, Kalzium und Magnesium sind zwar mobil, werden aber von den Bodenschichten gut festgehalten. Kalium und Phosphor sind hingegen wenig mobil. Sie werden daher, wie auch Kalzium, im Spätherbst ausgebracht und mit dem Bodenwasser des Winters in den Wurzelraum transportiert. Stickstoff darf, falls überhaupt erforderlich, erst ab März ausgebracht werden, um ein

Mehrmaliges Mulchen auf den Baumstreifen und zweimalige, traditionelle Wiesennutzung verbinden Ökonomie und Ökologie.

Auswaschen in das Grundwasser zu vermeiden. In extensiven Streuobstbeständen mit bunten Blumenwiesen sollte die flächige Stickstoffdüngung eingestellt werden, sobald die Wiese ihr Wachstum beginnt, und auf eine baumbezogene Ausbringung übergegangen werden.

Über das richtige Ausbringen der Dünger haben sich schon unsere Vorfahren Gedanken gemacht. Sie lösten das Problem, indem sie die so genannte Untergrunddüngung und die Düngung mit der Düngelanze einführten. Bei der Untergrunddüngung wurde im Spätherbst unter der Kronentraufe auf einem kreisförmigen und zwei Spatenstich breiten Streifen die Grasnarbe abgestochen. Auf diesen Streifen wurden dann Kalisalz und Thomasmehl ausgebracht. Erst gegen Ende des Winters folgte ein Stickstoffdünger, damals meist mittels Jauche. Mit der Düngelanze konnten Düngerlösungen in tiefere Bodenschichten gebracht werden. Beide Verfahren sind allerdings aufwendig, heute auf größeren Flächen kaum einsetzbar und bei Mulchwirtschaft auch nicht erforderlich.

Eine besondere Konzentration der Düngergaben auf den Bereich unter der Kronentraufe ist überflüssig, da sich hier, anders als früher angenommen, keine stärkere Ballung von Saugwurzeln findet. Deren Konzentration nimmt vielmehr mit der Entfernung vom Stamm mehr oder weniger kontinuierlich ab bis über die Traufe hinaus (siehe Abbildung S. 139). Abzulehnen ist das früher propagierte Aufpflügen von Düngefurchen, da es die flach verlaufenden Wurzeln schädigt.

Eine unerwünschte Aufdüngung der gesamten Wiese kann verhindert werden, indem die Dünger lediglich in Stammnähe ausgebracht werden.

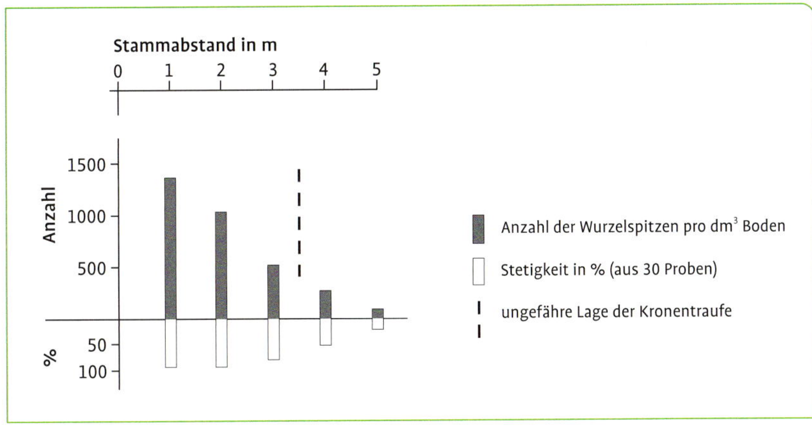

Saugwurzeldichte im Oberboden in verschiedener Entfernung vom Stamm eines 28-jährigen 'Boskoop'-Baumes (nach WELLER 1964).

Bei Jungbäumen hat sich bewährt, in den Baumreihen auf beiden Seiten der Bäume je eine Mäherbreite vier- bis fünfmal pro Jahr zu mulchen und die freien Flächen zwischen den Bäumen nach der klassischen Methode zu bewirtschaften (siehe Abbildung S. 138). So kann einerseits gewährleistet werden, dass die Jungbäume ausreichend mit Nährstoffen versorgt werden und auch den Sommer über zugänglich sind, und andererseits die Wiese nicht flächig aufgedüngt wird.

Düngerbedarf

Im Gegensatz zum Erwerbsobstbau und dem extensiven Grünland, wo detaillierte Angaben über den Nährstoffbedarf der Pflanzen vorliegen, fehlen solche Angaben für den Streuobstbau. Die unterschiedlichen Verhältnisse hinsichtlich Bodenbeschaffenheit, Pflegezustand der Bäume und Bewirtschaftung der Wiese erschweren die Erarbeitung einheitlicher Richtlinien. Für Jungbäume gilt:

- Anlegen einer offenen Baumscheibe im Bereich der Kronenprojektion. Einwachsende Gräser entziehen den Baumwurzeln sowohl Wasser als auch Nährstoffe. Die Baumscheibe kann offen bleiben oder mit einer Mulchbedeckung versehen werden. Im Herbst sollte die Mulchschicht wieder entfernt werden, um das Einwandern von Wühlmäusen zu vermeiden.
- Ausbringen der Düngung ab dem zweiten Standjahr auf die Baumscheibe, und zwar in der Kombination von 50 bis 150 g Hornmehl und

Tab. 7. Düngungsempfehlungen für den Obstbau bei Mulchwirtschaft (nach LINK et al. 1982)

Reinnährstoff	Gehalt (mg/100 g Boden)	Düngung (kg Reinnährstoff/ha)
Phosphor (P_2O_5)	unter 10 10 bis 15	50 30
Kalium (K_2O)	unter 15 15 bis 25	150 80 bis 100
Magnesium (MgO)	unter 10 10 bis 15	50 30

Schematische Darstellung der N-Bilanz einer Obstwiese (Angaben in kg N/ha; mit Ausnahme des organisch gebundenen Bodenvorrats jährliche Umsätze) (nach WELLER 1986).

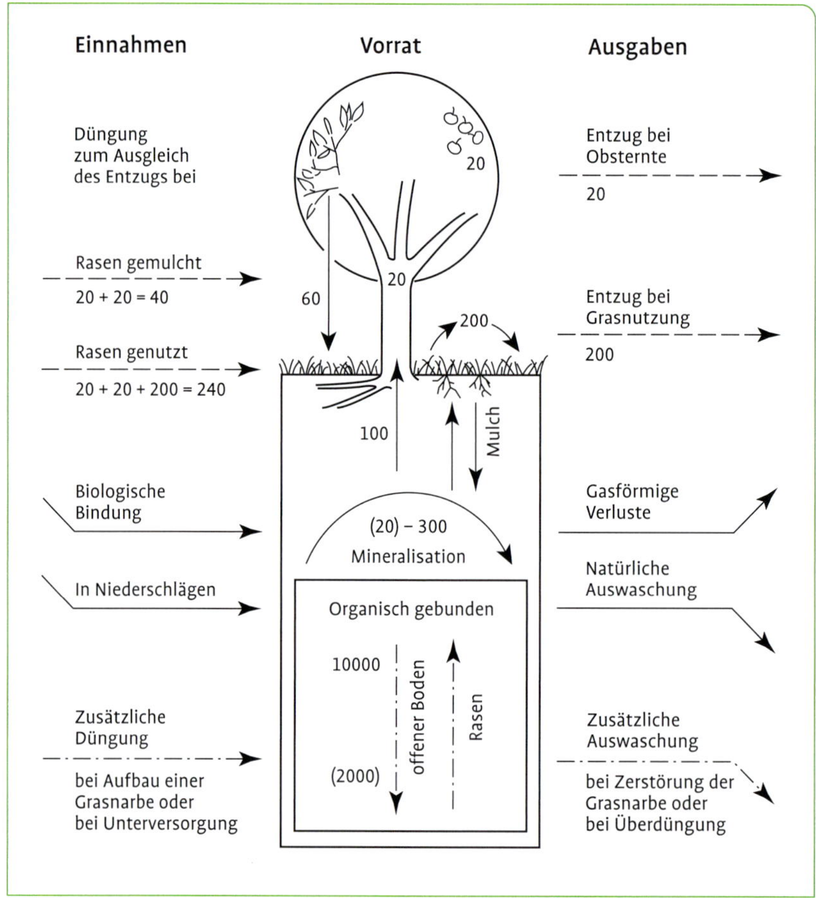

etwa 2 bis 3 Schaufeln gut verrottetem Stallmist pro Baum. Steht dieser nicht zur Verfügung, kann mit 50 bis 150 g organischem Mehrnährstoffdünger oder 30 bis 50 g mineralischem Volldünger gedüngt werden.

Düngeempfehlungen orientieren sich an Erfahrungswerten aus dem Erwerbsobstbau.

Für ältere Obstbäume auf Streuobstwiesen können die Richtwerte aus dem Erwerbsobstbau herangezogen werden. Anzustreben wären demnach 15 mg P_2O_5, 25 mg K_2O und 15 mg MgO pro 100 g Boden. Sofern die gemessenen Nährstoffe über diesem Soll sind, erübrigt sich eine Düngung. Bei niedrigeren Gehalten sind die in der Tabelle angegebenen Düngemengen angemessen.

Für Stickstoff wird vielfach davon ausgegangen, dass der Bedarf mit zunehmenden Ernteerträgen steigt. In Streuobstwiesen ist aber die Form der Bewirtschaftung des Grünlandes viel entscheidender als der Ertrag der Bäume. Selbst in hochproduktiven Obstanlagen enthält das innerhalb eines Jahres anfallende Mähgut ein Mehrfaches der in einer guten Obsternte enthaltenen Menge an Stickstoff. Der Stickstoffentzug von Obsthochstämmen im Vollertrag beträgt etwa 30 bis 40 kg N/ha. Mit jedem Grasschnitt, der genutzt wird, werden zusätzlich etwa 25 bis 50 kg N/ha entnommen. Der gesamte Entzug liegt bei Bäumen im Vollertragsstadium und bei zweimaliger Nutzung der Wiese bei etwa 80 bis 100 kg N/ha. Wird aber das Mähgut (wie beim Mulchen der Fall) nicht abgeführt, erübrigt sich in den meisten Fällen eine Stickstoffdüngung, da der Entzug durch Einträge aus der Atmosphäre und durch biologische Bindung kompensiert wird. Das gilt jedoch nur, wenn der Grasaufwuchs nach der Mahd an Ort und Stelle belassen wird. Wie sehr sich die N-Bilanz durch den Verzicht auf die Grasnutzung verändert, wird deutlich, wenn man sich klar macht, dass das im Lauf eines Jahres gemähte Gras rund zehnmal so viel Stickstoff enthält wie der gesamte Fruchtertrag einer mittleren Apfelernte. Bei Grasnutzung ist mit einem jährlichen Entzug von rund 200 (Gras) + 20 (Obsternte) + 20 (Speicherung im Baum) = 240 kg N/ha zu rechnen. Bei Verzicht auf die Grasnutzung beschränkt sich der Entzug dagegen auf rund 40 kg – eine Größenordnung, die ungefähr dem natürlichen Eintrag entspricht. Dementsprechend liegen die Düngungsempfehlungen für gut versorgte und konsequent gemulchte Obstwiesen zwischen 0 und 50 kg N/ha. Höhere Gaben sind nur erforderlich, wenn ein Mulchrasen mit dem dazu gehörenden Humus- und Gesamt-N-Gehalt auf einem bislang offen gehaltenen und darum humus- und N-ärmeren Boden, insbesondere ehemaligem Ackerland, neu angelegt wird. Aber auch in solchen Fällen wurde in tätigen Böden selbst bei Fehlen jeglicher N-Düngung ein ähnlich rascher Anstieg der Gesamt-N-Gehalte im Oberboden wie bei Düngergaben von > 100 kg N/ha festgestellt. Umgekehrt nimmt nach dem Umbruch von altem Grünland und anschließendem Offenhalten infolge einer verstärkten Mineralisation der Gesamt-N-Gehalt in wenigen Jahren um mehrere hundert Kilogramm pro Hektar ab, wobei das vorübergehend auftretende hohe Mineral-N-Angebot von den Pflanzen nicht ausgenutzt werden kann und verstärkter Auswaschung unterliegt.

Da der N-Vorrat und die daraus erfolgende Nachlieferung von pflanzenverfügbarem Stickstoff in starkem Maße an den Humusgehalt gebunden ist, spielt der humose Oberboden für die Stickstoffversorgung der Bäume eine entscheidende Rolle. Hier ist die Nachlieferung um ein Vielfaches höher als in den tieferen Bodenhorizonten, ganz besonders unter Grünland. Deshalb ist es wichtig, dass die Bäume den Oberboden gut durchwurzeln können und nicht durch tiefe Eingriffe daran gehindert werden, wie das bei der früher weit verbreiteten Acker-Unternutzung üblich war.

Zur Beurteilung des Versorgungsgrades mit Stickstoff dient die N_{min}-Analyse des Bodens. Der Gehalt kann aber auch ohne diese aufwendige Untersuchung grob abgeschätzt werden. Neben der Größe und Farbe der Blätter und Triebe können die Wüchsigkeit und die Zusammensetzung der Wiese wichtige Hinweise geben. Wo ausgesprochene Magerkeitszeiger, wie Gänseblümchen, Margerite oder Leguminosen, in größerer Anzahl wachsen, ist die Versorgung gering. Ausgesprochene Stickstoffzeiger sind dagegen Wiesen-Kerbel, Bärenklau, Brennnessel und Stumpfblättriger Ampfer.

Pflanzenschutz

Streuobstwiesen sind als vielfältige Biotope Rückzugsgebiete für viele Tier- und Pflanzenarten. Synthetische Pflanzenschutzmittel sind Fremdstoffe in einem derart sensiblen System, deren Auswirkungen nicht vollständig abgeschätzt werden können. Andererseits ist es nicht im Sinne eines nachhaltigen Naturschutzes, wenn junge Bäume nach einem starken Lausbefall verkümmern oder die Wurzeln von einer Wühlmaus abgefressen werden. Wir müssen deshalb versuchen, den Bäumen gute Wachstumsbedingungen zu bieten, ohne die Streuobstwiese unnötig zu belasten.

Der Anbau von Kulturpflanzen ist schon seit eh und je mit dem Auftreten bedeutender Schädlinge verbunden – bekannt sind Kartoffelkäfer, Reblaus

Nistkästen helfen, den Schädlingsbefall zu reduzieren, indem sie eifrigen Insektenjägern, Brutmöglichkeiten bieten.

oder Borkenkäfer. Auch unsere Obsthochstämme in den Streuobstwiesen sind erst durch intensive Bekämpfung von Schädlingen, wie Frostspanner, Schorf (früher als *Fusicladium* bezeichnet) oder Krebs, zu den heutigen Baumriesen aufgewachsen. Noch in den 50er-Jahren waren in den Obstwiesen regelmäßig Spritztrupps unterwegs, die alle Obstbäume der Gemarkung behandelten, meist mit Gelbkarbolineum. Damit wurden allerdings nicht nur die Schädlinge vernichtet, sondern auch die für das biologische Gleichgewicht wichtigen Nützlinge. Viele Krankheiten und Schädlinge können heute bei richtiger Planung schon von vornherein vermieden werden. Deshalb gilt: Vorbeugen ist besser als Bekämpfen.

Treten trotzdem Schädlinge auf, ist lediglich bei Jungbäumen oder einem massenhaften Befall eine Bekämpfung ratsam. An großkronigen Bäumen ist das Ausbringen der Bekämpfungsmittel sehr schwierig und kaum praktikabel. Ausnahmen sind erforderlich, wenn das Obst unter wirtschaftlichen Gesichtspunkten als Tafelobst verwertet wird, wie es in manchen Regionen der Fall ist.

Viele Krankheiten können durch vorbeugende Maßnahmen vermieden werden.

Probleme können folgende Schädlinge und Krankheiten bereiten:

Wühlmaus: Sie ist der Schädling, der am häufigsten zu Ausfällen an Jungbäumen führt. Zum Fangen mit der Falle sind Kenntnisse der Lebensweise der Wühlmaus notwendig. Vor allem ist es wichtig, sich vor dem Fang zu vergewissern, ob das Gangsystem von der Wühlmaus und nicht vom geschützten Maulwurf bewohnt ist. Die Wühlmaus schiebt ihre Haufen seitlich an, sodass diese flach und oval sind. Im Gegensatz dazu sind die Haufen des Maulwurfs von der Mitte aus aufgeworfen und damit rund und hoch. Die im Winter durch die Schneedecke aufgeworfenen Haufen stammen meist vom Maulwurf, der sich im Gegensatz zur Wühlmaus nicht von Pflanzenwurzeln ernährt.

Fallen werden nur in den äußeren Bereichen des Gangsystems eingesetzt. Da die Wühlmaus tagsüber häufiger unterwegs ist als der Maulwurf, wird sie oft schon nach wenigen Stunden in die Falle gehen. Ist die Falle

Entscheidende Faktoren für widerstandsfähige Pflanzen sind:
Sortenwahl: In Streuobstwiesen sollten nur widerstandsfähige und frohwüchsige Sorten verwendet werden.
Standortswahl: Sorten, die gegen Schorf oder Mehltau anfällig sind, müssen einen windoffenen Standort erhalten, denn dort trocknen die Blätter schneller ab, sodass die Pilzsporen langsamer in das Blatt eindringen. Krebsanfällige Sorten dürfen nicht auf nassen Standorten stehen und spät reifende Sorten gehören weder in Höhenlagen noch auf Nordhänge.
Ausgewogene Ernährung: Überdüngung führt zu stärkerer Krankheitsanfälligkeit. Lausbefall, Krebs, Kragenfäule und Frostschäden können die Folge sein.
Förderung von Nützlingen: Dies kann erfolgen durch Anbringen von Nistkästen für Singvögel, die sich von schädlichen Raupen ernähren, oder Sitzstangen für Greifvögel, welche die Mäuse fangen, das Bereitstellen von Überwinterungskästen für Florfliegen und Aufstellen des Kastens im Frühjahr in der Obstwiese zur Eindämmung von Läusen.

nach zwei Tagen noch immer leer, muss sie entfernt werden, denn dann ist der Gang entweder leer oder vom Maulwurf bewohnt.

Vorbeugend kann man die Baumwurzeln auch durch einen Drahtkorb vor Verbiss schützen. Näheres hierzu im Kapitel „Pflanzung“, Seite 120.

Blattläuse: Starker Blattlausbefall kann dazu führen, dass sich die Neutriebe krümmen und ihr Wachstum einstellen. Da sich Blattläuse sehr schnell vermehren, kann es innerhalb kurzer Zeit zu einem Massenauftreten kommen. Sie werden von Ameisen „kultiviert“ und so vor ihren natürlichen Feinden geschützt. Das Anbringen von Leimringen hindert die Ameisen am Aufsteigen in die Krone. Nach einem Jahr mit starkem Lausbefall ist es ratsam, die Jungbäume durch eine Austriebsspritzung mit einem ölhaltigen Mittel (möglichst auf Rapsöl-Basis) vor erneutem Befall zu schützen. Bei starkem Befall während der Hauptwachstumszeit kann auch der Einsatz von nützlingsschonenden Pflanzenschutzmitteln ratsam sein.

Frostspanner: Die Raupen zerstören die Blatt- und Blütenknospen noch während des Austriebs, später fressen sie an Blättern und Blüten. Auch hier hilft das Anlegen von Leimringen im Herbst vor den ersten Frösten (bis Mitte Oktober).

Birnprachtkäfer: Während der ersten Standjahre werden Birnbäume in trockenen Sommern häufig befallen. Zickzackförmige Einsenkungen am Stamm deuten auf die Gänge hin. Schon wenige Raupen genügen, um den Baum abzutöten. In trockenen Sommern müssen junge Birnbäume ausreichend mit Wasser versorgt werden. Im März aufgestellte Alkoholfallen können den Befallsdruck reduzieren.

Schwarzer Rindenbrand: Seit einigen Jahren treten bevorzugt an Apfelbäumen schwarze Bereiche an der Rinde auf, die in Folge absterben. Es handelt sich hier um verschiedene Arten der Gattung *Diplodia*, einem Schwächeparasiten, der durch Trockenstress im Sommer gefördert wird. Die Krankheit wird derzeit intensiv erforscht. Entscheidend ist eine gute Wasser- und Nährstoffversorgung der Bäume und ein geeigneter Standort (nicht zu trocken). Das Weißeln des Stammes mit Kalkanstrich kann die Befallsgefahr reduzieren.

Blattfallkrankheit (Marssonina): Nach längeren Regenperioden im Sommer tritt an anfälligen Apfelsorten vorzeitiger Laubfall auf, der die Assimilateversorgung beeinträchtigt und den Fruchtansatz des Folgejahres mindert.

Mit Birnengitterrost befallene Blätter. Diese auffallende Pilzerkrankung kann zwar die Bäume schwächen, führt aber nicht zu deren Absterben.

Auf den Blättern bilden sich diffuse, schwarz-graue Flecken. Neben dem Einsatz von Schorffungiziden fördert ein regelmäßiges Auslichten der Krone das Abtrocknen der Blätter und reduziert somit den Befallsdruck.
Laubholzmistel: Vor allem in vernachlässigten und ungepflegten Streuobstbeständen tritt die Laubholz-Mistel auf. Als Halbschmarotzer entzieht sie dem Baum bevorzugt im Winter Wasser und Assimilate, was zu einer Schwächung und bei starkem Befall zum Absterben der Bäume führt. Die Misteln sind nicht geschützt und müssen beim Baumschnitt konsequent entfernt werden.
Feuerbrand: Eine chemische Bekämpfung dieser Bakterienerkrankung mit Antibiotika ist im Streuobstbau weder zulässig noch durchführbar. Bei erstmaligem Befall einzelner Äste hilft das weiträumige Ausschneiden (mindestens 50 cm in das gesunde Holz). Erfahrungen haben gezeigt, dass sich selbst stark befallene Bäume in den Folgejahren gut von einem Befall erholen. Der Nutzen einer Rodung steht damit in keinem Verhältnis zum entstehenden ökologischen Schaden. In unmittelbarer Nähe von Erwerbsobstanlagen ist allerdings ein energischeres Vorgehen gegen den Feuerbrand auch in Streuobstwiesen angebracht.

Feuerbrand und Birnenverfall bedrohen die landschaftsprägenden Birnbäume.

Extrem stark von Misteln befallener „immergrüner" alter Apfelbaum. Zwei Jahre nach dieser Aufnahme war der Baum samt allen aufsitzenden Misteln vollkommen abgestorben; nach einem weiteren Jahr wurde er vom Sturm gefällt.

Vom Birnensterben befallene 'Fässlesbirnen'.

Birnensterben: Seit einigen Jahren beunruhigen uns absterbende ältere Birnbäume. Auffallend ist, dass diese vor allem in ungepflegten Streuobstwiesen vorkommen. Als mögliche Ursachen werden die schlechte Wasserversorgung in den tieferen Bodenschichten, aber auch eine mangelhafte Nährstoffversorgung und eine Mykoplasmose namens Birnenverfall (pear decline) genannt. Typische Kennzeichen hierfür sind eine verfrühte Herbstfärbung einzelner Astpartien, Kleinfrüchtigkeit und geringerer Triebzuwachs. Später sterben ganze Kronenpartien ab. Als besonders anfällig gilt die seit Jahrzehnten als Birnenunterlage verwendete 'Kirchensaller Mostbirne'.

Es können noch weitere Krankheiten und Schädlinge an Obstbäumen vorkommen. Bei Detailfragen helfen die Fachberater oder spezielle Fachbücher (siehe Seite 185) weiter.

Pflege des Grünlandes

Eine Pflegemaßnahme, auf die selbst bei extensivster Bewirtschaftung nicht verzichtet werden kann, ist das Kurzhalten des Unterwuchses. In den wenigen Fällen, in denen heute noch eine Unternutzung in Form von Acker- oder Gartenbau stattfindet, sind dafür keine besonderen Arbeitsgänge nötig, da das Aufkommen hochwüchsiger Pflanzen durch die jährlich wiederkehrende Bodenbearbeitung verhindert wird. Auch bei dem heute meistens üblichen Grasunterwuchs war das Kurzhalten ursprünglich durch die Grasnutzung sichergestellt. In Zeiten, in denen menschliche Arbeitskraft billig und Gras als Viehfutter gesucht war, stellte die Bewirtschaftung der Streuobstwiesen kein grundsätzliches Problem dar. Wer das Gras nicht im eigenen Betrieb verwenden konnte, hatte meist keine Schwierigkeiten, den Grasertrag an Vieh haltende Landwirte zu verpachten. Heute ist es oft schwierig, selbst bei Zahlung eines Mähgeldes, einen Landwirt zu finden, der bereit ist, die besonders in Hanglagen mühsame Arbeit des Mähens zwischen den Baumstämmen zu übernehmen. Wird die

Wo die Mahd unterbleibt, setzen Verstaudung und Verbuschung ein. Die Bewirtschaftung ist nicht mehr gewährleistet.

Mahd ersatzlos eingestellt, kommt es in den folgenden Jahren zu einer „Versaumung“ oder „Verstaudung“, wobei die niedrigwüchsigen Gräser und Kräuter der ursprünglichen Wiesenvegetation zunehmend durch hochwüchsige, meist schnittempfindliche Stauden zurückgedrängt werden. Dieser Vorgang verläuft je nach Ausgangssituation, Witterungsverlauf und nachträglichem Sameneintrag nicht nur hinsichtlich der Artenzusammensetzung, sondern auch der Geschwindigkeit ganz unterschiedlich. Gleiches gilt auch für die folgende Verbuschung. Sie schreitet auf ehemaligen Streuobstwiesen besonders rasch voran, da hier in Form von Wurzelschösslingen und Sämlingen aus abgefallenen Früchten ein viel größeres Potenzial besteht als auf baumfreiem Grünland.

Aus Sicht des Artenschutzes können auf diese Weise durchaus wertvolle artenreiche Sukzessionsstadien entstehen. Bei ihrer ungehinderten Weiterentwicklung ist jedoch das Ende der Streuobstwiese vorprogrammiert. Will man dies vermeiden, ist ein gelegentliches Aushauen unumgänglich.

Mahd

Angesichts des für ein Aushauen von Gehölzen erforderlichen Arbeitsaufwandes und des nur kurzzeitigen Erfolgs erscheint es sinnvoller, solche Gehölze gar nicht erst aufkommen zu lassen. Dafür würde eine einmalige Mahd pro Jahr vollauf genügen. Das überständige Mähgut scheidet dann jedoch als Viehfutter aus und auch sein Abbau bei der Kompostierung oder beim Verbleib als Mulchmasse auf der Wiese ist deutlich verlangsamt. Angemessen ist daher eine zwei- bis höchstens dreimalige Mahd pro Jahr. Dies kommt der ursprünglichen Nutzung als Futterwiese am nächsten und sichert deshalb auch am ehesten die Erhaltung des Artenbestandes, der bei traditioneller Bewirtschaftung meist einer der verschiedenen Ausprägungen von Glatthaferwiesen entspricht.

Bezüglich des richtigen Zeitpunktes der Mahd bestehen zwischen Naturschützern und Bewirtschaftern der Streuobstwiesen nicht selten erhebliche

Meinungsverschiedenheiten. Mit Rücksicht auf den Artenschutz wird oft eine starke Verzögerung des ersten Mähtermins gefordert (z. B. nicht vor Mitte Juli). Man darf jedoch nicht übersehen, dass man sich dann den Nachteilen einer nur einmaligen Mahd nähert, d. h., dass sich sowohl die Futterqualität als auch die Abbaubarkeit der Mulchschicht vermindert. Auch sind die Vorstellungen unter den Artenschützern selbst durchaus nicht einheitlich, je nachdem, welche Arten im Vordergrund des Interesses stehen. So soll z. B. zum Schutz von Wanzen und Blattwespen die Mahd nicht vor Anfang bis Mitte Juli erfolgen, während für Ameisen eine möglichst frühe (Mai) bzw. späte Mahd (Anfang Oktober) als angemessen gilt. Für Schmetterlinge wird eine nur einmalige, möglichst späte Mahd ab Mitte September empfohlen. Solche Gesichtspunkte können in Sonderfällen für die Wahl des Mähtermins entscheidend sein; im Übrigen wird man sich jedoch auf die Bedürfnisse der Nutzer einstellen müssen. Und das bedeutet in der Regel einen mindestens zweimaligen Schnitt pro Jahr, wobei der erste Mähtermin zweckmäßigerweise im Frühsommer und der zweite vor der herbstlichen Obsternte liegt. Ein solcher Rhythmus entspricht auch am ehesten der traditionellen Nutzung.

Aus ökologischer Sicht ist ein abwechslungsreiches Mosaik unterschiedlicher Schnittzeitpunkte ideal.

Sofern das Mähgut nicht mehr als Futter genutzt wird, kann es zur Kompostierung oder Energiegewinnung abtransportiert werden. Um den Transportaufwand zu vermeiden, bleibt es jedoch vielfach auf der Fläche liegen. Der Abbau des Mähgutes erfolgt bei nur zweimaliger Mahd relativ langsam, was sich beim Anfall größerer Mengen negativ auf die Artenvielfalt auswirken kann. Häufigere Mahd und stärkere Zerkleinerung des Mähgutes, wie sie beispielsweise beim Mulchverfahren im Intensivobstbau üblich ist, beschleunigt den Abbau, bewirkt aber neben einem höheren Arbeitsaufwand auch eine Reduzierung der Artenzahl auf einige wenig schnittempfindliche Pflanzen-, insbesondere Grasarten. Dies gilt auch für eine intensive Nutzung als Futterwiese mit entsprechend häufigen Schnitten. Am ungünstigsten für die Artenvielfalt der Wiese ist der auf vielen Wochenendgrundstücken zu beobachtende wöchentliche Einsatz des Rasen-

Ein abwechslungsreiches Mosaik unterschiedlicher Mahdzeitpunkte kennzeichnet kleinparzellierte Streuobstbestände.

Baumscheibe eines Jungbaumes gedüngt mit gut verrottetem Mist, der Stamm sollte frei bleiben.

mähers. Der dabei entstehende artenarme Parkrasen hat mit der ursprünglichen artenreichen Wiese nicht mehr viel gemein. Dabei muss aber auch in Betracht gezogen werden, dass die hohe ökologische Wertigkeit von Streuobstwiesen auf die große Vielfalt zurückzuführen ist. Dies gilt auch hinsichtlich der Bewirtschaftung der Flächen. Ideal ist ein abwechslungsreiches Mosaik unterschiedlicher Schnittzeitpunkte und Bewirtschaftungsformen. Werden innerhalb eines größeren Streuobstgebietes einige Flächen mit dem Rasenmäher kurz gehalten, so kann dies für Vogelarten, die für die Nahrungssuche kurzrasige Bereiche vorziehen, sogar vorteilhaft sein.

Das Verhindern der Verstaudung und Verbuschung ist zwar eine wichtige Voraussetzung für die Erhaltung des Lebensraumes typischer Wiesenarten; gleichwohl stellt jede Mahd einen gravierenden Eingriff in diesen Lebensraum dar, bei dem nicht nur eine erhebliche Anzahl von Tieren der Kraut- und Streuschicht getötet oder verletzt, sondern bei dem sie auch in ihrer Gesamtheit plötzlichen Veränderungen der Struktur, des Mikroklimas und des Nahrungsangebotes ausgesetzt werden. Wird das Mähgut abtransportiert, kommen noch die Verluste der an ihm haftenden verschiedenen Entwicklungsstadien von speziellen Gliederfüßern hinzu.

Gerätewahl

Neben Häufigkeit und Zeitpunkt der Mahd wirkt sich auch die Art der verwendeten Geräte auf die Fauna aus. Im Vergleich zur früheren Handmahd mit der Sense sind alle maschinellen Verfahren ungünstiger zu beurteilen, da hier wegen der höheren Geschwindigkeit die Fluchtmöglichkeiten deutlich vermindert sind. Die größten Verluste an Kleintieren treten beim Einsatz rotierender Geräte (Kreiselmäher, Schlegelmäher) auf, weshalb aus Gründen des Tierschutzes die Verwendung von Messerbalken vorzuziehen ist. Dabei verläuft allerdings der Abbau des Mähgutes langsamer als bei der stärkeren Zerkleinerung durch die speziellen Mulchgeräte. Der Einsatz von Mulchmähern (Allmäher, Schlegelmäher) gewinnt immer stärkere Bedeutung, weil die übliche Grasnutzung unterbleibt. Beim Einsatz dieser Mulchmäher ist der richtige Zeitpunkt entscheidend. Ideal ist eine zweimalige Mahd, wobei der erste Durchgang etwa Mitte Juni und der zweite Ende August erfolgen sollte. Sowohl das einmalige Mulchen als auch ein mehrmaliger Einsatz wirken sich negativ auf die Artenzusammensetzung der Wiese aus.

Wenn irgend möglich, sollte die Mahd nicht großflächig in einem Arbeitsgang, sondern räumlich und zeitlich versetzt durchgeführt werden, um den Tieren Rückzugschancen zu bieten. In kleinparzellierten Fluren mit individueller Bewirtschaftung ergibt sich dies meist von selbst; bei großflächigen Bewirtschaftungseinheiten ist eine zeitlich versetzte Mahd von schmäleren, maximal 10 bis 15 m breiten Streifen anzustreben. Auf Streuobstwiesen orientieren sich die Streifen sinnvollerweise an den Baumreihen. Dabei kann ein unterschiedliches Management eingesetzt werden, das sowohl den Bedürfnissen der Bäume als auch der gewünschten Artenvielfalt Rechnung trägt, indem beispielsweise auf den Baumstreifen vier- bis fünfmal jährlich ein Mulchschnitt und auf der übrigen Fläche zweimal jährlich zu anderen Terminen eine Mahd mit Messerbalken erfolgt. Für die Arbeit auf den baumnahen Streifen sind Geräte mit seitlichen Tastern und schwenk- bzw. einziehbaren Mähwerkzeugen sehr vorteilhaft, da mit ihrer Hilfe das bei starren Geräten unvermeidbare Verbleiben ungemähter Streifen weitgehend ausgeschlossen werden kann. In schwer befahrbaren Hanglagen bietet sich der Einsatz von tragbaren Freischneidgeräten („Motorsensen“) an, sofern man nicht zur traditionellen Mahd mit der Sense zurückkehren will. Wenn den Besitzern der Streuobstwiesen geeignete Geräte fehlen, können heute auch Lohnunternehmen oder Maschinenringe die Mäharbeit übernehmen.

Die Mahd sollte aus ökologischer Sicht nicht großflächig in einem Arbeitsgang erfolgen.

Bei frisch gepflanzten Bäumen, die beim Umpflanzen einen Großteil ihrer ursprünglichen Wurzeln verloren haben, ist es wichtig, die Konkurrenz der Pflanzen des Unterwuchses fernzuhalten. Dafür genügt es, die beim Anlegen der Pflanzgrube entstandene freie Fläche in den folgenden fünf bis sechs Jahren von Pflanzen freizuhalten. Dies kann durch flaches Hacken und Abdecken, beispielsweise mit dem in nächster Umgebung reichlich anfallenden Mähgut geschehen. Eine nachhaltige Wirkung hat der sich nur langsam zersetzende Rindenschrot von Nadelbäumen, dem auch eine herbizide Wirkung nachgesagt wird. Der Einsatz synthetischer Herbizide sollte dagegen im Streuobstbau tabu sein. Auf das früher propagierte Offenhalten großer Baumscheiben unter Bäumen im Ertragsalter kann verzichtet werden.

Weide

Aufgrund der Schwierigkeiten, die sich beim Mähen von Streuobstwiesen besonders in Hanglagen ergeben, wird heute vielfach versucht, das Problem des Kurzhaltens des Unterwuchses durch eine Beweidung zu lösen. Die Kombination von Streuobstbeständen mit Weidenutzung ist keineswegs neu, allerdings auch nicht das Auftreten der damit verbundenen Probleme, die es zu beachten gilt. Sie ergeben sich aus der Einwirkung der Weidetiere sowohl auf die Bäume als auch auf den Unterwuchs. An den Bäumen selbst werden Blätter, Früchte und Zweige bis in die von den Tieren erreichbare Höhe abgefressen. Weitaus schwerwiegender sind Schäden, die durch Nagen und Scheuern an den Stämmen entstehen. Am widerstandsfähigsten sind in dieser Hinsicht Bäume mit dicker, rauer Borke, wie Mostbirnen. Generell stark gefährdet sind Jungbäume, die deshalb durch standfeste und genügend große Schutzvorrichtungen gesichert werden müssen. Aber auch ältere Bäume bedürfen bei intensiver Beweidung u. U. noch eines Schutzes. Das gilt besonders für die in den letzten Jahren zunehmende, aber sehr kritisch zu beurteilende Nutzung von Streuobstwiesen als Pferdekoppeln, da Pferde mit ihren Zähnen sogar große, ausgewachsene Hochstämme entrinden und damit zum Absterben bringen können.

Streuobstwiesen eignen sich für die Wanderschäferei.

Schafe und kleinrahmige Rinderrassen eignen sich für die Beweidung von Streuobstwiesen.

Veränderungen am Unterwuchs entstehen häufig durch Trittschäden. Solange sie sich auf kleinere Flächen beschränken, sind sie tolerierbar, aus der Sicht des Artenschutzes sogar erwünscht, da die Kahlstellen Möglichkeiten zur Etablierung von Pflanzen- und Tierarten mit höherem Licht- und/oder Wärmebedürfnis bieten und dadurch zur Erhöhung der Biodiversität beitragen. Bei einer Überbeweidung bilden sich jedoch größere offene Flächen, die in Hanglagen zu Erosionsschäden führen können. Eine ausgewogene Abstimmung von Besatzstärke und Häufigkeit des Weideganges auf die jeweiligen Verhältnisse ist deshalb gerade an Hängen besonders wichtig. Wegen ihres geringen Gewichtes haben sich kleinrahmige extensive Rinderrassen, wie Zwerg-Zebus, Galloways oder Dexter, auf Streuobstwiesen bewährt. Bei geringer Nutzungsintensität ist eine Besatzstärke von einer bis zwei, bei mittlerer Intensität von zwei bis drei Großvieheinheiten pro Hektar angemessen. Dabei ist nicht nur die Gesamtgröße der Weidefläche, sondern auch deren beschatteter Anteil zu beachten, da sich die Tiere an heißen Sommertagen bevorzugt im Baumschatten aufhalten, was bei einer zu geringen Anzahl Schatten spendender Bäume zu Gedränge auf den beschatteten Flächen und zu einer raschen Zerstörung der Grasnarbe in diesem Bereich führt. Besonders starke Schäden an der Grasnarbe entstehen, wenn die Weidetiere auch im Winter auf zu enger Fläche im Freien gehalten werden. Das gilt besonders für Rinder und Pferde. Eine Winterbeweidung sollte deshalb unterbleiben. Auch die Koppelschafhaltung ist bei hoher Besatzdichte problematisch, wesentlich schonender dagegen die Wanderschäferei. Doch genügt ein einziger Durchtrieb jeweils im Frühjahr und im Herbst nicht, um den Unterwuchs kurz zu halten. Besonders kritisch ist der Einsatz von Ziegen. Bereits eine einzige Ziege, die in einer Schafherde mitgeführt wird, kann einen hohen Schaden an Obstbäumen anrichten. Entstandene

Jungbäume müssen vor Verbiss durch Weidetiere aufwendig geschützt werden (links gegen Schafe, rechts gegen Rinder).

Kahlstellen begrünen sich aus verbliebenen Gras- und Wurzelresten sowie dem Samenvorrat im Boden in aller Regel wieder rasch, wenn die Beweidung ausgesetzt wird, sodass eine Ansaat kaum erforderlich ist. Sie empfiehlt sich jedoch, wenn größere, bisher ackerbaulich genutzte Flächen in Grünland umgewandelt werden. Dabei sollte die Saatmischung auf die Standorts- und Nutzungsverhältnisse ausgerichtet werden. Für die Artenvielfalt besonders günstig ist die Verwendung von „Heublumen", dem inzwischen allerdings selten gewordenen Kehricht vom Heuboden eines Landwirts, möglichst von einem vergleichbaren Standort stammend und frei von hartnäckigen Wurzelunkräutern, wie dem Stumpfblättrigen Ampfer.

Veränderungen der Grasnarbe ergeben sich aber auch aus der unterschiedlichen Beliebtheit der Futterpflanzen bei den Weidetieren. Während sie bevorzugte Pflanzen immer wieder abfressen, werden andere verschmäht. Dadurch werden gute Futtergräser und -kräuter ständig kurz gehalten; andere Pflanzen dagegen, insbesondere stachelige, harte oder unangenehm schmeckende, entwickeln sich üppig. Als Folge dieser „selektiven Unterbeweidung" entstehen oft innerhalb von wenigen Jahren je nach den Standortsverhältnissen Herden von Brennnesseln, Disteln, Rasen-Schmielen u. a. Im weiteren Verlauf gesellen sich verschiedene, besonders dornige und stachelige Sträucher sowie Wurzelschösslinge und Sämlinge der jeweiligen Obstarten hinzu. Diese Flächen ähneln den in früheren Jahrhunderten weit verbreiteten Triftweiden und weisen wie diese eine hohe Struktur- und Artenvielfalt auf, die durch die ungleiche Verteilung des abgesetzten Tierkotes und der dadurch entstehenden so genannten „Geilstellen" zusätzlich erhöht wird. Um ein stärkeres Vordringen der Verstaudung und Verbuschung zu vermeiden, ist jedoch ein zumindest partielles rechtzeitiges Nachmähen erforderlich. Am geringsten ist die Gefahr des Verbuschens beim Einsatz von Ziegen zur Beweidung, weil diese, im Unterschied zu Schafen, selbst dem Vordringen der dornigen Schlehenbüsche Einhalt gebieten. Andererseits können sie aber auch, wie bereits dargestellt, die Obstbäume schädigen und bedürfen deshalb einer verstärkten Überwa-

Stachelige, harte oder unangenehm schmeckende Pflanzen werden von Weidetieren verschmäht.

chung. Ein ganz anderes Bild als die bislang angesprochenen Extensivweiden bieten die mit regelmäßiger Mahd kombinierten intensiven Mähweiden. Ihr Artenbestand ist deutlich ärmer und einheitlicher und kommt dem der Vielschnittwiesen nahe.

Kinder und Jugendliche in Streuobstwiesen

Wir leben in einer Zeit, in welcher der Bezug zur Natur im täglichen Leben immer schwächer wird. Nahrungsmittel kommen zu allen Zeiten und in genormter Qualität aus dem Supermarkt. Im Gegensatz zur Großelterngeneration, die mit den Obstbäumen und den damit zusammenhängenden Pflegearbeiten im Jahreslauf vertraut war, fehlt der heutigen Eltern- und Kindergeneration dieser Bezug oft gänzlich. Dies gilt ganz besonders für Städte und ihr Umland. Aber auch in ländlichen Regionen ist die Verbundenheit zu Streuobstwiesen keineswegs selbstverständlich. Nur wenige Kinder wissen heute, welche Arbeitsschritte notwendig sind, um aus Äpfeln einen schmackhaften Saft herzustellen und selbst die Erwachsenen sind meist nicht mehr bereit, sich für einen Hungerlohn zu bücken. Damit droht die Gefahr, dass die Bevölkerung nicht nur die Verbundenheit zu Streuobstwiesen als prägendes Element ihrer Heimat verliert, sondern in Folge auch das Interesse an deren Erhalt. Da Streuobstwiesen aber auf die pflegende Hand des Menschen angewiesen sind, ist ihr Fortbestand stark gefährdet.

Dem steht gegenüber, dass Streuobstwiesen besonders vielseitige Möglichkeiten bieten, Kinder und Jugendliche für natürliche Zusammenhänge zu begeistern, denn in Streuobstwiesen gibt es viel zu entdecken: bunte Blumen mit vielen Insekten, die verschiedensten Vogelarten und der Geschmack ganz unterschiedlicher Obstsorten. Der Einsatz für die Obstwiesen wird nicht nur durch eindrucksvolle Erlebnisse belohnt, sondern bietet zusätzlich Aussicht auf die verschiedensten selbst hergestellten und gesunden Produkte, die den häuslichen Tisch ergänzen können. Streuobstwiesen laden förmlich dazu ein, mit Kindern und Jugendlichen auf Entdeckungstour zu gehen.

Kinder erfahren vom Imker, wie die Bestäubung erfolgt und das Bienenvolk organisiert ist.

Das Wenden des Heus können die Kinder von Hand erledigen. Das macht Spaß und duftet herrlich.

Um sowohl Schulen und Vereinen, aber auch den Eltern Hilfen für die Naturerziehung mit Kindern und Jugendlichen zu geben, werden nachfolgend Beispiele für geeignete Themen aufgeführt. Natürliche Zusammenhänge sind an den Jahreslauf und die Jahreszeiten gebunden. In den Jahreslauf von Obstwiesen können in der Kinder- und Jugendarbeit nachfolgende Themen eingebunden werden.

Winter

Spurensuche im Schnee: Im Winter gibt es die verschiedensten Spuren, die auf Tierarten hinweisen: Trittsiegel (Fußspuren und Fährten, Fraßspuren, Kratzspuren, Kot, Haare und Federn, Urin und Lagerplätze). Anhand der Spuren kann ermittelt werden, welches Tier mit welcher Geschwindigkeit unterwegs war und was es getan hat (z. B. jagen, fressen, flüchten).
Baumpflanzung: Vor der Pflanzung werden die verschiedenen Teile des Baumes wie Wurzel, Stamm und Krone mit ihrer jeweiligen Funktion erläutert. Danach folgt die Pflanzung eines Baumes. Die Kinder können dem Baum auch einen eigenen Namen geben.
Bau von Nistkästen für Vögel, Fledermäuse und Hornissen: Vor dem Nistkastenbau werden Schädlinge und Nützlinge beschrieben und an obstbaulichen Beispielen erläutert: Apfelwickler und Läuse werden von verschiedenen Vogelarten gesammelt. Anschließend werden Nistkästen mithilfe von Bauanleitungen hergestellt und an geeignetem Platz im Baum aufgehängt.

Frühjahr

Bau von Nisthilfen für Ohrwürmer und Wildbienen. Ohrwürmer helfen bei der Läusebekämpfung und Wildbienen übernehmen die Bestäubung bei kühler und feuchter Witterung und dort, wo Honigbienen fehlen.

Baumschnitt: Nach einer Erläuterung, warum der Baumschnitt erforderlich ist, werden die Schnittmethoden angewandt und deren Auswirkung besprochen.

Bestäubung: Mit einem Imker werden die Obstbäume zur Blütezeit besucht. Dabei können der Vorgang der Bestäubung, die Entwicklung von der Blüte zur Frucht und die Lebensweise der Honigbiene erläutert werden.

Sommer

Blumenwiese: Einige wichtige Wildkräuter wie Löwenzahn, Margerite und Wiesensalbei werden gezeigt und es wird erläutert, auf welchen Standorten diese vorkommen. Anschließend können einige essbare Kräuter wie Sauerampfer und Löwenzahn gesammelt und zu Salat verarbeitet werden.

Heu machen: Unter Obstbäumen wird das Gras gemäht und in Handarbeit täglich gewendet, bis es trocken ist. Schon der Duft des frischen Heus ist ein bleibendes Erlebnis. Danach wird es gepresst und für die Haustiere mit nach Hause genommen.

Markus Zehnder/Beate Holderied:
Das Klassenzimmer im Grünen – Leitfaden für ein Schuljahr mit Obstwiesen

In diesem Leitfaden werden viele Themen in und mit Streuobstwiesen erläutert. Er dient als Grundlage für projektbezogenen Unterricht in Schulen oder für Projekte von Vereinen im Rahmen der Jugendarbeit. Auf insgesamt 68 Seiten werden anhand von Texten, Bildern und Illustrationen viele verschiedene Themen für Kinder im Grundschulalter in einem Unterrichts- und Praxisteil beschrieben und mit dem Bildungsplan in Verbindung gebracht. Die Schrift kann beim Landratsamt Zollernalbkreis (www.zollernalbkreis.de) bezogen werden.

Insekten und Kleintiere beobachten: Mit einer Becherlupe und einem Binokular werden Tiere wie Käfer, Heuschrecken und Schmetterlinge untersucht und bestimmt.

Kinder können auf vielfältige Weise für Streuobstwiesen begeistert werden.

Herbst

Obst ernten und Saft pressen: Zuerst wird mit einem Refraktometer der Zuckergehalt der Früchte gemessen. Anschließend wird mit Körben, Säcken und Schüttelhaken geerntet. Das Obst wird entweder mit eigenen Geräten oder in einer Mosterei zu Saft verarbeitet. Mit Jugendlichen können hierbei auch physikalische und mechanische Fragestellungen erläutert werden.
Herstellung leckerer Produkte: Der Saft wird erhitzt und in Flaschen, Edelstahlfässer oder Folienbeutel gefüllt. In einem Glasballon kann ein Gärversuch angelegt werden. Das Obst wird zu Dörrobst verarbeitet oder zu einem Kuchen gebacken. Aus Äpfeln können leckere Apfelchips hergestellt werden.
Obstsortentest: Verschiedene Sorten werden getestet und hinsichtlich ihrer Geschmackseigenschaften verglichen. Die Ergebnisse werden in einem Fragebogen ermittelt und ausgewertet.

Informationen zu den Streuobstpädagogen gibt es unter www.streuobst-paedagogen.de.

Anhand dieser Beispiele wird aufgezeigt, wie vielseitig die Themen um Streuobstwiesen in der Kinder- und Jugendarbeit sein können. Praktische Hilfen zur Umsetzung können dem Kapitel 6 dieses Buches und der Schrift „Das Klassenzimmer im Grünen – Leitfaden für ein Schuljahr mit Obstwiesen“ (siehe Kasten links) entnommen werden. Aufbauend auf diese Schrift hat sich eine Ausbildung zum „Streuobstpädagogen“ / zur „Streuobstpädagogin“ entwickelt, die inzwischen im gesamten Bundesgebiet angeboten wird. Die ausgebildeten ehrenamtlichen Streuobstpädagogen bieten den Grundschulen Streuobst-Unterricht an, der die Kinder aus dem Klassenzimmer hinaus in die Obstwiese mitnimmt. Sie sind im Verein „Streuobstpädagogen e. V.“ organisiert.

Traditionelles Handwerk

Berufe im Umfeld der Obstwiesen

Der Obstanbau dient bis heute nicht nur für Baumbesitzer, sondern auch für unterschiedliche Handwerker als willkommene Einkommensquelle. Von der Anzucht und Pflege der Bäume über die Ernte der Früchte bis zur Lagerung des Saftes im Keller waren schon seit eh und je ganz unterschiedliche Handwerkszweige eingebunden. Viele der mit dem traditionellen Obstbau eng verbundenen Berufe sind jedoch heute kaum mehr bekannt und sind es deshalb wert, kurz vorgestellt zu werden.

Baumwarte haben den Obstanbau verbreitet.

Baumwart

Weitsichtige Herrscher erließen im 18. Jahrhundert so genannte Generalreskripte, welche die Pflanzung von Obstbäumen entlang der Straßen und auf den gemeindeeigenen Wiesen, den Allmenden, vorschrieben, um den allgemeinen Wohlstand zu mehren. Dadurch wuchs der Bestand an Obstbäumen schnell, aber nicht alle Baumbesitzer kamen ihrer Pflegepflicht nach. Deshalb stellten viele Gemeinden bereits Mitte des 18. Jahrhunderts so genannte „Baumwärter" oder „Bauminspektoren" ein, deren Aufgabe es war, die vorhandenen Bäume zu pflegen und neue zu pflanzen. Eine Ausbildung zum Beruf des Baumwärters gab es zu jener Zeit noch nicht und jeder erfüllte seine Aufgabe, so gut er konnte. Dies änderte sich im Jahre 1837, als der damals 21-jährige Eduard Lucas in Hohenheim bei Stuttgart die ersten staatlichen Baumwärterkurse abhielt. In den Anfangsjahren besuchten jährlich knapp siebzig junge Leute die Ausbildung zum Baumwart. Damit war der Grundstein für die Verbreitung des Wissens um den bäuerlichen Obstbau gelegt und andere Obstbaugebiete in Deutschland und in den Nachbarländern folgten mit ähnlichen Ausbildungen. Die Baumwartekurse mussten in den jahreszeitlichen Rhythmus der landwirtschaftlichen Arbeiten eingegliedert werden. Im Verlauf von drei Wintermonaten erhielten die Teilnehmer Unterricht zu allen wichtigen Fragen und außerdem praktische Anleitung zum Schneiden und Veredeln der Bäume. Auch die Sortenkunde war Bestandteil der Ausbildung. Eine erste Dienstanweisung für Gemeindebaumwarte entstand 1848 ebenfalls auf Anregung von Eduard Lucas. Sie regelte die Aufgaben der Baumwarte bis ins Detail.

In vielen Regionen Deutschlands waren dann ab 1848 Wanderlehrer unterwegs, die auch Obstbau unterrichteten und die Baumwarte weiterbildeten.

Aus einer sicheren Anstellung heraus wagte Eduard Lucas den Schritt in die Selbständigkeit und gründete 1860 in Reutlingen das Pomologische Institut. Nach ihm führte sein Sohn Friedrich Lucas das Institut bis zu seinem Tod. Tausende von Baumwarten erhielten im Institut ihre Ausbildung. Von ihnen waren bis 1895 allein in Württemberg 31 als Bezirksbaumwärter (Vorgänger der heutigen Kreisfachberater) und annähernd 2000 als Gemeindebaumwärter angestellt, die ihr Fachwissen an Interessierte weitergaben und ihre Tätigkeit gegen Entlohnung anboten. Die Ausbildung zum

Rechts: Baumwarte kümmerten sich um die Pflege und Nachpflanzung von Obstbäumen.

In Fachwarteschulungen werden heute wieder Fachleute ausgebildet.

Baumwart war damit der entscheidende Schritt zur Förderung des bäuerlichen Obstbaus. Ohne diese Ausbildung hätten wir heute nicht die eindrucksvollen Baumriesen mit ihren harmonischen Kronen in den Streuobstwiesen.

In der ersten Hälfte des 20. Jahrhunderts hatte nahezu jede Gemeinde, die eine nennenswerte Anzahl von Obstbäumen besaß, mindestens einen Baumwart. Neben der Pflege der Obstbäume kümmerten sich die Baumwarte auch um Nachpflanzungen. Hierfür unterhielten sie eigene Baumschulen, in denen sie die für ihre Gemarkung geeigneten Sorten vermehrten. Sie wussten genau, welche Sorte an welchem Standort gedieh, und vermehrten nur bewährte Sorten, was die Erfolgsaussichten erhöhte und die Gefahr von Krankheitsbefall begrenzte. Oftmals waren darunter auch Lokalsorten, die ausschließlich in der betreffenden Region vermehrt wurden.

Baumwarte als Ansprechpartner für Obstbaufragen

Die Baumwarte boten ihre Dienste allen Baumeigentümern an, die nicht in der Lage waren, den Schnitt ihrer Obstbäume selbst durchzuführen. Dadurch erhielten die Obstbäume eine regelmäßige Pflege. Die Entlohnung war aber nie besonders hoch und die Tätigkeit stark saisonabhängig, sodass die Baumwarte auf zusätzliche Einkünfte angewiesen waren.

Bis Mitte der 60er-Jahre des vergangenen Jahrhunderts war die Baumwartausbildung Teil der landwirtschaftlichen Fortbildung, die von den Landwirtschaftsämtern oder -kammern ausging. Zu den Pflegemaßnahmen mit Säge und Schere kamen so wichtige Themen wie die harmonische Ernährung der Bäume und der angemessene Pflanzenschutz. Mit der Neuorientierung des Obstbaus vor rund 50 Jahren trat der Marktanbau auf Niederstämmen in den Vordergrund und der Feld- oder Streuobstbau galt als unrentabel und unwirtschaftlich. Die angestellten Baumwarte behielten zwar ihre Aufgaben, wurden aber vermehrt auch zu anderen Tätigkeiten in der Gemeinde eingesetzt. Viele erfüllten ihre Aufgaben als Fronmeister bis zur Pensionierung und wurden dann nicht mehr ersetzt.

Die vielseitige Erfahrung dieser Baumwarte um den praktischen Feldobstbau und ihre gute Kenntnis der Sorten machen sie heute zu wahren Schatzkammern obstbaulichen Wissens. Gerade in der Sortenkunde sind ihre Kenntnisse von unschätzbarem Wert, denn die Bestimmung alter Obstsorten ist eine anspruchsvolle Aufgabe. Die Baumwarte kennen nicht nur die Frucht, sondern durch ihre praktische Arbeit auch die Wuchseigenschaften der Bäume. Nur so kann eine seltene Sorte sicher bestimmt werden. Ähnliches gilt für die vielen Lokalsorten, die heute fast niemandem mehr bekannt sind.

Am augenfälligsten wird die ausbleibende Tätigkeit der Baumwarte bei der Baumpflege. Sie konnten gewährleisten, dass die Obstbäume fachgerecht geschnitten und gedüngt wurden. Der schlechte Gesundheitszustand vieler Streuobstbäume in der heutigen Zeit geht auf die mangelhafte Pflege und Ernährung in den vergangenen Jahrzehnten zurück. Um dies wieder zu verbessern, bietet der Landesverband der Obst- und Gartenbauvereine in Baden-Württemberg (LOGL) eine landesweit einheitliche 100-stündige Fortbildung zum LOGL-geprüften Obst- und Gartenfachwart an, die mit einer praktischen und schriftlichen Prüfung endet. In enger Zusammenarbeit mit den Kreisfachberatern an den Landratsämtern haben bereits weit über 7000 Interessierte an solchen Ausbildungen teilgenommen. Viele dieser Fachwarte übernehmen heute einzelne Aufgaben der früheren Baumwarte. Inzwischen haben sich weitere Regionen an dieses erfolgreiche Ausbildungssystem aus Baden-Württemberg angelehnt und bieten ihrerseits vergleichbare Ausbildungen an. Für ausgebildete und erfahrene Fachwarte, die ihrer Tätigkeit im Rahmen einer gewerblichen Tätigkeit nachgehen wollen, wird eine zusätzliche 50-stündige Ausbildung zum LOGL-geprüften Obstbaumpfleger angeboten, in der weitere und vertiefende Aspekte vermittelt werden.

Mit der Ausbildung zum LOGL-geprüften Obst- und Gartenfachwart unterstützt der LOGL die Ausbildung von Fachkräften für den Streuobstbau in Baden-Württemberg (www.logl-bw.de).

Pomologe

Dem Leser stellt sich die berechtigte Frage: Was unterscheidet den Baumwart vom Pomologen, ist ein Baumwart nicht auch zugleich Pomologe? Die Antwort muss lauten: Nein, denn Baumwart ist ein praktischer Beruf, der sich mit der Pflege von Obstbäumen zum Zweck der Fruchternte beschäftigt. Pomologie ist die Lehre der Obstsorten, deren Bestimmung und systematischer Einteilung. Im Gegensatz zum Baumwart, der den Baum und die Frucht in seiner praktischen Arbeit berücksichtigt, betrachtet der Pomologe also vor allem die Frucht aus botanischer Sicht.

Die frühesten Beschreibungen von Obstsorten gehen weit zurück. Erster Vorläufer der Pomologie war Valerius Cordus (1515–1544), der als Mediziner und Botaniker 50 Birnen- und 31 Apfelsorten genau beschrieb. Der Züricher Arzt und Naturforscher Conrad Gessner veranlasste 1561 die Herausgabe des Werkes von Cordus. Johann Bauhinus (1541–1613) war Leibarzt von Herzog Friedrich I. von Württemberg und des Grafen von Montbéliard. Im Jahr 1598 beschrieb er 60 Apfel- und 40 Birnensorten der Umgebung des heutigen Bad Boll bei Göppingen/Baden-Württemberg, illustrierte den Text mit Zeichnungen und kann damit als erster Pomologe angesehen werden. Die Wissenschaft der Pomologie hat aber erst 1758 in Johann Hermann Knoop (1706–1769) ihren Begründer gefunden. Er brachte ein Werk über Arten und Sorten der Früchte heraus, in welchem er die einzelnen Sorten beschrieb und in natürlicher Größe und Farbe abbil-

Schulung zur Sortenbestimmung.

dete. Im Jahr 1794 bildete sich in Hildesheim die erste Pomologische Gesellschaft, 1803 folgte in Altenburg/Sachsen eine weitere, andere Länder folgten. Im Jahr 1860 wurde schließlich der Deutsche Pomologenverein gegründet, dem so namhafte Pomologen wie JOHANN CONRAD OBERDIECK, WILHELM LAUCHE und EDUARD LUCAS angehörten. Das 19. Jahrhundert gilt als das goldene Zeitalter der Pomologie, die zu jener Zeit seltsame Triumphe feierte: Es galt, möglichst viele Sorten zu sammeln und zu beschreiben. So rühmte sich OBERDIECK, 300 verschiedene Sorten auf einem Baum veredelt zu haben und insgesamt 4000 Obstsorten zu besitzen. Da die Obstsorten zu jener Zeit aus zufällig gefundenen Sämlingen entstanden, kamen in allen obstbaulichen Regionen zu den landesweit verbreiteten Sorten noch Lokalsorten, die in den pomologischen Veröffentlichungen nur selten berücksichtigt wurden. Aus wirtschaftlichen Erwägungen heraus entstanden daher Bestrebungen zur Sortenvereinheitlichung, die 1853 zu einem Reichssortiment führten, das lediglich zehn empfehlenswerte Sorten umfasste, um „dem Sortenwirrwarr Einhalt zu gebieten". Es folgten staatliche Umpfropfaktionen, um unwirtschaftliche Sorten durch gewinnbringendere zu ersetzen. Manche Sorten, darunter viele Lokalsorten, sind bereits zu jener Zeit verloren gegangen.

Die Pomologie ist die Lehre von den Obstarten und Obstbäumen.

Heute sind nur noch wenige Spezialisten in der Lage, die Hunderte von Obstsorten sicher voneinander zu unterscheiden. Die Sortenbücher des 19. Jahrhunderts können in der Sortenbestimmung zwar hilfreich sein, ersetzen aber nicht die Übung erfahrener Pomologen. In verschiedenen Vereinigungen und in dem 1991 wiedergegründeten Pomologenverein (www.pomologen-verein.de) bemühen sich heute viele Interessierte um das Sammeln, Bestimmen und Erhalten alter Obstsorten. Ein jährlich stattfindendes internationales Treffen dient dem Erfahrungsaustausch.

Küfer

Der Beruf des Küfers oder Böttchers hat eine lange Tradition. In den von Küfern hergestellten Fässern lagern nicht nur Wein, sondern auch Most und Branntwein. Erst mit der Entwicklung des Plastikfasses für den Haushalt und der Edelstahlfässer für Betriebe sind die Holzfässer ins Abseits geraten. Seit einigen Jahren erlebt jedoch der Beruf des Küfers durch den Barrique-Ausbau des Weines wieder eine Renaissance. Auch Edelbrände werden vermehrt im Eichenfass gelagert und zum Verkauf angeboten. Hatte sich der Küfer ursprünglich auf die Herstellung der Fässer konzentriert, so ist er heute auch für die gesamten Kellerarbeiten zuständig.

Für die Qualität des Fasses ist das verwendete Holz entscheidend. Es wird fast ausschließlich Eichenholz verwendet, aber auch Akazien- oder Kastanienholz. Das Rundholz wird in so genannte Dauben gespalten und zum Trocknen an der Luft gelagert. Pro Zentimeter Holzdicke sind ein bis zwei Jahre Lagerdauer notwendig, bevor das Holz verarbeitet werden kann. Nach der Lagerung wird das Holz zugesägt und geschliffen (im Fachjargon: gestutzt, gestreift und ausgenommen) und zu Dauben gefügt. Als Dauben werden die einzelnen Hölzer bezeichnet, aus denen das Fass zusammengesetzt wird. Dabei werden die Dauben in einem eisernen Fassreifen so platziert, dass sie optimal zu den anderen passen. Mithilfe von Hammer und Setze werden die einzelnen Teile positioniert. Jetzt kommen Feuer und Wasser ins Spiel: Im Innern des Ringes wird ein Feuer entfacht bis das Holz die gewünschte Temperatur erreicht hat. Durch Befeuchten des Holzes von außen kann es langsam gebogen werden. Dies ist die eigentliche Kunst des Küfers, sie verlangt viel Übung und Erfahrung. Die Dauben werden mit einer Spannvorrichtung gebogen und die Fassreifen einer nach dem anderen angebracht. Mit dem Endhobel müssen die Dauben noch auf die gleiche Länge ausgeglichen werden, bevor der Boden eingebunden wird. Nun ist das Fass „beieinander".

Entscheidend für das spätere Aroma ist das Ausbrennen des neuen Fasses. Dadurch werden verschiedene Stoffe wie Phenole, aromatische

In einer Küferei werden Fässer zur Getränkelagerung hergestellt.

Bienen und Hummeln bestäuben die Obstblüten.

Aldehyde und Furanderivate frei und können in die gelagerte Flüssigkeit gelangen, was zu den gewünschten Farb- und Geschmacksveränderungen führt. Soll dies verhindert werden, wird das Fass nicht ausgebrannt, sondern „ausgelaugt". Dabei wird Dampf in das Fass geleitet und das Fass anschließend verschlossen. Das bei der Abkühlung entstehende Vakuum zieht die Restflüssigkeit aus den Poren der Innenflächen.

Imker

Wer sich mit der Imkerei beschäftigt, ist fasziniert von der Lebensweise und Organisation eines Bienenvolkes und erhält gleichzeitig ein umfassendes Verständnis für Vorgänge in der Natur. Die Waben sind wahre Wunderwerke und optimal angelegt. Bei einem Eigengewicht von nur 150 g kann eine Wabe bis zu 4 kg Honig enthalten. Mit dem Schwänzeltanz teilt die Biene ihren „Kolleginnen" mit, in welcher Richtung und in welcher Entfernung gute Pollenquellen liegen, und die Arbeitsteilung zwischen Arbeiterinnen (weibliche Bienen), Drohnen (männliche Bienen) und Königin ist bestens organisiert. Nichts wird hier dem Zufall überlassen.

Imker und Obstbauern unterstützen sich gegenseitig.

Schon immer sind Obstbau und Imkerei eng miteinander verbunden. Es ist beispielsweise nachgewiesen, dass die Bestäubungsleistung der Honigbiene maßgeblich für die Höhe des Obstertrages verantwortlich ist. Bei ihrer Suche nach Nektar und Pollen vagabundieren Bienen nicht wie viele andere Insektenarten zwischen den Blüten verschiedener Pflanzen umher, sondern bleiben einer einmal gefundenen guten Nektar- oder Pollenquelle treu, sind also blütenstet. Der Nektar von Obstbäumen ist eine solche bevorzugte Nahrung für Bienen und damit Honiglieferant für den Imker. Da die Honigbienen im Gegensatz zu den meist solitären Wildbienen als Volk überwintern, sind sie zur Blütezeit bereits in großer Zahl vorhanden. Hummeln und Wildbienen sind wichtige Bestäuber bei kühler und feuchter Witterung, denn dann bleiben die Honigbienen im Stock. Um eine gute Bestäubungsleistung zu erreichen, sind mindestens zwei Völker pro Hektar Obstfläche notwendig. Bienen und Hummeln können den Zuckergehalt

Imkerin in der Streuobstwiese.

von Nektar und damit gute von schlechten Trachtpflanzen unterscheiden. Er steigt von Birne (ca. 12 %) über Apfel (ca. 21 %) und Süßkirsche (ca. 35 %) bis zum Raps (ca. 55 %). Trifft die Raps- oder Löwenzahnblüte mit der Obstblüte zusammen, so leidet darunter vor allem die Bestäubungsleistung bei Birnen, weil deren Blüten für die Bienen relativ unattraktiv sind. Die tägliche Nektarmenge einer Apfelblüte liegt je nach den örtlichen Verhältnissen bei 2 bis 6 mg. Bei einer Million Blüten pro Baum und einer Blühdauer von zehn Tagen kann ein Baum bis zu 60 kg Nektar und 12 kg Honig liefern – eine beträchtliche Menge!

Extensiv genutzte Streuobstwiesen bieten nicht nur zur Zeit der Obstblüte, sondern auch während der Wiesenblüte und zur Fruchtreife Nahrung für Bienen. Da in den Streuobstwiesen kaum Pestizide eingesetzt werden, gibt es auch keine Folgeschäden an den Bienen. Entscheidend für die Gesundheit der Bienen ist aber auch ein bienengerechter Standort. Er sollte warm, trocken und windgeschützt sein. Gerade in großer Sommerhitze ist der Schatten unter einem großkronigen Obstbaum ideal für Bienen. Zur Aufrechterhaltung einer Innentemperatur von 35 °C sind Bienenvölker, die der vollen Sonne ausgesetzt sind, nur damit beschäftigt, entsprechende Wassermengen zur Kühlung herbeizuschaffen. Bienenbärte an Beutewänden und Flugbrettern sind deutliche Zeichen eines überhitzten Standortes.

Urlaub unter Streuobstbäumen

Reisetipps für Naturliebhaber, Radfahrer und Feinschmecker

Streuobstwiesen sind ideale Reiseziele, denn sie erfreuen Leib, Geist und Seele gleichermaßen und das zu allen Jahreszeiten. In verschiedenen Regionen Europas wird das Landschaftsbild von großkronigen Obstbäumen geprägt. Einige dieser herrlichen Streuobstlandschaften werden in den folgenden Kapiteln vorgestellt.

Allgemeines

Streuobstlandschaften sind ideale Reiseziele.

Besonders reizvoll ist die Zeit der Obstblüte im Frühjahr. Ganze Landschaften sind dann in ein Meer von duftenden Blüten gehüllt. Im Sommer genießen wir die erfrischend spritzigen Streuobstprodukte der Gastronomie im Schatten der großen Baumkronen und erkunden die vielen verschiedenen Arten und Sorten. Während der Erntezeit im Herbst herrscht rege Betriebsamkeit in den Obstwiesen und es begegnen uns knatternde Traktoren mit Anhängern, die mit prall gefüllten Säcken beladen sind. Zur Zeit der Herbstfärbung wird es wieder ruhiger und die Novembernebel verwandeln die Bäume in bizarre Riesen. Der Winter versetzt auch die Streuobstwiesen in ihren Dämmerschlaf – der richtige Zeitpunkt für ein gemütliches Mahl in der warmen Gaststube mit Glühmost und regionalen Produkten, gekrönt durch einen Edelbrand aus alten Obstsorten.

Je nach Jahreszeit wird für jede Generation etwas geboten: Die Großeltern können Gastronomie und Wanderwege genießen, und die Eltern sind mit dem Fahrrad unterwegs, während die Kinder beim Saftpressen helfen oder am Apfelschälwettbewerb teilnehmen. Streuobstregionen eignen sich damit in idealer Weise für kulinarische Entdeckungsreisen und zur Umweltbildung. Manche Regionen in Europa haben es verstanden, ihre Streuobstwiesen als attraktive Urlaubsziele zu entdecken und locken mit herrlicher Landschaft, gepflegter Gastronomie und einem vielseitigen kulturellen Programm. Die größten Streuobstgebiete liegen in leicht hügeliger Landschaft. Entlang ausgeschilderter Lehrpfade erhalten die Besucher Informationen über die natürlichen Zusammenhänge, die Landschaft mit ihrer bäuerlichen Struktur und zum Obstbau in der Region. So kann es gelingen, die Streuobstwiesen wieder als Wirtschaftsfaktor interessant zu machen. Hierbei kommt diesen Regionen Folgendes zugute:

- In einem von hektischer Betriebsamkeit und Unruhe geprägten Alltag ist das Naturerlebnis, verbunden mit einer gepflegten Gastronomie und kulinarischen Speisen, eine willkommene Abwechslung, um Kraft und Energie zu tanken.
- Das Bewusstsein für natürliche Nahrungsmittel, ungespritztes Obst und naturreine Getränke steigt aufgrund von Meldungen über belastete Nahrungsmittel.
- Regionale Produkte finden aus demselben Grund immer mehr Abnehmer. Dies unterstützt die örtlichen Betriebe und hilft, dem Streuobstbau wieder wirtschaftliche Perspektiven aufzuzeigen.

Rechts: Obstwiesen können mit allen Sinnen erlebt werden – ob zu Fuß oder mit dem Fahrrad.

Streuobstlandschaften wie hier am Albtrauf in Baden-Württemberg sind reich strukturierte und liebliche Urlaubsregionen.

- Wer den Reiz der Streuobstwiesen einmal erlebt hat, wird sich gern für deren Erhalt einsetzen und Produkte aus den Streuobstwiesen den Massenprodukten vorziehen.
- Ein Besuch der bäuerlichen Betriebe, Bauernläden und Mostereien gibt einen interessanten Einblick in Herstellung und Qualität dieser Produkte.

Die Gastronomie hat sich auf die naturverbundene Kundschaft eingestellt und bietet eine Vielzahl von Speisen und Getränken aus Produkten der Streuobstwiesen. Feine Speisen mit Most, Edelbränden oder Dörrobst bereichern hier die Speisekarte. So treffen wir im Schwäbischen auf Lammschulter mit Luikenmostsoße und Bärlauchschupfnudeln, in Hessen auf Wetterauer Gänsebraten mit Apfelfüllung und im österreichischen Mostviertel auf Kübelknöderl auf Speckbirnenmostkraut und „Coq au most".

Gemütliche Probierkeller laden ein, die Spezialitäten aus den Streuobstwiesen zu genießen.

Die Landschaften in Europa, in denen sich der Streuobstbau bis heute prägend erhalten hat, zeigen ganz unterschiedliche Facetten. Große Unterschiede gibt es in der Zusammensetzung der Obstarten. In den etwas raueren Klimaregionen in Alpen- oder Albnähe bestimmen die Mostbirnen das Landschaftsbild. Mit ihrem hohen Alter und den aufrechten, oft riesigen Kronen stehen sie majestätisch in der Landschaft. Für das oberösterreichische Mostviertel sind sie namengebend und in der Zentralschweiz hat die Dörrbirne eine ganz besondere kulturhistorische Bedeutung. Die meisten Streuobstwiesen liegen aber in milderen Klimazonen und werden vom Apfel dominiert. Viele Streuobstregionen, wie etwa in Hessen, der Rhön und im Saarland, werden fast vollkommen vom Apfel bestimmt. In den großen Streuobstlandschaften entlang des schwäbischen Albtraufs ist der Apfel zwar noch immer die häufigste Obstart, aber auch Zwetschge, Birne und Kirsche sind bedeutend. Überwiegend den wärmeren und spätfrostsicheren Hanglagen vorbehalten sind die Süßkirschen, die am Westrand des Schwarzwaldes, im Baselland, entlang des Albtraufs und in der Fränkischen Schweiz eine Rolle spielen. Lothringen ist für die Mirabelle bekannt und am Süßen See bei Halle gedeihen sogar Aprikosen derart, dass sie die Landschaft prägen. In Frankreich gibt es Regionen, in denen die Walnuss eine beherrschende Rolle spielt. Obwohl sie spätfrostgefährdet ist, ist sie auch bei uns auf dem Lande als Hausbaum sehr beliebt. In der Zentralschweiz zwischen Vierwaldstättersee und Walensee hat sich schon im 14. Jahrhundert die Edel-Kastanie ausgebreitet und später eine wichtige wirtschaftliche Rolle gespielt. Heute erinnern sich die Eidgenossen wieder an die Edel-Kastanie als „Brot der Armen“ und feiern alljährlich die „Chestene-Chilbi“. Ähnlich bedeutsam sind die Edel-Kastanien in der Pfalz, denn auch dort wird im Oktober das „Kästenfest“ gefeiert.

In einigen Regionen haben sich Initiativen entwickelt, die über ein abgestimmtes Marketing auf sich aufmerksam machen. Alle zusammen haben

Blütenfeste wie das „Schwäbische Hanami“ (www. streuobstparadies.de) laden zum Genießen mit allen Sinnen ein.

ein gemeinsames Ziel – über einen sanften Tourismus die Wertschöpfung aus Streuobstwiesen und anderen Kulturlandschaften zu verbessern. Mit ausschlaggebend für diesen Trend sind gezielte Förderprogramme und -maßnahmen einzelner Bundesländer sowie die Ausrichtung von EU-Förderzielen auf die Stärkung des ländlichen Raumes. Sämtliche Initiativen hier vorzustellen, würde den Rahmen sprengen. Deshalb beschränken wir uns auf die Vorstellung einiger weniger Initiativen, die den landschaftsprägenden Streuobstbau auch in touristischer Hinsicht fördern wollen.

Das Schwäbische Streuobstparadies

Baden-Württemberg gilt als Kernland des Streuobstbaus. Eines der größten zusammenhängenden Streuobstgebiete Mitteleuropas finden wir entlang des stark zerteilten Nordabfalls der Schwäbischen Alb, dem so genannten Albtrauf und seinem Vorland zwischen Göppingen und Balingen in Baden-Württemberg. Die Autobahn A8 von Stuttgart nach München führt zwischen den Anschlussstellen Wendlingen und Aichelberg durch dieses Gebiet. Diese hügelige Region ermöglicht aufgrund ihrer Hanglagen und überwiegend schweren Böden keine intensive landwirtschaftliche Nutzung, sodass die Streuobstwiesen ihren landschaftsprägenden Charakter behalten konnten. In ihrem Kernbereich von Weilheim/Teck über Lenningen, Neuffen und Dettingen/Erms bis Reutlingen wirken diese Streuobstwiesen nicht wie zufällig in die Landschaft gestreut, sondern bilden ausgedehnte Obstwälder. Von besonderer Bedeutung ist dieses Gebiet auch für die Erhaltung gefährdeter Vogelarten und wurde deshalb 1984 von der europäischen Sektion des Internationalen Rates für Vogelschutz (IRV) als international bedeutendes Brutvogelgebiet ausgewiesen. Heute sind weite Gebiete des mittleren Albtraufs im Europäischen Schutzgebietsnetz „Natura 2000“ als Vogelschutzgebiete enthalten. Extensiv bewirtschaftete Streuobstwiesen wechseln sich mit intensiver genutzten Obstpflanzungen ab. An den wenig spätfrostgefährdeten Hängen des Albtraufs gedeihen auch Kirschen und Walnüsse und an südexponierten Steilhängen, beispielsweise um

Im Schwäbischen Streuobstparadies entlang des Albtraufs prägen hunderttausende Obstbäume die Landschaft.

Professor Robert Gradmann beschrieb diese Landschaft im Jahr 1931 so:
„Jedem, der die württembergische Grenze von Osten her überschreitet, fallen die Obstwälder sofort auf, die hier Tal und Hügel überkleiden, ein herzerquickendes Bild der Fülle und des Segens. (...) Aber die allgemeine Ausbreitung (des Obstbaus) erfolgte nur unter unermüdlicher Anregung von oben. Damals noch musste in vielen Landesteilen der Obstbau unter heftigem Widerstreben, weil er der Pflugarbeit hinderlich war, den Leuten geradezu aufgezwungen werden. Der Erfolg war überraschend und ging über das gewollte Ziel eigentlich hinaus. Wiewohl das Land auch Tafelobst erzeugt, werden nämlich die Obsternten hauptsächlich zur Bereitung von „Most" (Apfel- und Birnenwein) verwendet, und an dessen Genuss hat sich die Bevölkerung nun so gewöhnt, dass er zu einem unentbehrlichen Lebensbedürfnis geworden ist. Kein Taglöhner zieht ohne seinen Mostkrug aus, und hart arbeitende Leute vertilgen von diesem „Haustrunk" unglaubliche Mengen. Um das Bedürfnis zu befriedigen, kann man jetzt nicht Obstbäume genug pflanzen."

Metzingen, mischt sich der Weinbau dazwischen. Besonders reizvoll ist der landschaftliche Kontrast zwischen der lieblichen Voralbzone mit ihren ausgedehnten Obstwiesen und der rauen Hochalb, wo weitab der Ballungsgebiete die von Schafen beweideten Wacholderheiden zu ausgedehnten Wanderungen in freier Natur einladen. Von exponierten Aussichtspunkten, wie der Burgruine Teck bei Kirchheim, der Ruine Limburg bei Weilheim, der Burg Hohenneuffen, dem Rossberg bei Gönningen oder der Burg Hohenzollern bei Hechingen, reicht der Blick weit über diese Obstlandschaft.

Wie aus mehreren alten Reisebeschreibungen zu entnehmen ist, hat die Obstkultur dieser Region eine ausgesprochen lange Tradition. Da sich be-

Luikenapfel-Ofenschlupfer mit Luikenmost-Sabayon (für 4 Personen)
Zutaten für Ofenschlupfer: 4 altbackene Brötchen oder Hefezopf, 2 Luikenäpfel aus Streuobstwiesen, 2 EL Rosinen, 1 EL angeröstete Haselnusskerne, 1/2 l Milch, 3 Eier, 5 Butterflocken, 2 EL Zucker, 1 Prise Zimt. Luikenmost-Sabayon: 1/8 l guter Apfelmost aus Streuobstwiesen, 30 g Zucker, 1 cl Luikendestillat, 2 Eigelb. Zum Garnieren 1 EL Mandelsplitter, Staubzucker, 1 Sträußchen Zitronenmelisse.
Zubereitung: Altbackene Brötchen in dünne Scheiben schneiden, Äpfel fein schneiden, Haselnüsse grob hacken, Rosinen zugeben. Zucker und Zimt, Ei und Milch verquirlen und über das Ganze geben, einwirken lassen.
Backform (oder auch kleine Portionsförmchen) buttern und Ofenschlupfermasse einfüllen. Bei 180 °C im Ofen goldgelb backen.
Luikenmost-Sabayon: Apfelmost, Zucker und Destillat gut miteinander verrühren, 1/3 der Flüssigkeit beiseite geben und damit die noch warmen Ofenschlupfer von unten tränken. Dazu die Flüssigkeit in eine flache, vorgewärmte Schüssel geben und die frisch gestürzten Ofenschlupfer daraufsetzen. Die restliche Sabayonflüssigkeit mit 2 Eigelb in der Aufschlagschüssel über Wasserdampf zur Rose aufschlagen.
Ofenschlupfer und Sabayon auf warme Teller anrichten, Mandelsplitter darüber geben und mit Staubzucker bestäuben.
Quelle: Küchenmeister August Kottmann, Gasthof-Restaurant Hirsch, D-73342 Bad Ditzenbach-Gosbach (www.hirsch-badditzenbach.de)

Befestigte Wege laden zu Radtouren mit der ganzen Familie ein.

reits die Klöster mit ihren weitreichenden Verbindungen um den Obstanbau kümmerten, dürfte auch das Ermstal schon sehr früh kultiviert worden sein. Zahlreiche Klöster hatten hier Besitzungen, im Ermstal unter anderem das Kloster Zwiefalten. Aber erst durch die Unterstützung der württembergischen Landesherren erreichte der Obstbau seine weite Verbreitung. Entscheidende Impulse gingen aber auch von Eduard Lucas aus, der in Reutlingen das Pomologische Institut leitete. Er unterstützte die Obstbauvereine der weiten Umgebung und bildete Baumwarte aus. Ebenso wurden Obstbäume verschiedenster Sorten verkauft und Edelreiser abgegeben.

Die Mostbereitung hat sich in diesen ländlichen Regionen bis heute erhalten, aber die erzeugten Mengen sind merklich zurückgegangen. Die Marktpreise für Mostobst sind nach wie vor viel zu niedrig, um die Mühen der Ernte wenigstens ansatzweise auszugleichen. Die Nutzung und Pflege der Streuobstwiesen wird ein zunehmendes Problem und es werden Wege gesucht, das Interesse daran wieder zu wecken.

Um diese strukturellen Herausforderungen anzupacken und neue Wege aufzuzeigen, bedarf es eines gemeinschaftlichen Handelns. Deshalb haben sich sechs Landkreise in dieser Region (Göppingen, Esslingen, Reutlingen, Böblingen, Tübingen und der Zollernalbkreis) zu einer breiten Zusammen-

Eine der größten zusammenhängenden Streuobstregionen liegt am Albtrauf in Baden-Württemberg.

arbeit entschlossen, um sich als „Schwäbisches Streuobstparadies" gemeinsam für den Erhalt von über 1,5 Millionen Obstbäumen auf 26 000 ha Streuobstwiesen zu engagieren. Tausende von Tonnen Obst werden hier jährlich von über 130 Mostereien und 700 Brennereien zu feinen Säften, Spirituosen und anderen Köstlichkeiten verarbeitet. Neben zahlreichen ehrenamtlichen Naturschützern, Landwirten und Kommunen engagieren sich 23 000 Menschen in 200 Obst- und Gartenbauvereinen für den Erhalt dieser bedrohten Kulturlandschaft. Sie alle haben sich im Jahr 2012 zum Verein „Schwäbisches Streuobstparadies" zusammengeschlossen. Neben den sechs Landkreisen, zahlreichen Städten und Gemeinden und dem Land Baden-Württemberg engagieren sich viele Vereine, Initiativen und Betriebe aus den Bereichen Obst- und Gartenbau, Tourismus, Verarbeitung, Vermarktung und Bildung für die größte Streuobstlandschaft Mitteleuropas. Der Verein zählt derzeit knapp 300 Mitglieder und setzt sich mit einer hauptamtlichen Geschäftsstelle für den Erhalt und die bessere Vermarktung der Streuobstwiesen ein.

Ein Schwerpunkt der Arbeit des Vereins ist die touristische Inwertsetzung der Streuobstwiesen und bessere Vermarktung von Produkten aus Streuobst. Die außergewöhnliche Landschaft und die traditionsreichen Verarbeitungsbetriebe bieten ein unerschöpfliches Potenzial für spannende und abwechslungsreiche Tagesausflüge sowie Kurzurlaube. Ob Streuobstwanderroute oder Erlebnisradweg – mit der Ausarbeitung von streuobstspezifischen Freizeitangeboten möchte der Verein die Streuobstwiesen als Alleinstellungsmerkmal der Tourismusregion Schwäbische Alb platzieren. Daneben gelingt es findigen Schwaben immer wieder, die Streuobstwiesen mit außergewöhnlichen Produkten jenseits des Apfelsaftes in Wert zu setzen. Die Vermarktung dieser hochqualitativen Produkte möchte der Verein stärken und dafür Sorge tragen, dass wieder mehr Streuobstprodukte in die Einkaufswagen und auf die Teller kommen.

Empfehlenswerte Literatur zum Gebiet

Zehnder, M., Hammer, A., Letsch, A. (2015): **Im Schwäbischen Streuobstparadies** – Menschen, Landschaft, himmlische Genüsse. Silberburg-Verlag, Schönbuchstr. 48, D-72074 Tübingen; ISBN 3-8425-1331-0; 19,90 €.
DAS Buch zum Schwäbischen Streuobstparadies. Es zeigt mit paradiesischen Bildern und informativen Texten die Reize dieser Region auf. In einem Streifzug durch die Jahreszeiten in Obstwiesen stellen die Autoren die Früchte und deren Verarbeitung vor, beschreiben die Landschaften und treffen auf Menschen, deren Herz auf jeweils ganz unterschiedliche Art und Weise für die Region schlägt. Hinweise auf interessante Angebote wie Lehrpfade, Museen und Wanderwege sowie fruchtige Feste und Märkte laden dazu ein, dieses Paradies selbst zu erleben und zu genießen.

Lucas, E. (1857): **Abbildungen württembergischer Obstsorten.** Nachdruck des Pomologen-Verein e.V., E-Mail: shop@pomologen-verein.de.
Der berühmte Pomologe Eduard Lucas beschreibt 25 Apfel- und 25 Birnensowie 25 Steinobstsorten aus dem damaligen Württemberg sehr ausführlich und mit Farbabbildungen.

Lucas, E. (1854): **Die Kernobstsorten Württembergs.** Nachdruck 2014 des Pomologen-Verein e. V., Husumer Str. 16, D-20251 Hamburg; 45,00 €.
Das Buch enthält eine Aufzählung der wichtigsten allgemein und regional verbreiteten Kernobstsorten Württembergs mit kurzer Beschreibung der Sorte (ohne Abbildung).

Weitere Informationen unter:
www.streuobstparadies.de: Seite des Vereins „Schwäbisches Streuobstparadies“ mit vielen Angeboten, Veranstaltungen und Vereinsaktivitäten.
www.schmeck-den-sueden.de: Hier gibt es regional typische Spezialitäten, Rezepte und Hinweise zu Veranstaltungen im „Ländle“.
www.streuobstwiesen-bw.de: Streuobstportal des Landes Baden-Württemberg mit Informationen zu den Aktivitäten rund um den Erhalt der Streuobstwiesen in Baden-Württemberg.
www.biosphaerengebiet-alb.de: Diesen Seiten können Informationen über das Biosphärengebiet Schwäbische Alb entnommen werden.

Mostviertel – Land der Mostbirne

Das Mostviertel liegt in Ober- und Niederösterreich zwischen Linz und Wien. Zentraler Ort ist Amstetten unweit der A1. Es gilt als das größte geschlossene Mostbirnbaumgebiet Europas und die Mostbirne ist sowohl als Baum wie als Frucht das Markenzeichen dieser Landschaft. In Lagen zwischen 200 und 700 m ü. NN und bei jährlichen Niederschlägen zwischen 500 und 1000 mm finden die Mostbirnbäume auf den sandigen Lehmen gute Wuchsbedingungen. Die Bedrohung der noch vorhandenen Bäume durch vermeintlich geringe Wirtschaftlichkeit und ausbleibende Pflege waren Auslöser für ein beispielhaftes Engagement für Marketing und Tourismus. Es ist im Laufe der Jahre gelungen, durch hochwertige Nahrungsmittel, Direktvermarktung und qualifizierten Tourismus die Wertschöpfung aus dem Streuobstbau entscheidend zu verbessern.

Die majestätischen Vierkanthöfe zeugen heute noch von der Blütezeit des Mostverkaufs im vergangenen Jahrhundert. Vereinzelt gibt es auch noch Dörrhäuser zur Herstellung von Zwetschgen und Kletzen (gedörrten Birnen). Doch auch im Mostviertel ist der Rückgang der Streuobstwiesen deutlich erkennbar. Im Laufe von nur 50 Jahren ging der Bestand an Streuobstbäumen um 62 % zurück. Hinzu kommen Krankheiten wie Birnenver-

Herzhaftes Vesper im Mostviertel.

Streuobstbäume um einen Vierkanthof vor Alpenkulisse: hier ist die Mostbirne zu Hause.

fall (pear decline, eine Phytoplasmose) und Feuerbrand, die zusätzliche Sorgen bereiten. Obwohl seit einigen Jahren wieder vermehrt Jungbäume gepflanzt werden, fehlt der Mittelbau der zwanzig- bis vierzigjährigen Bäume fast vollständig.

Herzstück des sanften Tourismus in der Region ist die Moststraße, die auf einer rund 200 km langen beschilderten Strecke durch das sanftwellige Hügelland zu den landschaftlichen und kulturellen Höhepunkten führt. 30 Moststraßenwirtshäuser, 21 Moststraßenheurige und 45 Ab-Hof-Betriebe liegen am Weg. Für Radfahrer besteht ein direkter Anschluss zum Donauradweg. Neben einem weitverzweigten Familienradwegenetz gibt es auch sportliche Rad-Trecking-Touren. Große Tafeln informieren über die jeweilige Gemeinde und deren Sehenswürdigkeiten. In der Mostgalerie im Stift Ardagger werden die Produkte des Mostviertels sehr einladend präsentiert und zum Verkauf angeboten. Die Produktpalette reicht von sortenreinen Birnenmosten über ebenfalls sortenreine Destillate bis hin zu Likören und Schaumweinen. Darüber hinaus laden Museen, Lehrpfade und Stifte zum Besuch ein.

Das Mostviertel vereint die Obstlandschaft mit kulinarischen Genüssen.

Mostviertler Mostsuppe (für 4 Personen)
Zutaten: 100 g Erdäpfel (Kartoffeln), 50 g Karotten, etwas Lauch, 50 g Zwiebel, 80 g Speck, 1/2 l kräftiger Birnenmost, 1/2 l Rindssuppe, 1/8 l Obers (Sahne), 30 g Butter, Salz und Pfeffer, Brot, Kräuter.
Zubereitung: Gemüse putzen, in kleine Würfel schneiden und alles gemeinsam anrösten. Mit Most und Suppe aufgießen und 30 min köcheln lassen. Pürieren und Butter einarbeiten, mit Salz und Pfeffer abschmecken, mit Obershaube, Brotwürfel und frischen Kräutern bestreuen.
Quelle: Alexandra und Johann Hochholzer, Wirtshaus in der Gafring in: Mosttelegramm Nummer 38, November 2002, S. 7

Empfehlenswerte Literatur zum Gebiet

HANDLECHNER, G., SCHMIDTHALER, M. (2019): **Äpfel und Birnen – Schätze der Streuobstwiesen.** Tourismusverband Moststraße; ISBN 978-3-200-06324-2; 29,90 €. Auf 288 Seiten werden 248 Obstsorten mit Abbildungen beschrieben.

HAGEN, S., SCHWARZ-KÖNIG, D. (2019): **Von der Wiese in den Kochtopf – Mostviertler Kräuterkochbuch.** Tourismusverband Moststraße; ISBN 978-3-200-06191-0; 19,90 €. Neben 35 Rezepten werden Landschaft und Redewendungen des Mostviertels vorgestellt.

LAMMERHUBER, L., SCHLAG, E. (2016): **Die schönste Landschaft der Welt.** Edition Lammerhuber, Dumbagasse 9, A-2500 Baden; ISBN 978-3-903101-21-0; 59,00 €.

GRILL, D., KEPPEL, H. (2014): **Alte Apfel- und Birnensorten für den Streuobstbau.** 3. Auflage, Leopold Stocker Verlag, Graz – Stuttgart; ISBN 3-7020-1087-4; 29,90 €.
Entgegen den Erwartungen, die durch den Titel geweckt werden, enthält das Buch neben den Sortenbeschreibungen viele Informationen zum Thema „Streuobst“ und alte Obstsorten mit regionalem Bezug zum südöstlichen Alpenraum.

Die Rhön überrascht mit großer Produktvielfalt.

Weitere Informationen unter:
Zentrale Adresse ist die Mostviertel Tourismus GmbH, Töpperschloss Neubruck, Neubruck 2/10, A-3270 Scheibbs, www.mostviertel.at. Dort sind verschiedene Broschüren, ein Genussführer mit Adressen entlang der Moststraße und ein Moststraßenkalender erhältlich.

Biosphärenreservat Rhön

1991 wurde die Rhön durch die Weltkultur-Organisation UNESCO als Biosphärenreservat ausgewiesen mit dem Ziel, modellhafte Wirtschaftsentwicklungen anzustoßen, welche die ökologischen Grundlagen der Natur nicht zerstören. Im Grenzgebiet zwischen Hessen, Thüringen und Bayern gelegen, bietet diese Mittelgebirgsregion ein vielseitiges Freizeitangebot für Naturliebhaber. Streuobstwiesen sind ein typisches Merkmal dieser Kulturlandschaft. Die häufigste Obstart ist der Apfel. Folgerichtig wurde ein „Apfelbüro“ eingerichtet, das als Anlaufstelle für alle Interessierten dient. In der „Rhöner Apfelinitiative“, einem Dachverband, der Ideengeber und Koordinator sein soll, haben sich Obstbauern, Keltereien, Gastronomie und Naturschützer zusammengeschlossen. Sie veranstalten internationale Workshops und die Rhöner Apfelmesse.

Viele regionale Produkte aus den Streuobstwiesen, von Apfelwein über Schaumwein, Likör und Essig bis hin zu Apfelchips, sind entstanden, sogar ein Apfelbier wird hergestellt. Die Gastronomie bietet neben kulinarischen Schnapsseminaren auch eine Vielzahl von Speisen aus den Streuobstprodukten der Rhön. Die Feriengäste können in einer Schaukelterei lernen, wie aus Äpfeln Saft gemacht wird und die Apfelweinprobe zeigt die Geschmacksvielfalt der Obstsorten.

In der Modellgemeinde Hausen bei Fladungen, die noch von einem intakten Streuobstgürtel umgeben ist, lockt ein Streuobstlehrpfad in die

Kleine Lammschnitzel vom Rhönschaf in Apfel-Tresterkruste (für 4 Personen)
Zutaten: 1 Lammkeule mit Knochen, etwas Wurzelgemüse (Karotte, Sellerie, Lauch, Zwiebel), 1 EL Tomatenmark, 250 ml Apfelwein, 200 g gemahlener Apfeltrester, 100 g Semmelbrösel, 2 Eier, 1 EL Mehl, Salz, Pfeffer, Thymian.
Zubereitung: Lammkeule vorsichtig von den Knochen lösen, damit man schöne Fleischteile zum Schneiden der Schnitzel hat. Sehnen und Fett abschneiden und in etwas Fett mit den Knochen anrösten, gewürfeltes Wurzelgemüse und zerdrückte Knoblauchzehe dazugeben und mitrösten lassen. Tomatenmark hinzufügen, mit etwas Mehl bestäuben und mit dem Apfelwein und ca. 3/4 l Wasser ablöschen. Die Soße ca. 2 Stunden köcheln lassen, abpassieren, eventuell etwas entfetten und mit etwas Stärke abbinden. Zum Schluss Thymianblättchen zugeben.
Aus den Fleischteilen kleine Schnitzel schneiden, etwas klopfen und mit Salz und Pfeffer würzen. Eier mit etwas Wasser und Mehl verquirlen, Apfeltrester mit dem Semmelmehl vermengen. Schnitzel nun in Ei tauchen und mit dem Trester panieren. Fett in einer Pfanne erhitzen und die Lammschnitzel bei nicht so starker Hitze goldbraun backen. Etwas Thymiansoße auf den Teller geben, zwei Lammschnitzel darauf anrichten und mit frischen Thymianzweigen garnieren. Dazu passen Apfel-Bratkartoffeln.
Quelle: Jürgen H. Krenzer, Gasthof „Zur Krone“ & „Rhöner Schaukelterei“, Eisenacher Str. 24, D-36115 Ehrenberg-Seiferts (www.rhoenerlebnis.de)

Obstwiesen, die hier nach wie vor für Most und Obstbrand genutzt werden. Daneben liegt der Sortenerhaltungsgarten, in dem die seltenen Sorten der Rhön veredelt sind.

Hessische Apfelwein- und Obstwiesenroute

In der Heimat des „Äppelwois“ bestimmt der Apfel sowohl den Charakter der Obstwiesen als auch die Produktpalette. Frisch gepresst heißt er „Seuße“, einige Tage später wird er zum „Rauscher“ und fertig vergoren ist er ein feines „Stöffche“, der im „Bembel“, einem Krug, oder im „Gerippte“, einem schimmernden Glas, getrunken wird.

Die Apfelwein- und Obstwiesenroute besteht aus einem flächenübergreifenden Netz von Rad- und Wanderwegen durch Hessen. In verschiedenen Regionalschleifen (Gießen, Stadt und Kreis Offenbach, zwischen Main und Taunus, Wetterau, Odenwald und Main-Kinzig) werden unterschiedliche Themen aufgegriffen. Dabei orientieren sich die Routen an bereits bestehenden Wander-, Reit-, Wasser- und Radwegenetzen. Sie führen vorbei an Keltereien, Gasthäusern, Direktvermarktern (Bauernhöfe, Obstbaubetriebe, Brennereien, Imker) und Sehenswürdigkeiten zu den schönsten Streuobstbeständen. Kulturelle, kulinarische und naturbezogene Besonderheiten werden herausgestellt und auf die Verarbeitung der Obstprodukte wird hingewiesen. Als Wegweiser dient ein roter Apfel mit grünem, halbkreisförmigem Pfeil.

Der Trägerverein „Hessische Apfelwein- und Obstwiesenroute“ gibt das zweimal jährlich erscheinende Magazin „Apfelpost“ heraus, in dem neben Fachbeiträgen alle Termine in einem umfangreichen Veranstaltungskalender angekündigt werden. Mit den Veranstaltungen sollen alte Traditionen wieder mit Leben gefüllt und Verarbeitungs- und Handwerksbetriebe aus

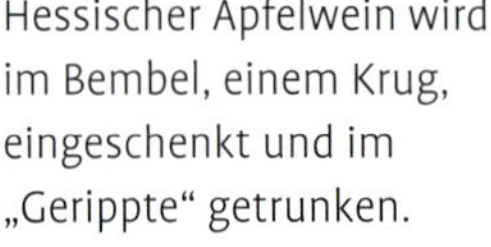

Hessischer Apfelwein wird im Bembel, einem Krug, eingeschenkt und im „Gerippte“ getrunken.

Äppelwoihinkelche
(Gebratene Hühnchenbrust und -keule auf Champignons und Zwiebeln in Apfelweinsauce mit Praunheimer Kartoffelgratin, für 4 bis 6 Personen)
Zutaten: 2 Brathähnchen, 500 g Kartoffeln, 300 g Äpfel, 200 g Sahne, Zwiebeln, Champignonköpfe, Salz, Pfeffer, Muskat.
Zubereitung: Für das Kartoffelgratin werden Kartoffeln und Äpfel geschält und in dünne Scheiben geschnitten, schichtweise in eine feuerfeste Form gegeben und mit ca. 200 g gewürzter Sahne (Salz, Pfeffer, Muskat) angegossen.
Das Gratin wird 45 Minuten bei 180 °C gebacken.
Zwei Brathähnchen (zerteilen in Brust und Keule) werden pikant mit Salz und Pfeffer gewürzt und zusammen mit den Zwiebelstreifen und den geviertelten Champignonköpfen leicht geölt, bei 220 °C in einem Bräter ca. 25 Minuten im Ofen gebacken. Während des Bratens wird abwechselnd mit Apfelwein und Bratensaft begossen.
Quelle: Marketinggesellschaft „Gutes-aus-Hessen“ und Schuch's Restaurant GmbH

dem Bereich Streuobstbau vorgestellt werden. Die Obstbauern bieten in ihren Schoppenwirtschaften (ähnlich den Strauß- oder Besenwirtschaften im Weinbau) selbstgekelterte Produkte und einfache Gerichte an.

Um dem traditionsreichen Bembel ein neues Image zu verschaffen, entstand 2007 die Marke „Bembel with care“. Mit einem modernen, ansprechenden Design und der gelungenen Verschmelzung von Tradition und Innovation ist es gelungen, die jüngere Generation für den Apfelwein zu begeistern. Inzwischen hat sie Kultstatus erreicht und eine regelrechte Apfelweinbewegung in Gang gesetzt.

Empfehlenswerte Literatur zum Gebiet

Buchterkirch, B., Söhngen, J. (2017): **Best of Apfelwein.** Societätsverlag Frankfurt/Rhein-Main; ISBN 978-3-95542-250-9; 9,80 €.
Kalveram, K., Stier, K.-H. (2008): **Hessens Apfelweine – Das Stöffche und seine Macher.** B3 Verlag, Frankfurt; ISBN 3-9387-8328-1; 24,90 €.
In diesem Bildband werden 25 Keltereien mit ihrer Produktvielfalt porträtiert und der Apfelwein bis ins Detail beleuchtet.
Scherrenberg, M., Stier, K.-H. (2002): **„Zum Anbeißen“ – Das hessische Apfelbuch.** Eichborn Verlag, Frankfurt; ISBN 3-8218-1771-2; 19,90 €.
Geschichten aus dem Apfelparadies und andere Sachen rund um Apfel, Obstwiese und Kelter. Viele Rezepte zum Kochen, Backen und Genießen mit Äpfeln, Apfelwein und Apfelsaft.

Weitere Informationen unter:

www.gutes-aus-hessen.de: Diese Marketinggesellschaft ist zentrale Anlaufstelle für die Apfelwein- und Obstwiesenroute. Über sie ist auch der Apfelbote mit vielen Hinweisen zu Veranstaltungen und Adressen in den verschiedenen Regionen erhältlich (auch zum Herunterladen).
www.hessenweb.de: Neben vielen anderen Rubriken gibt es hier Wissenswertes über den Apfelwein, eine Suchmaschine zu Apfelweinkneipen und Informationen zur Apfelweinstraße.

Für die Bewirtschaftung von Obstwiesen gibt es attraktive Förderprogramme. Viele Obsthochstämme werden noch regelmäßig genutzt.

In Mostindien werden seit dem Spätmittelalter ausgedehnte Obstgärten angelegt.

Mostindien – im Oberthurgau/Schweiz

Die Obstregion südlich des Bodensees im Kanton Thurgau hat im Volksmund den Namen „Mostindien" erhalten. Die enorme Baumdichte im 19. Jahrhundert und die Vorherrschaft der Birne haben wohl zu diesem Namen geführt (1861: 877 610 Hochstämme, davon 417 000 Birnen, 281 000 Äpfel, 121 000 Zwetschgen und 50 000 Kirschen). Noch heute wachsen in diesem Gebiet die meisten Obstbäume der Schweiz. Hier vermischt sich der Obstanbau auf Niederstämmen mit dem Feldobstbau, wie der Streuobstanbau hier treffend bezeichnet wird. Auffallend ist der vergleichsweise gute Ernährungs- und Pflegezustand der alten Hochstämme. Durch den Verzicht auf Obst- und Konzentratimporte können noch angemessene Preise für Mostobst ausbezahlt werden. Staatliche Förderprogramme zahlen darüber hinaus für den Feldobstbau Prämien aus. Neben Tafelobst wird bis heute in Großmostereien Süßmost und Saft (damit ist hier das vergorene Produkt gemeint!) hergestellt. Auch die bäuerliche Obstsaftbereitung hat noch Tradition, sodass in nahezu jedem Wirtshaus Obstsäfte erhältlich sind. Gerade in der Blütezeit lohnt sich eine „Bluescht-

Thurgauer Süßmostcreme (für 4 Personen)
Zutaten: 1/2 l Süßmost (Apfelsaft), 6 Eigelb, 6 TL Zucker, abgeriebene Schale einer unbehandelten Zitrone, 1 Schnapsglas „Thurgados" (Apfelbrand).
Zubereitung: Eier und Zucker auf kleiner Flamme schaumig rühren. Apfelsaft, abgeriebene Zitronenschale und Apfelbrand beifügen und so lange auf kleinem Feuer mit dem Schneebesen rühren, bis sich die Masse verdoppelt hat und gut schaumig ist. Die Creme in Dessertschalen füllen und warm oder lauwarm servieren.
Quelle: Kathrin Rüegg und Werner O. Feißt (www.swr.de/grossmutter)

fahrt“ durch den Thurgau. Besonders reizvoll ist die Route von Arbon über Roggwil, Freidorf, Häggenschwil und Amriswil nach Romanshorn.

Die Region um den Bodensee ist für Radfahrer und Inliner sehr attraktiv. Auf gut ausgeschilderten Radwegen kann der gesamte See umrundet werden. In Altnau besteht die Möglichkeit, vom Seeradweg aus in eine Schleife einzubiegen, die zu einem Obstlehrpfad führt. Mitte September, wenn die Gäste der Altnauer Apfelwochen mit kulinarischen Apfelspezialitäten verwöhnt werden, ist es hier besonders interessant. Nicht weit von Arbon entfernt liegt Kratzern. In der dortigen Mostgalerie können viele gewöhnliche und ungewöhnliche Obstgetränke gekostet werden. Spezialitäten, wie Thurgauer Süßmostcreme, Mostwurst oder Mostfondue, erfreuen den Gaumen. Dazu passt eine Übernachtung im Stroh. Ganz in der Nähe bietet die Obstsortensammlung Hofen einen Einblick in die Sorten der Region.

Empfehlenswerte Literatur zum Gebiet

Szalatnay, D., Kellerhals, M., Frei, M., Müller, U. (2011): **Früchte, Beeren, Nüsse.** Haupt-Verlag, Bern; ISBN 3-258-07194-7; 49,00 €.
Auf etwa 1000 Seiten werden 800 verschiedene Früchte, Beeren und Nüsse mit Bildern und informativen Texten vorgestellt.

Weitere Informationen unter:

www.thurgau-bodensee.ch: Von Hinweisen zu „Apfelblüten-Wellness“ über Unterkunftsadressen bis zu Routenvorschlägen für Wanderer, Radfahrer und Inline-Scatern bieten diese Seiten viel Information zum Velo-Land Thurgau, zu dem Mostindien gehört.

Ausblick

Die vorstehenden Kapitel haben den vielfältigen Wert der Streuobstwiesen, aber auch ihre akute Gefährdung aufgezeigt. Wie bei anderen traditionellen Formen der Landwirtschaft mit extensiver Bewirtschaftung ist ihr Fortbestand in einer ausschließlich auf Rationalität und Wirtschaftlichkeit ausgerichteten Zeit nicht gesichert. Außerdem fehlen sowohl das fachliche Wissen als auch die Bereitschaft zur vermeintlich unwirtschaftlichen Arbeit in den Obstwiesen. Hinzu kommt, dass der Landverbrauch für Straßenbau und Baugebiete ungebremst steigt und noch immer zur großflächigen Rodung von Streuobstwiesen führt.

Bewirtschaftung und Pflege attraktivieren

Streuobstwiesen können nur erhalten werden, wenn das Interesse an deren Bewirtschaftung und Pflege wieder steigt. Doch wie kann dies erreicht werden? Ein wichtiger Anreiz hierfür sind bessere Produktpreise. Halten sich die Mostobstpreise auf dem derzeitigen Niveau (wie vor 100 Jahren!), wird sich bald niemand mehr nach den Früchten bücken. Die Früchte sollten entgegen aller Globalisierungstendenzen nicht in den großen Marktpool fließen, sondern getrennt und zu Premium-Produkten „aus Streuobstwiesen“ verarbeitet werden. Das einzigartige Aroma ist hierfür der beste Werbeträger! Neben den Aufpreissaftinitiativen waren besonders pfiffige Produzenten wie Jörg Geiger im Schwäbischen Streuobstparadies oder Jürgen Krenzer in der Rhön Wegbereiter für eine neue Wertschöpfung aus Streuobst und haben zwischenzeitlich viele weitere Produzenten motiviert, diesen Weg mitzugehen.

Um diese Produkte am Markt zu positionieren, bedarf es besonderer Anstrengung. Nur durch Zusammenarbeit der Produzenten und einer gemeinsamen, Regionen übergreifenden Vermarktung können neue Kundenkreise gewonnen werden. Durch die gebietsübergreifende Kooperation im Schwäbischen Streuobstparadies ist es gelungen, viele alte Tafelapfelsorten aus Streuobstwiesen mit ihrem individuellen Geschmack über den Lebensmittel-Einzelhandel zu vermarkten. Selbst die junge Generation ist mit modernen und pfiffigen Marken für Streuobstprodukte erreichbar, was die Bewegung „Bembel with care“ eindrucksvoll belegt.

Mittel- und langfristig werden aber nur Bäume überdauern können, die fachgerecht gepflegt werden. Dies ist zwar mit etwas Mühe verbunden, aber ein idealer Ausgleich zu den Belastungen im beruflichen Alltag. Abgeschieden von der hektischen Betriebsamkeit kann die Arbeit in „Gottes freier Natur“ einen neuen Wert bekommen – und dies im Gegensatz zum Besuch eines Fitnessstudios völlig kostenfrei! Das dafür nötige Fachwissen kann in Schulungen erworben werden. Beispielhaft sind hier die Fachwarteausbildungen des Landesverbandes für Obstbau, Garten und Landschaft Baden-Württemberg e.V. (LOGL) und der Fachberater an den Landratsämtern in Baden-Württemberg.

Obstverwertung im eigenen Haushalt unterstützen

Im eigenen Haushalt hergestellte Produkte aus Früchten von Streuobstwiesen führen zu einem neuen Geschmacks- und Genusserlebnis gerade auch für Kinder. Revolutionär war hier die Einführung der Bag-in-Box. Sie hat den örtlichen Mostereien eine neue Perspektive eröffnet. Die im Text beschriebenen neuen Techniken zur Haltbarmachung erleichtern die Arbeit ganz wesentlich und helfen uns, das ganze Jahr über etwas Besonderes genießen zu können. In manchen Regionen sind Streuobstbörsen entstanden, die auch all denen Früchte vermitteln, die selbst keine oder zu wenig eigene Bäume haben.

Streuobstwiesen vermitteln Naturerlebnis, bieten Genuss mit allen Sinnen und erhöhen damit die Lebensqualität.

Bürgerengagement fördern

Alle Bemühungen zum Schutz der Streuobstwiesen können auf Dauer nur Erfolg haben, wenn sich immer wieder Bürger dafür engagieren. Hier sind zunächst die Besitzer der Streuobstwiesen angesprochen, ob sie bereit sind, die oft beschwerliche Bewirtschaftung bei nur geringem wirtschaftlichem Ertrag weiterzuführen. Wo diese Bereitschaft nicht mehr vorhanden ist, sollten zunächst die Möglichkeiten einer Übertragung der Nutzung an Dritte geprüft werden. Über solche Angebote erhalten auch Personen, die selbst keine Streuobstwiese besitzen, die Möglichkeit, zu deren Erhalt direkt beizutragen. Dies gilt auch für die vielen gemeindeeigenen Streuobstwiesen. Langfristige Pachtverträge mit interessierten Bürgern, die sich

Nur durch gemeinsame Anstrengungen kann es gelingen, den Streuobstwiesen wieder eine klare Zukunft zu sichern.

für eine unentgeltliche Ernte zur Pflege der Wiesen und Bäume verpflichten, sind hier die bessere Lösung.

Werden dann kostenintensive Geräte wie motorbetriebene Hochentaster, Auflesemaschinen und Mähgeräte gemeinschaftlich angeschafft, erleichtert dies die Bewirtschaftung maßgeblich.

Miteinander für die Streuobstwiesen

Eine auf die Möglichkeiten des Einzelnen abgestimmte obstbauliche Betätigung kann eine Quelle tiefer Befriedigung sein, wobei das „Miteinander“ für ein gemeinsames Ziel noch den Gemeinschaftssinn fördert. Wer als Kind schon den jahreszeitlichen Entwicklungsgang der Bäume vom ersten Knospenschwellen über die Entfaltung von Blüten und Blättern bis zur Ernte der reifen Früchte und der herbstlichen Verfärbung sowie den Fall des Laubes aus nächster Nähe greifbar miterlebt, der wird ein anderes Verhältnis zu seiner Umwelt bekommen als derjenige, der das – wenn überhaupt – ausschließlich aus Büchern oder vom Bildschirm erfährt. Und er wird vielleicht auch später in seinem Leben leichter Sinn und Erfüllung finden – ohne große Aufwendungen für umweltbelastende „Freizeitaktivitäten“. Ein solches Engagement kann heute nicht mehr wie in absolutistischen Zeiten durch Generalreskripte verordnet werden; es muss vielmehr aus der Einsicht freier Bürger erwachsen. Sie darin zu bestärken und zu unterstützen, steht aber auch einem modernen Staatswesen sehr wohl an!

Beispielhaft ist hier die Kooperation des Netzwerkes Streuobst mit der Stadt Mössingen. Über www.mystueckle.de können Interessierte Streuobstwiesen zum Pachten suchen oder anbieten.

Dem Klimawandel anpassen

Die Auswirkungen des Klimawandels schreiten voran, sind für alle spürbar und für den Obstbau bedrohlich geworden. Hitzewellen mit höheren Durchschnittstemperaturen und extremen Temperaturspitzen, häufigere Starkniederschläge und Hagelereignisse sowie die Verlängerung der Vegetationsperiode mit deutlicher Verfrühung der Obstblüte führen zu Ernteausfällen und Verringerung der Lagerfähigkeit. Damit einher geht das Auftreten neuer Krankheiten und Schädlinge wie Schwarzer Rindenbrand und die Marmorierte Baumwanze.

Es besteht enormer Forschungsbedarf, doch die Zeit drängt. Bereits jetzt können Maßnahmen empfohlen werden, um die Auswirkungen etwas abzuschwächen:

- Die Baumpflanzung sollte bevorzugt im Herbst erfolgen. Es ist ratsam, in das Pflanzsubstrat feuchtespeichernde Substanzen einzubringen (z. B. Novovit-Bodengranulat).
- Die Bewässerung von Jungbäumen sollte über das Pflanzjahr hinaus fortgesetzt werden. Dies kann auch mithilfe von Bewässerungssäcken erfolgen. Baumscheiben verbessern den Wasserhaushalt.
- Für gute Wasser- und Nährstoffversorgung sorgen.
- Der Baumschnitt (insbesondere der Sommerschnitt) sollte verhalten ausfallen, um die Beschattung von Krone und Stamm zu gewährleisten. An Stamm und Leitästen soll die Bildung von kurzem Fruchtholz gefördert werden.
- Noch gibt es wenig Erfahrung hinsichtlich toleranter Obstsorten. Spätblühende Sorten sollten bevorzugt werden. Arten wie Olive, Feige und Indianerbanane könnten interessant werden.

Informationen und Hilfen

Dieses Buch zeigt auf, wie vielseitig und vielgestaltig das Interessenfeld zum Thema „Streuobstwiesen“ ist. Themenbereiche, wie Naturschutz, Landwirtschaft, aber auch Obstbau und Sortenkunde, sind ebenso berührt wie die Landschaftsentwicklung, die gesunde Ernährung und der Tourismus. Zu vielen Fragen, die Sie, liebe Leser, zu den Streuobstwiesen haben, finden Sie sicherlich in diesem Buch hilfreiche Antworten. Die große Themenvielfalt bringt aber auch mit sich, dass manche Themen nur kurz erläutert werden konnten. Daher erhalten Sie hier Hinweise auf überregionale Organisationen und ausgewählte bewährte Bücher, die Ihnen weiterhelfen können und den Verfassern als Grundlage dienten. Viele weitere Informationen bietet das Internet.

Organisationen

Bundesfachausschuss (BFA) Streuobst des Naturschutzbundes Deutschland (NABU)
Charitéstr. 3
10117 Berlin
www.streuobst.de
Sehr informativ ist der viermal jährlich erscheinende Streuobstrundbrief und der Streuobst-Materialversand, der neben Werbematerialien viele Bücher und Schriften umfasst. Die BAG hat das Qualitätszeichen für Streuobstprodukte entwickelt, unterstützt und koordiniert viele Aufpreissaftinitiativen und organisiert Fachtagungen.

Arbeitsgruppe Streuobst im Landesverband für Obstbau, Garten und Landschaft Baden-Württemberg e.V. (LOGL), der Dachorganisation der Obst- und Gartenbauvereine
Klopstockstr. 6
70193 Stuttgart
www.logl-bw.de
Die Idee einer landesweiten Streuobstsorte des Jahres mit damit verbundenen Aktivitäten zu deren Erhalt geht auf diese Arbeitsgruppe (AG) zurück. Ein Projekt zur modellhaften Pflege von Streuobstwiesen und zur Erhaltung alter Obstsorten mit Einrichtung einer Sortenerhaltungszentrale sind auf Initiative der AG entstanden. Diese Sortenerhaltungszentrale ist am Kompetenzzentrum Obstbau Bodensee in Bavendorf angesiedelt. Mit der Ausbildung zum „LOGL-geprüften Obst und Gartenfachwart“ bietet der Verband eine praktische Ausbildung zur Pflege der Streuobstwiesen an, die einen Umfang von 100 Stunden in Theorie und Praxis umfasst. Für die gewerbliche Obstbaumpflege wird die Ausbildung zum „LOGL-geprüften Obstbaumpfleger“ angeboten.

BUND Bundesgeschäftsstelle
Am Köllnischen Park 1
10179 Berlin
www.bund.de
Im BUND sind die ersten Aufpreissaftinitiativen entstanden. Daneben engagiert er sich in der Kinder- und Jugendarbeit in Streuobstwiesen.

ARGE Streuobst Österreich
c/o Höhere Bundeslehranstalt und Bundesamt für Wein- und Obstbau
Wiener Str. 74
A-3400 Klosterneuburg
www.arge-streuobst.at
Der Verein ARGE Streuobst (Österreichische Arbeitsgemeinschaft zur Förderung des Streuobstbaus und zur Erhaltung obstgenetischer Ressourcen) ist eine seit dem Jahr 2000 bestehende Plattform, welche die in Österreich laufenden Aktivitäten im Streuobstbau bündelt. Verschiedene öffentliche Institutionen, Vereine und Initiativen gehören ihr an. Sie gibt einen regelmäßigen „ARGE Streuobst Rundbrief“ per E-Mail heraus.

Weiterführende Literatur

Streuobst allgemein:

Barde, M., Hochmann, L. (2019): Streuobstwirtschaft. Aufbruch zu einem neuen sozial-ökologischen Unternehmertum. Oekom Verlag, München; 192 S.; 24,00 €

Blume, C. (2020): Die Streuobstwiese. pala-verlag gmbh, Darmstadt; 200 S.; 16,00 €

Hassler, M., Hassler, D., Alberti, J. (2004): Obstwiesen im Kraichgau. Verlag Regionalkultur, Ubstadt-Weiher; 320 S.; 19,90 €

Heinzelmann, R., Nuber, M. (2019): Unsere erste Obstwiese. Verlag Eugen Ulmer, Stuttgart; 144 S.; 16,95 €

Hintermeier, H., Hintermeier, M. (2017): Streuobstwiesen. Lebensraum für Tiere. Obst- und Gartenbauverlag, München; 2. Aufl.; 177 S.; 14,50 €

Hutter, C.-P. (2014): Obstwiesen – Ein Naturparadies neu entdecken. Kosmos-Verlag, Stuttgart; 144 S.; 16,99 €

Limberger, J. (2019): Streuobstwiesen. Inseln der Vielfalt. Freya Verlag GmbH, Engerwitzdorf; 192 S.; 19,99 €

Lucke, R., Silbereisen, R., Herzberger, E. (1992): Obstbäume in der Landschaft. Verlag Eugen Ulmer, Stuttgart; 300 S.; 19,90 €

MLR – Ministerium für Ernährung und Ländlichen Raum Baden-Württemberg (2009): Streuobstwiesen in Baden-Württemberg. Stuttgart; 26 S.

Nill, D., Ziegler, B. (1998): Naturerlebnis Streuobstwiese. Verlag Digitalskalar, Mössingen; 94 S.; 18,80 €

Rösler, M. (1996): Erhaltung und Förderung von Streuobstwiesen. Modellstudie; Hrsg.: Gemeinde Boll, 2. Aufl.; 300 S.; 12,30 €

Rösler, S. (2003): Natur- und Sozialverträglichkeit des Integrierten Obstbaus. Arbeitsberichte des Fachbereiches Architektur Stadtplanung Landschaftsplanung, Universität Kassel, H. 151, 429 S.

Weller, F. (2004/2006): Streuobstwiesen. In: Konold, W., Böcker, R., Hampicke, U.: Handbuch Naturschutz und Landschaftspflege – XI-2.11, 18. Erg.-Lfg. 2/06, 42 S.; XIII-7/9, 12. Erg.-Lfg. 4/04, 42 S.

Zehnder, M., Hammer, A., Letsch, A. (2014): Im Schwäbischen Streuobstparadies – Menschen, Landschaft, himmlische Genüsse. Silberburg-Verlag, Tübingen; 160 S.; 19,90 €

Zehnder, M.; Weller, F. (2020): Streuobstwiesen schützen. BLE-Heft 1316, 10. überarbeitete Aufl.; BLE-Medienservice (www.ble-medienservice.de); 64 S.; 2,50 €

Obstsorten:

Empfehlung: Besonders umfangreich ist der Onlineshop des Pomologenvereins, der neben vielen Sortenbüchern auch Reprints alter pomologischer Bücher anbietet: www.pomologen-verein.de

Bernkopf, S. (2011): Von Rosenäpfeln und Landlbirnen. Trauner-Verlag, Linz; 144 S.; 19,90 €

Bernkopf, S., Keppel, H., Novak, R. (2013): Neue Alte Obstsorten: Äpfel und Birnen. 6. Aufl.; Österreichischer Agrarverlag, Wien; 436 S.; 36,00 €

Friedrich, G., Petzold, H. (2005): Handbuch Obstsorten. Verlag Eugen Ulmer, Stuttgart; 624 S.; 19,90 €

Grill, D., Keppel, H. (2005): Alte Apfel- und Birnensorten für den Streuobstbau. Leopold-Stocker-Verlag, Graz – Stuttgart; 254 S.; 24,90 €

Hartmann, W. (2020): Alte Obstsorten. 6. Aufl.; Verlag Eugen Ulmer, Stuttgart; 351 S.; 24,95 €

Ruess, F. (2016): Resistente und robuste Obstsorten. Verlag Eugen Ulmer, Stuttgart; 144 S.; 17,90 €

Votteler, W. (2014): Verzeichnis der Apfel- und Birnensorten. 6. Aufl.; Obst- und Gartenbauverlag, München; 705 S.; 98,00 €

Obstbaumschnitt:

Bosch, H.-T. (2016): Naturgemäße Kronenpflege am Obsthochstamm. Kompetenzzentrum Obstbau Bodensee, Ravensburg; 190 S.; 28,00 €

Heinzelmann, R., Nuber, M. (2020): 1x1 des Obstbaumschnitts. 4. Aufl.; Verlag Eugen Ulmer, Stuttgart; 96 S.; 4,50 €

Riess, H.W. (2018): Obstbaumschnitt in Bildern. 36. Aufl.; Obst- und Gartenbauverlag, München; 75 S.; 5,00 €

Schmid, H. (2020): Obstbaumschnitt – Kernobst, Steinobst, Beerenobst. 10. Aufl.; Verlag Eugen Ulmer, Stuttgart; 206 S.; 14,95 €

Krankheiten und Schädlinge:

Böhmer, B., Wohanka, W. (2021): Krankheiten und Schädlinge an Zierpflanzen, Obst und Gemüse. Verlag Eugen Ulmer, Stuttgart; 277 S.; 29,95 €

Griegel, A. (2003): Mein gesunder Obstgarten. 2. Aufl.; Griegel-Verlag, Dorsheim; 167 S.; 20,00 €

Vukovits, G. (2005): Die wichtigsten Obstkrankheiten. 3. Aufl.; Leopold-Stocker-Verlag, Graz; 133 S.; 21,80 €

Gesundheit:

Lekutat, K. (2019): Ein Apfel macht gesund, drei Äpfel machen eine Fettleber. Becker Joest Volk Verlag GmbH & Co. KG, Hilden; 200 S.; 19,90 €

Kinderbücher:

Janosch (2010): Das Apfelmännchen. Nord-Süd-Verlag, Gossau; 32 S.; 15,00 €

Lobe, M., Kaufmann, A. (2007): Der Apfelbaum. G&G Verlagsgesellschaft mbH, Wien; 32 S.; 14,95 €

Rissler, A., Hächler, B. (2012): Hubert und der Apfelbaum. Neugebauer Press, Zürich; 32 S.; 14,00 €

Schriften für Kinder- und Jugendarbeit:

Arbeitskreis Umwelterziehung beim Staatlichen Schulamt im Landkreis Neustadt/Aisch – Bad Windsheim (2008): Rund um den Apfel – Ideen für den kreativen Umgang mit den Themen Apfel, Apfelbaum und Streuobstwiese. Landratsamt im Landkreis Neustadt/Aisch – Bad Windsheim; 96 S.; 3,00 €

Klein, A. (2010): Nichts wie raus auf die Streuobstwiese. Verlag an der Ruhr, Mülheim; 96 S.; 20,95 €

Voightmann, I. (2006): Abenteuer Streuobstwiese. Sächsische Landesstiftung für Natur und Umwelt, Dresden; 20 S.; kostenlos als pdf unter www.saechsische-landesstiftung.de

Zehnder, M., Holderied, B. (2009): Das Klassenzimmer im Grünen – Leitfaden für ein Schuljahr mit Obstwiesen. Landratsamt Zollernalbkreis, Balingen; 64 S.; 8,00 €, kostenlos als pdf unter www.zollernalbkreis.de

Sonstiges:

Brandt, E. (2004): Von Äpfeln und Menschen. Verlag Atelier im Bauernhaus, Fischerhude; 179 S.; 14,80 €

Heilmeyer, M., Wimmer, C.A. (2004): Äpfel fürs Volk – Potsdamer Pomologische Geschichten. 2. verbesserte Aufl.; Verlag VACAT, Potsdam; 99 S.; 15,00 €

Schiller, J.C. (1993): Die Baumzucht im Großen aus Zwanzigjährigen Erfahrungen im Kleinen in Rücksicht auf ihre Behandlung, Kosten, Nutzen und Ertrag beurteilt. Hrsg. von G. Stolle, Verlag Eugen Ulmer, Stuttgart, 365 S.; 39,90 €

Literatur

Neben den bereits aufgeführten Buchtiteln auf den Seiten 184 bis 186 dienten den Verfassern weitere Fachbücher und Schriften als Grundlage. Einige davon sind heute nur noch antiquarisch erhältlich.

Adam, T. (1997): Streuobstwiesen: Juwel und Kapital der Kulturlandschaft. Badische Heimat 1/1997; 47–75.

Borngräber, S., Krismann, A., Schmieder, K. (2020): Ermittlung der Streuobstbestände Baden-Württembergs durch automatisierte Fernerkundungsverfahren. Naturschutz und Landschaftspflege Baden-Württemberg 81 (unveröffentlicht).

Briemle, G. (1990): Extensivierung von Dauergrünland. Forderungen und Möglichkeiten. Bayer. Landwirtsch. Jb., 3; 345–370.

BUND Lemgo (2015): Info Apfelallergie.

Clus, A. (1901): Die Apfelweinbereitung. Verlag Eugen Ulmer; Stuttgart.

DEUSCHLE, J., GÖTZ, T., HÄFNER, C., HUBER, S. & RÖHL, M. (2012): Entwicklung eines naturschutzfachlichen Leitbilds: Ansprüche der Arten der EU-Vogelschutzrichtlinie an ihre Lebensstätten in den Streuobstlandschaften am Albtrauf. Gutachten im Auftrag des Regierungspräsidiums Stuttgart. Köngen. 148 S.

DÖRING, A. (2001): Mythos Obst – Obst in Volksglaube und Volksmedizin – zum Beispiel: der Apfel. In: Obstwiesen in Kultur und Landschaft; Hrsg.: Landschaftsverband Rheinland, Köln, 15–20.

ELLENBERG, H. (1996): Vegetation Mitteleuropas mit den Alpen – in ökologischer, dynamischer und historischer Sicht. 5. Aufl., Verlag Eugen Ulmer, Stuttgart.

FRIEDRICH, G. (1993): Handbuch des Obstbaus. Neumann Verlag, Radebeul, 620 S.

GRADMANN, R. (1931): Süddeutschland. J. Engelhorns Nachf., Stuttgart, Bd. 2, 553 S.

GUSSMANN, K. (1896): Zur Geschichte des württembergischen Obstbaus. Kohlhammer-Verlag, Stuttgart.

HEPPERLE, T. (1994): Der Mostbirnensortengarten „Unterer Frickhof", Owingen-Billafingen. Hrsg.: Staatliches Liegenschaftsamt Ravensburg und Amt für Landwirtschaft, Landschafts- und Bodenkultur Überlingen, 114 S.

HESS, A., RAMISCH, H. (1989): Das „Büchlein über das Pflanzen von Bäumen" des Tegernseer Abtes Konrad Ayrinschmalz vom Jahr 1479. Beiträge zur altbayrischen Kirchengeschichte 38, 65–177; Verlag des Vereins für Diözesangeschichte von München und Freising e.V., München.

KIESER, A. (1680–1687): Alt-Württemberg in Ortsansichten und Landkarten: 1680–1687. Hrsg. von H.-M. MAURER und S. SCHICK 1985. 3 Bde., Theiss-Verlag, Stuttgart.

KUHN, H. (1986): Auf den Barrikaden des mutigen Wortes. Neue Verlagsgesellschaft, Bonn.

LANGENBACH, K., BRETEZ, M. (2003): Zum Stand der Streuobst-Aktivitäten in Baden-Württemberg. NABU-BFA Streuobst, 26 S.

LEONHARDT, R.W. (1966): Kästner für Erwachsene. Bertelsmann Lizenzausgabe, Gütersloh.

LINK, H., WELLER, F., HOFFMANN, G., WIECHENS, E. (1982): Bodenuntersuchung und Düngungsberatung im Erwerbsobstbau. Obst und Garten 1, 23–24.

LOGL (2009): LOGL-geprüfter Obstbaumpfleger – Schulungsunterlagen. Hrsg.: Landesverband für Obstbau, Garten und Landschaft Baden-Württemberg e.V., Stuttgart, 45 S.

LOTT, K. (2001): Der Obstbau im Gartenreich des Fürsten Franz – Obstwiesenmanagement heute. In: Obstwiesen in Kultur und Landschaft; Hrsg.: Landschaftsverband Rheinland, Köln, 121–137.

LUCAS, E. (1856): Obstbenutzung. Verlag von Aue und Sohn, Stuttgart, 314 S.

MARTINI, S. (1998): Geschichte der Pomologie in Europa. Stutz & Co. AG, Wädenswil, 184 S.

MEYER, M. (2020) in: Kompetenzzentrum Obstbau-Bodensee: Weiterbildung in der Pflege von Obsthochstämmen und von Streuobstwiesen unter besonderer Berücksichtigung von Biodiversitätsaspekten. Teil 1: Förderung der Artenvielfalt; 25 S.

Ministerium für Ländlichen Raum und Verbraucherschutz Baden-Württemberg (2011): Fachliche Hinweise zur Anerkennung der Pflege von Streuobstbeständen einschließlich ihres Unterwuchses als Kompensationsmaßnahme. 7 S.

Pachnicke, B. (1981): Deutsche Volkslieder. 10. Aufl.; Edition Peters, Leipzig.

Regierungspräsidium Stuttgart (2010): Was brauchen Halsbandschnäpper, Wendehals, Steinkauz und Co.? Hrsg.: Regierungspräsidium Stuttgart, 1. Aufl., 27 S.

Regierungspräsidium Stuttgart (Hrsg., 2014): Aufwertung von Streuobstbeständen im kommunalen Ökokonto – Praxisleitfaden. 25 S.

Regierungspräsidium Stuttgart (Hrsg., 2014): Neue Wege für Streuobstwiesen. 46 S.

Schmid, H. (2003, 2020): Obstbaumschnitt – Kernobst, Steinobst, Beerenobst. 8. bzw. 10. Aufl.; Verlag Eugen Ulmer, Stuttgart.

Souci, F.W., Fachmann, W., Kraut, H. (2000): Die Zusammensetzung der Lebensmittel – Nährwerttabellen. 6. Aufl., medpharm Scientific Publishers, Stuttgart.

TMUEN – Thüringer Ministerium für Umwelt, Energie und Naturschutz (2020): Handlungskonzept Streuobst Thüringen – Fachliche Standards zur Pflanzung und Pflege für die Eingriffsregelung und Förderung. 100 S.

VdF – Verband der deutschen Fruchtsaft-Industrie e.V. (1998): Apfelsaft in aller Munde. Broschüre.

Votteler, W. (1993): Verzeichnis der Apfel- und Birnensorten. Obst- und Gartenbauverlag, München.

Weller, F. (1964): Vergleichende Untersuchungen über die Wurzelverteilung von Obstbäumen in verschiedenen Böden des Neckarlandes. Arb. Landw. Hochschule Hohenheim Bd. 31, Verlag Eugen Ulmer, Stuttgart, 181 S.

Weller, F. (1986): Muss Intensivobstbau zu einer erhöhten Nitratbelastung des Grundwassers führen? Verh. Ges. Ökologie Bd. XIV, 117–124.

Weller, F. (2001): Das Verteilungsmuster „bodenbürtiger“ Kaltluftmassen im Vorland der Mittleren Alb. Nürtinger Hochschulschriften 3/2001, 233–251.

Weller, F., Zehnder, M., Heinzelmann, R. (2002): Streuobst in der Kulturlandschaft. Hrsg.: Landesverband für Obstbau, Garten und Landschaft Baden-Württemberg e.V., 20 S.

Willerding, U. (1984): Ur- und Frühgeschichte des Gartenbaues. In: Franz, G. (Hrsg.): Geschichte des deutschen Gartenbaues. Verlag Eugen Ulmer, Stuttgart, 39–68.

Winter, F. (1958): Das Spätfrostproblem im Rahmen der Neuordnung des südwestdeutschen Obstbaues. Gartenbauwiss. 23 (5), 342–362.

Zehnder, M., Holderied, B. (2009): Das Klassenzimmer im Grünen – Leitfaden für ein Schuljahr mit Obstwiesen. Herausgegeben vom Landratsamt Zollernalbkreis, Balingen.

Zehnder, M., Wagner, F. (2008): Streuobstbau – ein Auslaufmodell ohne sachgerechte Pflege. Naturschutz und Landschaftsplanung 40, (6), 165–172.

Bildquellen

Fotos:

bpk/Gemäldegalerie, SMB/Jörg P. Anders: Seite 37
bpk/Staatsgalerie Stuttgart: Seite 42
Hammer, A., Gomaringen: Seite 5 rechts, 29, 43, 46, 47, 48, 49, 70, 99, 122, 163, 167, 168
Hartmann, W., Stuttgart-Hohenheim: Seite 4 links, 5 links, 9, 19, 65, 112 Mitte rechts, 113 (alle außer Mitte rechts), 135, 144 (oben), 145, 146
Holderied, B., Weil im Schönbuch: Seite 153
Julius Images/W. Redeleit: Seite 142
Krenzer, J.H., Ehrenberg: Seite 166 unten, 174
Krieg, R., Waldkirch: Seite 87
Landratsamt Zollernalbkreis: Seite 39
Lang, M., Pliezhausen: Seite 95
Manufaktur Jörg Geiger GmbH, Schlat bei Göppingen, www.manufaktur-joerg-geiger.de: Seite 11, 101, 150
Marketinggesellschaft „Gutes-aus-Hessen“, Friedberg: Seite 176
Morlok, A., Isny: Seite 79 unten
Mostviertel Tourismus/schwarz-koenig.at: Seite 172
Mostviertel Tourismus/weinfranz.at: Seite 173
Nill, D., Mössingen: Seite 64 (beide), 66, 73, 75 (alle), 76 (beide), 78 (beide), 79 oben, 82
ÖNB/Wien Cod.11122 pag.103: Seite 18
Ruoff, D., Kirchheim/Teck: Umschlagbild
Schatz, R., Dotternhausen: Seite 181
Seehofer, H., Stuttgart: Seite 166 oben
Stadtarchiv Balingen: Seite 21
Stadtarchiv Reutlingen: Seite 22
VdF – Verband der deutschen Fruchtsaft-Industrie e.V.: Seite 90
VdF – Verband der deutschen Fruchtsaft-Industrie e.V./Hammer, A.: Seite 4 rechts, 51
Weller, F., Ravensburg: Seite 25 (oben), 33, 35, 55 (beide), 57, 60, 63 oben (beide) und unten links, 121 rechts, 144 unten
Zehnder, M., Hechingen: Seite 10, 23, 25 (unten), 27, 32, 34, 45, 50, 58, 63 unten rechts, 68, 69, 72, 80, 81, 84, 88, 89, 92, 93, 96, 97, 102, 104, 105, 106, 107, 112 (alle außer Mitte rechts), 113 Mitte rechts, 121 links, 125, 126, 128 (alle), 131 (beide), 132 (beide), 134, 138, 147, 148, 151 (beide), 152, 154, 157, 158, 160, 161, 178
Zollernalb-Touristinfo, Balingen: Seite 7, 41, 53, 162, 165, 170

Zeichnungen:

Die Zeichnung auf Seite 123 oben fertigte Herr Markus Zehnder nach Vorlage der angegebenen Quelle, die Zeichnung auf Seite 123 unten stammt von ihm selbst.

Die Zeichnungen auf den Seiten 54, 56, 108, 109, 127, 129, 131, 139 und 140 fertigte Herr Siegfried Lokau, Bochum-Wattenscheid, nach Vorlage der angegebenen Quellen.

Register

Die Autoren

Markus Zehnder, Jahrgang 1960, hat nach einer Gärtnerausbildung, Fachrichtung Baumschule, das Gartenbaustudium an der Fachhochschule Weihenstephan mit den Schwerpunkten Obstbau und Baumschule abgeschlossen. Als Diplomingenieur (FH) Gartenbau ist er heute beim Landratsamt Zollernalbkreis in Balingen am Fuß der Schwäbischen Alb als Kreisfachberater für Obst- und Gartenbau tätig. Neben vielen weiteren Aufgaben ist ihm der Erhalt von Streuobstwiesen und den darin zu findenden alten Obstsorten besonders ans Herz gewachsen. Er engagiert sich in verschiedenen obstbaulichen Organisationen für den Streuobstbau und die Pomologie und ist Mitinitiator der Arbeitsgruppe Streuobst im Landesverband für Obstbau, Garten und Landschaft Baden-Württemberg e.V. (LOGL). Er organisiert Pflegeeinsätze in Streuobstwiesen und vermittelt in Vorträgen und praktischen Kursen den Streuobstinteressierten neben Anleitungen zur Pflege der Obstbäume und zur Verwertung des Obstes auch die Freude an der Arbeit in der Natur.

Friedrich Weller, Jahrgang 1930, arbeitete nach Abschluss seines Landwirtschaftsstudiums von 1954 bis 1979 an einer der Universität Hohenheim angegliederten Forschungsstelle für Standortskunde.
Ab 1960 wirkte er zusätzlich am Aufbau der Obstbau-Versuchsstation Schuhmacherhof in Ravensburg-Bavendorf (heute **K**ompetenzzentrum **O**bstbau-**B**odensee) mit und führte Untersuchungen über den Einfluss unterschiedlicher Bodenpflege auf den Wasser- und Stickstoffhaushalt von Obstanlagen sowie Zusammenhänge zwischen verschiedenen Böden und den Wurzeln der Obstbäume durch.
Obwohl seine Forschungsarbeiten vorrangig dem modernen Intensivobstbau dienten, sah er zunehmend im Erhalt traditioneller Streuobstwiesen an geeigneten Stellen eine wichtige Aufgabe. Dieser konnte er nach seiner Berufung als Professor für das Fach Landschaftsökologie im Fachbereich Landespflege der Fachhochschule Nürtingen sowie als Honorarprofessor an der Universität Hohenheim in Vorlesungen, Vorträgen, Publikationen und bei der Betreuung zahlreicher einschlägiger Diplomarbeiten vermehrt Raum geben. Seit seinem Eintritt in den Ruhestand 1993 bilden Streuobstwiesen den Hauptteil seiner fachlichen Betätigung.

Anmerkung zur Schreibweise (Gendering) der weiblichen, männlichen und unbestimmten Form: Ausschließlich aufgrund der deutlich besseren Lesbarkeit wird in diesem Werk auf die jeweilige Mehrfachnennung oder Anpassung der Schreibweise bestimmter Bezeichnungen verzichtet.

Bibliografische Information der Deutschen Nationalbibliothek
Die Deutsche Nationalbibliothek verzeichnet diese Publikation in der Deutschen Nationalbibliografie; detaillierte bibliografische Daten sind im Internet über http://dnb.d-nb.de abrufbar.

Wollgrasweg 41, 70599 Stuttgart (Hohenheim)
E-Mail: info@ulmer.de
Internet: www.ulmer.de
Umschlaggestaltung: red.sign, Stuttgart: Anette Vogt
Lektorat: Birgit Schüller
Herstellung: Thomas Eisele, Katharina Merz
Satz: r&p digitale medien, Echterdingen
Reproduktion: timeray visualisierungen, Herrenberg
Druck: Firmengruppe Appl, aprinta Druck, Wemding
Printed in Germany

ISBN 978-3-8186-1375-4